CULTURE DU POIRIER
ET DU POMMIER

PAR

O. OPOIX

Jardinier en chef du Sénat et du jardin du Luxembourg,
Professeur d'Arboriculture,
Lauréat de la Société Pomologique de France,
Membre correspondant de l'Académie d'Agriculture,
Vice-Président de la Société Nationale d'Horticulture de France,
Chevalier de la Légion d'honneur,
Officier du Mérite agricole,
Officier d'Académie.

QUATRIÈME ÉDITION REVUE, CORRIGÉE ET AUGMENTÉE

AVEC 135 FIGURES DANS LE TEXTE

PARIS
LIBRAIRIE OCTAVE DOIN
GASTON DOIN, ÉDITEUR
8, PLACE DE L'ODÉON, 8

1921

Le portail des sciences humaines et sociales
Illustration de couverture : © domaine public
Edition : SHS éditions (Hérault, 34)
Contact : infos@culturea.fr
Imprimé en Allemagne par Books on Demand
In de Tarpen 42, Norderstedt.
Design typographique : Derek Murphy
Layout : Reedsy (https://reedsy.com/)
ISBN : 9791041955213
Dépôt légal : Décembre 2023

PRÉFACE

DE LA PREMIÈRE ÉDITION

Pour nous rendre aux sollicitations d'un très grand nombre d'auditeurs qui nous font l'honneur de suivre nos cours d'arboriculture fruitière avec tant d'assiduité, nous pensons leur être agréable en publiant d'abord un résumé de tout ce qui a trait au Poirier.

Ce petit traité, écrit sans aucune prétention, contient un très grand nombre de notions; mais notre but est surtout de nous faire lire utilement et comprendre par des personnes qui n'ont pas encore étudié l'arboriculture fruitière.

Nous osons espérer aussi que tous les amateurs et jardiniers de profession y trouveront des renseignements précis et des explications pratiques, résultats de l'expérience.

C'est, par ailleurs, la synthèse du cours que nous faisons au jardin du Luxembourg.

Ce petit ouvrage est orné de 112 figures explicatives, destinées principalement à guider les débutants, si enclins au découragement.

En outre, la production fruitière, au point de vue purement commercial, étant à l'ordre du jour, à cause des avantages immenses que notre pays peut en retirer, nous donnons les indications nécessaires pour cultiver le Poirier sous toutes les formes et aux expositions les plus variées, en insistant sur les variétés les meilleures et nous efforçant de démontrer l'utilité de sa culture spéculative au jardin et au verger, en traitant aussi de la culture des Poiriers à cidre sur les voies nationales et départementales.

Nous nous sommes arrêtés à un nombre relativement restreint de variétés de poires, environ cinquante, les plus recommandables comme produit et les plus appréciées par le commerce, faisant remarquer ici que nous visons particulièrement les régions de Paris, de l'Ouest, du Centre, de l'Est et même du Nord de la France, aussi bien pour le plein champ que le long des murs.

Afin de donner plus de clarté, nous avons divisé notre modeste travail en dix parties distinctes :

1. *De l'origine du Poirier, et notions botaniques sur cet arbre.*

2. *Du Poirier en général et des sols favorables à sa culture.*

3. *Des différents engrais qui lui conviennent.*

— Création du jardin fruitier. — Plantation.

4. *Des différents organes de la branche charpentière du Poirier et de leur traitement.*

5. *Des formes diverses à donner au Poirier.*

6. *Du contre-espalier et de la culture du Poirier au verger et sur les routes.*

7. *De la greffe du Poirier.*

8. *Notions pratiques sur les maladies les plus communes du Poirier.*

9. *De la récolte et de la conservation des fruits.*

10. *Du choix des meilleures variétés.*

Nous désirons vivement que cette étude consciencieuse puisse rendre des services à l'arboriculture fruitière bien entendue.

Tout en marchant dans la voie que nous ont tracée nos éminents prédécesseurs, nous avons cru utile d'apporter dans notre travail quelques modifications dont les avantages sont constatés par les résultats obtenus.

Permettez-nous, chers lecteurs, de vous dire en terminant combien nous sommes heureux de voir que les démonstrations de chacune de nos leçons sont suivies et mises à profit par nos auditeurs, devenus, je l'ai souvent remarqué avec une grande satisfaction intime, des amateurs passionnés.

Prêchant d'exemple, ils répandent autour d'eux le goût de l'arboriculture fruitière. Ils formeront des jardiniers précieux, pour lesquels leurs jardins fruitiers deviendront des champs d'instruction et d'expériences.

Nous terminons en exprimant toute notre gratitude aux amateurs, jardiniers, collègues et amis, qui se font apôtres de l'arboriculture, cette science si utile, et nous livrons cet essai au public dans l'espoir qu'il sera utile et favorablement accueilli.

O. Opoix.

Paris, le 3 août 1895.

PRÉFACE

DE LA DEUXIÈME ÉDITION

La première édition de mon *Traité sur la Culture du Poirier* étant épuisée, j'ai été encouragé et sollicité par un grand nombre d'auditeurs, dont beaucoup sont devenus mes amis, pour en publier une seconde accompagnée de 124 figures.

Si je n'avais écouté que mon désir d'être agréable à mes élèves, qui insistent depuis plusieurs années pour que je publie un Traité complet sur tous les arbres fruitiers dont je donne l'enseignement à mon cours, je me serais empressé de leur donner satisfaction; mais, hélas! mes nombreuses occupations ne me laissant pas assez de loisir pour entreprendre ce travail qui demande à être traité avec le plus grand soin, j'ai dû me borner, pour cette seconde édition, à une revue corrigée et augmentée, répondant aux besoins de l'arboriculture moderne, qui fait de jour en jour de nombreux et rapides progrès.

Encouragé d'autre part par les nombreux

succès remportés dans les expositions par bon nombre d'élèves de mes cours, ayant exposé seuls ou en collectivité, j'ai apporté tous mes efforts sur les principaux points susceptibles d'augmenter le développement de l'arboriculture fruitière au point de vue économique et commercial.

Je me suis donc attaché :

1) A fournir quelques renseignements complémentaires sur l'application raisonnée des engrais chimiques;

2) J'ai dû, par suite de résultats acquis après bon nombre d'années d'expériences, supprimer quelques formes reconnues mauvaises pour en adopter certaines autres plus avantageuses;

3) L'ensachage, peu répandu lors de notre première édition, est devenu aujourd'hui l'agent indispensable de l'obtention des fruits de luxe; il fait aussi l'objet de nombreux détails permettant d'en rendre l'application facile et peu dispendieuse;

4) Après de longues études techniques sur la conservation des fruits, j'ai trouvé intéressant pour mes lecteurs de donner des explications très détaillées sur l'installation d'un fruitier aménagé à la fois pour les besoins de l'amateur et du commerce;

5) L'emballage des fruits fait aussi l'objet de quelques descriptions nouvelles;

6) J'ai cru également indispensable de modifier la liste des meilleures variétés de fruits, en supprimant les moins vigoureuses ou à petits fruits pour les remplacer par certaines espèces que j'estime meilleures et plus avantageuses à cultiver ;

7) Quelques modifications ont aussi été apportées en ce qui concerne les insectes qui attaquent les arbres fruitiers, et dans les formules d'insecticides tendant à les détruire.

Ainsi modifiée et augmentée, j'ai l'espoir que cette seconde édition, résultat de plus de vingt-cinq années d'études théoriques et techniques, trouvera un bienveillant accueil dans le monde de l'arboriculture fruitière, jardiniers, praticiens, et en particulier auprès de mes chers auditeurs, amateurs passionnés, qui m'ont toujours témoigné leur plus grande sympathie.

O. Opoix.

Paris, le 20 décembre 1904.

PRÉFACE

DE LA TROISIÈME ÉDITION

Mettre à jour un ouvrage traitant de l'arboriculture fruitière, et surtout d'un seul genre de fruit, est un travail qui paraît très facile; il offre cependant quelques petites difficultés et en particulier l'obligation où l'on est de ne pouvoir s'étendre sur les autres genres de fruits. Mais il en est une d'un ordre beaucoup plus élevé ; celle de savoir que votre travail, forcément limité dans sa conception puisqu'il ne s'agit que d'un genre, sera un sans famille, un déclassé aux yeux de tous ceux qui s'intéressent à l'arboriculture en général, et dans ces conditions, vieillira avant l'âge, à côté de ses collatéraux qui procureront un enseignement beaucoup plus développé.

Limité comme je le suis dans cette publicité d'enseignement surtout technique, j'avais crainte de voir encore quelques années s'écouler avant la disparition de ma deuxième édition, aujourd'hui épuisée. — Encouragé par ce succès qui a dépassé de beaucoup mes espérances, c'est sans aucune hésitation que je me remis à l'œuvre, pour procurer aux fervents de l'arboriculture, ma *troisième édition* corrigée et augmentée sur la *Culture du Poirier*.

Les progrès de l'arboriculture fruitière dans notre pays étant de plus en plus grands, l'art d'obtenir de très beaux fruits étant devenu une véritable passion pour nos arboriculteurs cultivateurs et amateurs, l'industrie fruitière française prenant une extension chaque jour plus intense, j'ai apporté dans cette édition des modifications intéressantes, au profit de cette branche si importante de l'arboriculture.

Après l'indication de plus amples détails, sur l'emploi des engrais eu égard à la nature des sols, et de quelques renseignements qui m'ont été fournis sur l'installation des murs en verre, je me suis surtout attaché à donner à mes lecteurs une communication du plus haut intérêt, pour combattre la chlorose des arbres fruitiers en général par l'introduction du sulfate de fer dans le tronc des arbres.

J'ai jugé aussi indispensable d'augmenter les renseignements sur le chapitre traitant des insectes nuisibles aux arbres fruitiers, et enfin il m'a paru utile d'apporter quelques petits changements dans la nomenclature des cinquante meilleures variétés de poires.

Me tenant ainsi au courant des progrès de l'arboriculture fruitière, j'estime que cette nouvelle édition, produit de près de trente-cinq années d'expérience, dont bientôt vingt années de professorat, sera bien accueillie du public et de mes chers auditeurs qui, par leur assiduité à mes cours et par leurs efforts, contribuent d'une façon si remarquable à la vulgarisation de l'arboriculture fruitière en France, et méritent ainsi mon entière reconnaissance.

O. Opoix.

Paris, le 28 décembre 1911.

PRÉFACE

DE LA QUATRIÈME ÉDITION

Depuis bon nombre d'années, les progrès de l'arboriculture sont devenus de plus en plus sensibles ; les jardins fruitiers, les vergers se sont multipliés rapidement dans notre pays.

Les cours et conférences donnés de part et d'autre sur la culture des arbres fruitiers, les ouvrages qui paraissent sur la question ont pour but de guider amateurs et jardiniers, de les initier aux méthodes les plus pratiques et les moins coûteuses de l'arboriculture, de les encourager à planter des arbres, ce dont nous avons plus besoin que jamais, à la suite des désastres subis depuis cinq ans, de les renseigner sur les meilleures variétés de fruits à cultiver pour le marché, pour le commerce, pour l'approvisionnement de la maison, et ceci pour chaque saison de l'année, en appuyant nos conseils sur des faits probants et indiscutables.

En présence des devoirs qui nous incombent, nous n'hésitons pas à faire paraître une *quatrième édition* de la *Culture du Poirier ;* mais, si les renseignements complémentaires apportés aux précédentes éditions nous encourageaient à donner à nos auditeurs un travail quelque peu transformé, présenter aujourd'hui à qui voudra nous lire une redite sur la *Culture du Poirier* ne nous paraissait pas souhaitable ; c'est pourquoi nous y avons ajouté la *Culture du Pommier* au jardin fruitier et au verger pour les fruits de table seulement.

Quelques figures sur les formes les plus favorables à ce genre d'arbre y sont ajoutées ; en outre, la pratique de plus de quarante années d'expérience nous a encore obligé à apporter quelques petites modifications dans la liste des variétés de poires.

Pour nous résumer, nous nous sommes efforcé de condenser ce travail d'une façon succincte, claire et essentiellement pratique, qui permettra aux amateurs de jardin, propriétaires et jardiniers, qui concentrent leur bienveillante attention aux soins de leur jardin, à la taille des arbres et à l'obtention de beaux produits, de trouver dans notre publication les principes indispensables à la culture des arbres fruitiers à pépins, poirier et pommier.

O. Opoix.

Paris le 30 juin 1920.

LA CULTURE DU POIRIER ET DU POMMIER

PREMIÈRE PARTIE

LE POIRIER

ORIGINE DU POIRIER

Il est fort difficile d'indiquer, avec précision, l'origine du poirier. En consultant les auteurs qui, dans l'antiquité, se sont occupés d'agriculture et d'horticulture et en rapprochant leurs opinions, on arrive aux conclusions les plus contradictoires.

La Bible est le premier ouvrage où il est question du Poirier ; elle le signale au temps de David, aux environs de Jérusalem, 1071 ans avant Jésus-Christ. La plupart des traducteurs de l'Ecriture sainte sont d'accord sur ce point, mais il en est quelques-uns qui ont cru comprendre, dans le texte original, qu'il s'agissait là du mûrier. Cette dernière opinion est vraisemblable, car le poirier ne s'accommode pas des pays chauds.

Plus tard, le poète Homère nous fait connaître le poirier sur le confins de l'Europe, dans l'île de Phéacie, actuellement Corfou ; mais la description trop imagée, le ferait presque prendre pour un oranger, sans la précision du mot employé, qui ne laisse aucun doute : Homère, Théophraste, Dioscoride mentionnent le poirier sous le nom de *Ochrai*, *Apios*, *Achras*.

Les Grecs sont, du reste, parmi les peuples anciens ceux dont les auteurs parlent le plus du poirier, et l'on présume que ce sont eux qui auraient introduit cet arbre chez leurs voisins les Romains. On peut le supposer en voyant Caton posséder six variétés de poires, dans les jardins de Rome, 200 ans avant notre ère. Un plus grand nombre de variétés semblent avoir été cultivées du temps de Pline. Les peintures murales de Pompéi montrent l'arbre et son fruit.

Pour la Gaule, on peut présumer que les Grecs, auxquels Marseille doit son existence, pourraient fort bien l'y avoir importé. De plus, les Romains auraient également pu l'y introduire, ayant été pendant des siècles maîtres de ce pays. Toutefois une chose demeure certaine, c'est que, depuis un temps immémorial, il pousse chez nous, à l'état sauvage. Louis Bosc, ancien professeur de culture au Jardin des Plantes de Paris, l'attestait en 1809, dans son « Nouveau cours d'agriculture ».

Comme on le voit, l'incertitude la plus complète règne sur l'origine du poirier.

D'après Théophraste (287 ans avant Jésus-Christ), les Grecs possédaient quatre variétés de poires en renom :

La *Myrrha* (Myrrhe), la *Nardinon* (le Nard), l'*Onychinon* (l'Onynx), ainsi nommée parce qu'elle avait la couleur des ongles (notre Cuisse-Madame), et la *Talentiaion* (la Balance).

Le plus ancien agronome romain, Caton, 178 ans avant Jésus-Christ), recommandait à ses compatriotes de planter des fruits de longue garde et citait comme variétés :

La *Volemum*, ou Monstrueuse (parce qu'elle remplissait presque la paume de la main) : c'est un de nos beurrés ;

La *Sementinum*, ou des Semailles ;

La *Tarentinum*, ou poire de Tarente;

La *Cucurbitum*, ou poire Courge.

Deux siècles plus tard, Pline le naturaliste mentionnait quarante et une variétés de poires, outre les variétés ci-dessus citées: la *Libralia*, analogue à notre poire de livre ; la *Lactea*, analogue à notre blanquette ; l'*Amerina*, notre Saint-Martin.

Dans notre patrie, ce n'est guère qu'au IXe siècle que l'on commença à s'occuper un peu des fruits.

Le vaste génie de Charlemagne le portait toujours à organiser. Il créa, dans ses domaines, des vergers, qu'il planta d'arbres fruitiers. En parcourant ses Capitulaires, on y trouve les conseils et les recommandations de l'empereur à ses intendants, au sujet des variétés de poires qu'il les engageait à cultiver.

Après Charlemagne, la culture des fruits tomba presque entièrement en désuétude. Ce ne fut guère que dans les monastères que l'on s'occupa de conserver les bonnes espèces et même d'en augmenter le nombre. Encore aujourd'hui plusieurs fruits nous rappellent les abbayes où ils ont été obtenus, il y a des siècles, soit de semis, soit trouvés à l'état sauvage ; mais les documents ne sont pas assez précis pour permettre de dresser une liste des poires cultivées en France, à cette époque.

Le roi Charles V témoigna beaucoup d'intérêt à l'agriculture et au jardinage. Le somptueux hôtel

Saint-Paul qu'il fit construire à Paris, en 1365, était entouré de jardins plantés d'arbres de toutes espèces. Les poiriers et autres arbres fruitiers y étaient en bon nombre, et leur récolte approvisionnait la table royale. Il est regrettable, pour l'histoire de la Pomologie, que les noms des divers fruits plantés d'après les ordres de Charles V n'aient pas été relatés par l'historien de cette époque. Il nous aurait appris quelles étaient les variétés cultivées alors en France.

Après le xve siècle, qui voit l'invention de l'imprimerie, les livres se multiplient, et quelques ouvrages traitent de la culture des fruits. Toutefois, il faut arriver à l'année 1530 et lire le *Seminarium* que Charles Estienne publiait à cette date, pour obtenir sur les poires des renseignements utiles et intéressants. Parmi les variétés nommées et décrites, quelques-unes existent encore, telles que Bergamote, Bon-Chrétien, de Certeau, etc.

Un peu plus tard, Le Lectier, procureur du roi à Orléans, fit preuve d'une véritable passion pour l'arboriculture fruitière, et l'on peut dire que ce fut lui l'instigateur de l'essor que prit la culture des fruits dans cette ville, vers la moitié du xviiie siècle.

Le catalogue de ses collections est beaucoup plus complet que celui de son célèbre contemporain Olivier de Serres. Il comprenait 260 variétés de poires, classées par ordre de maturité et dont plusieurs font encore partie de nos collections actuelles.

Sous Louis XIII, l'arboriculture prit un développement considérable. Ce fut à cette époque que l'espalier apparut chez nous, venant de Normandie, suivant les uns, et d'Italie, d'après d'autres écrivains. L'intendant des jardins du roi, Claude Mollte, nous apprend combien le monarque s'intéressait à ses travaux de jardinage.

Quant au règne de Louis XIV, il fut aussi un grand siècle pour l'arboriculture fruitière. Le célèbre La Quintinye, créateur et directeur des vergers et potagers royaux de Versailles, actuellement encore des modèles du genre, retrace, dans ses Épîtres, avec quelle passion Louis XIV aimait l'arboriculture. Aussi atteignit-elle, pendant ce long règne, un développement qui lui ouvrit une voie nouvelle, dont on ne s'est pas écarté. Ce fut aussi à cette époque que l'on commença à pressentir les ressources que pouvaient offrir les semis. Plusieurs ouvrages, entre autres ceux de Merlet (1667), La Quintinye (1690), l'abbé Roger Schabol (1767), Duhamel du Monceau (1768), nous donnent des détails complets sur l'arboriculture fruitière.

Nous arrivons ainsi à l'époque où les Pères Chartreux créèrent, dans les terrains où sont de nos jours les jardins du Luxembourg, des pépinières qui ont eu une renommée universelle. De 1675 à 1789, cette célèbre communauté répandit, tant en France qu'à l'étranger, plus d'un million de poiriers. Le Catalogue détaillé des Pépinières des Chartreux comprenait 102 variétés de poires, choisies parmi les plus méritantes, classées par saison et dont un certain nombre figurent encore parmi nos fruits les plus répandus.

Avec ce siècle commencent les relations suivies des pépiniéristes français avec les semeurs étrangers. La Belgique, particulièrement, allait enrichir nos collections d'excellentes variétés de poires, dues en partie à l'abbé d'Hardenpont, van Mons, le major Esperen, Grégoire, etc., semeurs heureux, dont les gains figureront toujours dans les variétés de premier mérite.

La France n'est pas restée en arrière, et les noms de Léon Leclerc, Luizet, André Leroy, Baltet, Blanchet, Boisbunel et bien d'autres encore peuvent figurer avec honneur dans le livre d'or de la Pomologie.

Les Poiriers (*Pyrus* T.) sont des arbres de la famille des Rosacées, série de Pyrées. Leurs fleurs régulières, hermaphrodites, ont un réceptacle en forme de bourse. Sur le bord réceptaculaire s'insèrent 5 sépales libres, imbriqués en quinconce dans la préfloraison ; 5 pétales alternes à onglet court, également imbriqués ; des étamines au nombre de 20 et quelquefois plus, composées chacune d'un filet infléchi dans le bouton, supportant une anthère biloculaire, introrse, déhiscente sur 2 fentes longitudinales. Toute la partie interne du réceptacle est tapissée d'une couche glanduleuse et le fond de la coupe porte 5 (ou assez souvent 2) carpelles opposés aux pétales. Chacun d'eux se compose d'un ovaire en partie enfoui dans le réceptacle, muni d'un sillon à sa face interne et surmonté d'un style à tête stigmatifère ; il contient, à son angle interne, un placenta contenant 2 ovules sensiblement dressés, anatropes, à micropyle inférieur et extérieur.

Le *fruit*, surmonté d'une dépression dite *œil* (qui marque l'ancienne ouverture de la poche réceptaculaire et autour de laquelle persistent les débris du calice), est une drupe à mésocarpe charnu, et dont l'endocarpe est formé de 2 à 5 noyaux, séparés par des travées de chair succulente, et laissant en dehors un vide central, chaque noyau (pépin), à paroi

(1) Nous devons à l'obligeance de M. Heim la plupart des renseignements botaniques consignés dans cette notice.

mince, une ou parfois deux *graines*, qui abritent sous leurs téguments un embryon charnu, dépourvu d'albumen à radicule infère.

Les *feuilles* sont alternes, caduques, simples, accompagnées de 2 stipules latérales. Chaque fleur est placée à l'aisselle d'une bractée, à sommet étroit, ordinairement caduque. L'*inflorescence* est une grappe corymbiforme, simple ou composée de cymes rarement pauciflores.

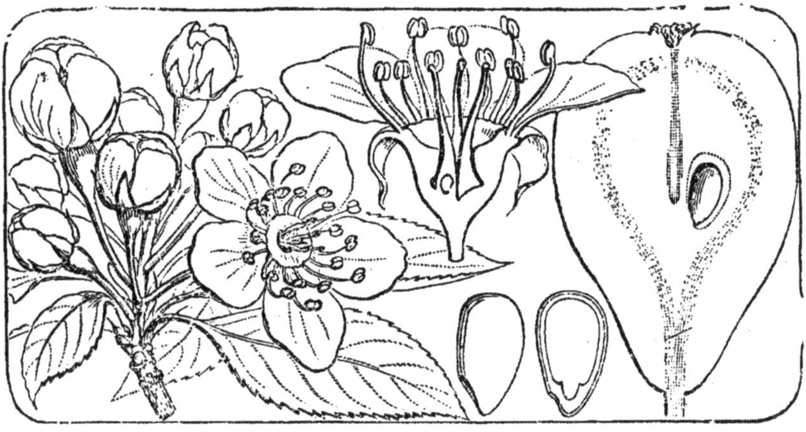

Fig. 1. — Poirier. Inflorescence, fleur, fruit et graine.

Poirier commun (*Pyrus communis* L.). — Le poirier sauvage ne diffère pas beaucoup de certaines variétés cultivées. Son fruit acerbe, tacheté, est de forme amincie en bas, ou presque sphérique, selon que l'on considère des échantillons différents, pris sur le même pied.

Les poiriers se trouvent souvent dans certaines forêts (celles de Lorraine par exemple) et y atteignent une taille élevée, s'y montrent fertiles, présentent tous les caractères d'une plante indigène. (Voir, pour plus de détails, une intéressante notice de Godron : *De l'origine probable des Poiriers cultivés*, 1873.)

La répartition géographique est extrêmement étendue. On le trouve à l'état sauvage dans toute l'Europe tempérée, dans l'Asie occidentale [Anatolie, Sud du Caucase, Perse septentrionale, peut-être dans le Cachemire (?)]. Ceux des auteurs qui admettent sa présence en Chine confondent le *P. communis* L. avec le *P. sinensis* LINDL.

La culture du poirier dans le Nord de l'Inde doit être de date récente, car il n'y a pas de nom sanscrit pour la poire.

Fig. 2. — Poirier. Fleur, coupe longitudinale.

Les habitants des stations lacustres de Suisse et d'Italie récoltaient de grandes quantités de pommes sauvages et y joignaient souvent les poires. Mais il est possible que l'âge de ces restes ne soit guère antérieur à la guerre de Troie ou à la fondation de Rome.

Les langues arméniennes, géorgiennes, slaves, celtiques, ont des noms pour le poirier : c'est un indice de l'existence fort ancienne de l'espèce depuis la Caspienne jusqu'à l'Atlantique. Il est à supposer que, dans leurs migrations, les Aryas n'ont pas importé avec eux les fruits ou les graines du poirier et n'ont fait qu'appliquer à une plante indigène les noms de leur langue propre.

La répartition géographique du poirier de la Perse septentrionale à la côte occidentale d'Europe, surtout dans les régions montueuses, doit être vraisemblablement préhistorique, antérieure à toute culture.

Godron a émis l'hypothèse que les nombreuses variétés cultivées de poirier proviennent d'une

Fig. 3. — Poirier. Inflorescence.

espèce asiatique inconnue. Cette opinion a été battue en brèche, avec raison, semble-t-il, par De Candolle (auquel nous avons emprunté nombre de détails historiques sur la question, l'origine des plantes cultivées). L'Asie occidentale possède une flore aujourd'hui très connue, il n'est guère vraisemblable qu'elle renferme une espèce de poirier encore inconnue. Il est plus logique de regarder comme souche de nos variétés actuelles les *P. com-*

munis et *nivalis*, types primordiaux, modifiés du fait de la culture, de la sélection et des croisements accidentels.

Le Poirier Sauger (*Pyrus nivalis* Jacquin), ainsi nommé parce que ses feuilles ont une face inférieure, blanche, duveteuse, qui rappelle celle de la Sauge. C'est le Schneebirn (poirier de neige) des paysans autrichiens, qui en consomment les fruits quand la neige couvre les montagnes. Pour certains auteurs (Decaisne), les variétés des Saugers auraient pour souche le *Pyrus Kotschyana* Boissier, arbre indigène de l'Asie Mineure. Si cette identité est établie définitivement, le nom spécifique de *nivalis* devra être substitué à celui de *Kotschyana*, puisqu'il est antérieur.

Les Saugers échappés de nos cultures sont devenus sauvages çà et là, dans nos forêts. La plus grande partie des poiriers à cidre, à fruit acerbe, sont des Saugers. Les Grecs et les Romains, qui fabriquaient du cidre, devaient posséder cette espèce, bien qu'à cet égard leurs descriptions soient trop imparfaites pour permettre une conclusion.

Le Poirier de Chine (*Pyrus sinensis* Lindl., qu'il ne faut pas confondre avec le *Pyrus sinensis* Thouin qui est le Cognassier de Chine) est une espèce voisine du poirier commun; originaire de la Mongolie et de la Mandchourie, cultivée en Chine et au Japon. Son fruit est plus recommandable pour sa beauté que pour sa saveur, il sert à faire des compotes. Arbre d'introduction récente, il n'a pas encore donné lieu à des croisements avec nos espèces européennes. Le fait pourra se produire un jour ou l'autre. On peut facilement distinguer, à l'inspection sur les feuilles, ce *P. sinensis.* du *P. communis*. Chez le premier, les dentelures des feuilles sont terminées par une scie fine, qui n'existe pas chez le second.

DU POIRIER EN GÉNÉRAL

Le poirier est un arbre fruitier d'une haute importance dans notre climat; ses fruits sont estimés du monde entier et alimentent la table du riche et celle du pauvre. Sa culture est très répandue; on en compte plus de mille variétés différentes qui mûrissent leurs fruits de juillet en juin de l'année suivante. Grâce à la maturité tardive de quelques-unes, on peut conserver les fruits presque d'une année à l'autre.

Parcourons le Centre, l'Est et l'Ouest de la France, dans les terrains qui lui sont favorables: nous rencontrons le poirier presque partout.

Reportons-nous à plus de quarante ans en arrière, visitons les campagnes à 25 lieues autour de Paris, par exemple, et établissons une comparaison avec le temps présent; nous remarquerons qu'anciennement l'on voyait très peu de cultivateurs s'attacher à la culture du poirier et des arbres fruitiers en général, et qu'aujourd'hui tout le monde en cultive. Nous en apercevons des champs entiers, les murs de clôture, les palissades en sont garnis; il n'est pas jusqu'aux murs d'habitation qui anciennement ne servaient à rien et qui, aujourd'hui, sont ornés de ces magnifiques arbres fruitiers qui charment la vue et sont en même temps une grande ressource pour nos populations.

Le poirier réussit moins bien dans le Midi de la France, quoique cependant on l'y cultive aussi maintenant dans certaines parties du Sud-Ouest; la raison de ce fait est certainement la température trop sèche et trop chaude.

Dans nos régions, presque toutes les expositions lui conviennent, mais beaucoup de variétés ne réussissent qu'autant qu'elles sont placées dans des conditions favorables.

Les variétés sujettes à la tavelure, comme le Doyenné d'hiver, le Saint-Germain, la Crassane, le Beurré d'Hardenpont, le Beurré Gris, le Bon-Chrétien d'hiver, etc., doivent être placées en espalier à l'est, au sud, sud-est, même au sud-ouest. Il faudra éviter autant que possible les murs de l'ouest et ne jamais les planter au nord: cependant quelques variétés hâtives peuvent être plantées à cette dernière exposition.

C'est par ses racines qu'un arbre emprunte au sol ses éléments nutritifs.

Sans rappeler ici des données banales il est bon d'avoir présentes à l'esprit les données suivantes :

Lorsque le poirier provient de semis, sa racine principale est pivotante. Si le pivot a été intentionnellement sectionné, la plante ne se nourrit plus qu'à l'aide de racines adventives, plus ou moins obliques ou traçantes.

Il est également essentiel de rappeler que c'est uniquement par sa portion pilifère que la jeune radicule absorbe l'eau et les substances qu'elle tient en dissolution. De là ce principe général qui doit présider à un arrosage intelligent d'un arbre quelconque : l'eau d'arrosage doit être versée non pas au collet même de l'arbre, mais à une certaine distance, c'est-à-dire dans la zone où se trouvent les jeunes radicelles.

La racine, comme toute partie de la plante, respire, c'est-à-dire absorbe l'oxygène de l'air et y rejette de l'acide carbonique. De là la nécessité d'un sol ameubli par des labours peu profonds, surtout s'il est naturellement compact, de façon à permettre sa facile aération. De là aussi, la nécessité du drainage des terrains humides, afin d'empêcher la stagnation de l'eau autour des racines.

Des sols favorables à la culture du poirier

Sol argileux.— Le sol argileux est blanc, gras, compact, difficile à diviser. Cette sorte de terre est forte et retient beaucoup l'humidité, ne laissant guère pénétrer l'air ; mouillée, elle devient pâteuse, collante ; sèche, elle se durcit et se fendille.

Dans un sol argileux, les poiriers poussent rapidement, les fruits deviennent gros, mais sans saveur; on doit y redouter les longues pluies d'hiver, qui détermineraient la pourriture des racines.

On l'améliore en y ajoutant des matières propres à le diviser, telles que du sable, de la marne calcaire, des scories de fours à chaux, de la cendre de bois, des boues de rues, des plâtras, des décombres et des fumiers chauds ; il est aussi de toute utilité de drainer les sols argileux destinés à la culture du poirier.

Sols siliceux. — Le sol siliceux est composé en grande partie de silice (sable pur) et cailloux. La silice est très friable, trop perméable à l'eau et à l'air surtout dans les sols colorés en rouge.

Les sols siliceux se dessèchent très vite par les grandes chaleurs; les poiriers y poussent lentement, les fruits sont petits en général, mais très savoureux. Pour améliorer ces terrains, pour les rendre propres à la culture du poirier, on se sert : d'argile, de chaux, de marne argilo-calcaire et de terre franche grasse. A partir du mois de novembre, on dépose la marne argileuse par petits tas sur le terrain, la gelée effrite cette marne qui se trouve ensuite mélangée au sol, à l'aide d'un labour d'un demi-fer de bêche ; on amende ces sols à l'aide de fumier d'étable.

Dans un terrain siliceux, il est bon, à partir du mois d'avril, de mettre un bon paillis de fumier frais au pied des poiriers, afin de tenir le sol humide pendant tout le courant de l'été.

Sols calcaires et crayeux. — Les sols calcaires où domine le carbonate de chaux sont les sols les plus mauvais pour la culture du poirier : car leur couleur blanche les empêche d'absorber les rayons du soleil, ils absorbent facilement une grande quantité d'eau, et la perdent avec autant de facilité. En mélangeant à ces sols calcaires de la terre franche argilo-siliceuse, des mottes de gazons décomposées, du sable coloré, de l'argile rouge, des curages d'étangs, de la terre noire et une forte quantité d'engrais colorés, de façon à atténuer le mauvais effet de la couleur blanche, on arriverait à faire de ce sol rebelle un sol de première qualité.

Un sol où domine la terre franche, que l'on appelle vulgairement terre à blé, qui contient de 40 à 50 $^0/_0$ de sable, de 30 à 40 $^0/_0$ d'argile et de 10 à 15 $^0/_0$ de calcaire, est un très bon sol pour la culture du poirier.

Il est très rare qu'un sol ne soit formé uniquement que d'un seul élément ; ordinairement, tous ces éléments se trouvent en mélange dans de plus ou moins grandes proportions.

Un sol parfait serait celui qui contiendrait, par égale quantité, de l'argile, de la silice et du calcaire. Pour la création d'un jardin fruitier, nous devrons choisir un terrain qui se rapproche le plus de celui-ci.

Des arrosages dans la culture du poirier

Si l'eau se trouve en trop grande abondance dans le sol, l'excès d'humidité provoque une végétation vigoureuse du poirier, le bois devient mou, se forme mal, ne s'aoûte pas et est sujet à être gelé. Alors la fructification future se trouve compromise, en ce sens que l'arbre ne donnera que très peu de fleurs et des fruits sans saveur. Si l'eau séjourne par trop longtemps dans le sol, les racines ne peuvent plus remplir leurs fonctions, elles pourrissent et l'arbre meurt.

Si les poiriers manquent d'eau et que la sécheresse dure un certain temps, nous voyons les feuilles se faner et s'incliner vers le sol. On ranime la végétation à l'aide de forts bassinages que l'on donnera aux arbres tous les soirs et en mouillant copieusement de temps à autre le sol à leur pied. A cet effet, il est utile d'enlever une épaisseur de terre d'environ 4 à 5 centimètres sur une très grande largeur ; de la sorte l'eau pourra pénétrer directement sur les radicelles de l'arbre et être immédiatement absorbée.

De l'aération

Un poirier planté trop profondément et dans un endroit où l'air se renouvelle mal, reste chétif, devient chlorosé, ses bourgeons sont maigres, étiolés, sans consistance et mûrissent mal. Il n'y a que très peu de boutons, qui « donnent » des fruits sans saveur.

Aussi, pour faire une bonne plantation de poiriers, devons-nous choisir un emplacement bien aéré et éloigné des grands arbres.

De la lumière

Nous n'avons qu'à jeter un coup d'œil sur les poiriers plantés dans des endroits très ombragés, près d'un grand bâtiment, sur la lisière d'un bois, ou dans un jardin entouré de grands arbres. A ces différentes expositions, nous remarquons que l'extrémité de chaque sujet, attirée par la lumière, s'inclinera vers elle. Dans un endroit entouré de grands arbres, nous verrons ceux du centre acquérir beaucoup plus de développement que ceux de la périphérie. Il en sera différemment dans une plantation en pleine lumière ; les poiriers du bord pousseront mieux, seront plus forts et plus étoffés que ceux de l'intérieur.

Prenons aussi comme exemple une pyramide ; à l'extrémité des branches, nous obtiendrons plus de fruits et ils seront plus gros, plus colorés, plus savoureux que ceux venus à l'intérieur de l'arbre.

De la chaleur

Au printemps, si la floraison des arbres fruitiers s'opère par un beau temps, s'il ne vient pas de gelées printanières et que la chaleur continue, la récolte sera assurée ; si, au contraire, il se produit un refroidissement subit de la température, (*exemple le printemps 1918*), la fécondation s'opère mal et la récolte se trouve compromise. Une chaleur trop élevée, si elle est accompagnée d'une sécheresse prolongée (nous pouvons citer l'été de 1911), sera nuisible aux poiriers, en ce sens qu'elle arrêtera leur végétation, ce qui leur est toujours très préjudiciable.

Pour obvier à ce danger, il est nécessaire de pailler le sol, de l'arroser et de rafraîchir les parties extérieures du végétal, à l'aide de forts bassinages.

D'un autre côté, si dans un terrain humide la végétation est activée par une chaleur très élevée, les poiriers pousseront vigoureusement, mais ne donneront ni fleurs ni fruits. Le mieux pour le poirier dans nos climats, pendant l'été, est une température variant de 20 à 30 degrés centigrades.

Multiplication du poirier

Le poirier se multiplie de semis, par la greffe en fente sur franc, par la greffe en écusson à œil dormant, sur franc et sur cognassier, et sur aubépine indigène (*Cratægus oxyacantha*).

Le poirier sur franc donne des arbres plus vigoureux et de plus longue durée, mais il donne plus tard; les fruits sont généralement moins gros et moins bons que sur cognassier et assez souvent pierreux. Greffé sur cognassier, l'arbre produit plus tôt, ses fruits sont plus gros, plus sucrés ; l'arbre est moins vigoureux, mais plus fertile.

DES DIFFÉRENTS ENGRAIS CONVENANT A LA CULTURE DU POIRIER

Engrais solides et complets

Les exigences des arbres fruitiers (poiriers et autres) en acide phosphorique, potasse, azote et chaux sont telles, que le fumier de ferme ne pourra y satisfaire qu'en employant les doses de 1.000 à 2.000 kilos à l'are (1). Toutefois, dans la fumure fondamentale, il sera bon de tenir compte de la richesse naturelle du sol et des essences d'arbres fruitiers que l'on doit y cultiver.

Les fumiers à employer pour les sols argileux et humides sont : les fumiers de mouton, de cheval, etc., que l'on désigne sous le nom du fumiers chauds, en langage de praticien. Dans les terrains siliceux et calcaires (terrains secs et chauds), il est préférable d'employer des fumiers de vache, qui rafraîchiront le sol, lui donneront de la consistance et dont la durée d'efficacité est plus longue.

Dans un terrain renfermant dans des proportions à peu près égales : argile et silice, on peut employer des fumiers dits froids, mélangés de fumiers chauds qui auront été mis en tas et remués deux ou trois fois à un mois d'intervalle.

Les meilleurs fumiers sont ceux qui sont déjà à demi décomposés. On ne devra jamais employer de fumiers sortant de l'écurie ; ces fumiers pourraient fermenter dans le sol, faciliter le développement du

(1) Le mètre cube de fumier de ferme mixte, au moins à moitié décomposé, peut peser de 700 à 900 kilos.

blanc sur les racines et amener la perte de l'arbre. Les gadoues de ville seront employées à raison de 1.500 à 2.500 kilos à l'are. De bons engrais, dits engrais végétaux, pour le poirier, sont les immondices provenant du curage des fossés, des balayures de rues, les herbes provenant des sarclages du jardin et des coupes de gazon. Tous ces engrais, mélangés ensemble et ayant séjourné en tas pendant plusieurs années, sont précieux pour la culture du poirier et pourront être avantageusement utilisés dans la proportion de 1.000 à 1.500 kilos à l'are. Pour faciliter la décomposition de ces engrais, on pourra y mélanger de la chaux dans la proportion de 1/10, surtout si ces engrais sont pour être employés dans un sol pauvre en calcaire.

Les mois les plus convenables pour la fumure des arbres fruitiers sont les mois de novembre, décembre, janvier, février et mars. On aura soin de ne jamais laisser le fumier étalé sur le sol pendant trop longtemps, car les matières azotées s'en dégageraient au détriment du sol. Il est une recommandation particulière dont il faut tenir compte en enterrant le fumier, c'est de ne pas se servir d'une bêche; il faut exécuter ce travail avec une fourche à 3 ou 4 dents, pour éviter de détruire les racines. Les fumiers neufs doivent être employés de préférence au mois de mai pour couvrir la surface du sol, comme paillis.

Engrais organiques et azotés

Les déchets de laine et de chiffons, cuir, crin, etc., les cornes blanches, les os en poudre ou concassés, les guanos de poisson pourront être employés à l'automne ou en janvier; l'on utilisera le sang et les viandes desséchées de préférence en février, mars. Ces divers engrais, renfermant environ de 9 à 11 % d'azote, seront épandus à raison de 15 à 25 kilos à l'are.

Comme il est dit ci-dessus pour le fumier de ferme, la nature et les quantités à employer seront modifiables, d'après l'espace de temps plus ou moins long écoulé depuis la dernière application de fumure, le besoin du sol et celui du végétal.

Des engrais liquides favorables au poirier

Certains engrais complets, tels que l'engrais humain frais, 60 à 100 kilos à l'are; les guanos, colombines et fientes de volailles, pouvant être employés à l'état sec, de 25 à 30 kilos à l'are; seront utilisés très avantageusement comme engrais liquides dans la proportion de 1/20. Trois ou quatre tourteaux de colza et autres plantes oléagineuses, mélangés dans 100 litres d'eau, sont également très recommandables.

L'application de ces engrais mis en fermentation en janvier, février se fera 15 à 20 jours après.

Le purin et le sang d'animaux de boucherie employés en y ajoutant la quantité d'eau nécessaire, environ 15 litres pour 1 litre de sang, sont excellents. Avant l'emploi de ces engrais, l'on y ajoutera 1 à 2 grammes de sulfate de fer par litre de liquide fermenté pour enlever l'odeur désagréable qui s'en dégage.

On utilise les engrais liquides principalement au

printemps et pendant le cours de la végétation, surtout pour les sols siliceux et calcaires. Ils sont excellents pour les arbres malades ou épuisés, auxquels ils rendent souvent la vigueur.

Des engrais chimiques

Jusqu'à présent les arboriculteurs reconnaissent que les meilleurs engrais connus pour la culture des arbres fruitiers (le poirier parmi ceux-ci) sont les fumiers à moitié décomposés. Il est avéré également que les terrains, même les plus mauvais, renferment toujours la presque totalité des éléments nécessaires à la nutrition des plantes. La question des engrais tend à fournir ceux qui manquent, lesquels se trouvent être les plus importants puisqu'ils ont été enlevés par les récoltes.

D'autre part, un bon terrain peut manquer de l'un ou de l'autre, ou de plusieurs des quatre éléments suivants : l'*azote*, l'*acide phosphorique*, la *potasse* et la *chaux*. Sachant ainsi que les arbres fruitiers ne peuvent prospérer favorablement qu'avec le concours de ces éléments, il importe donc, lors de l'établissement d'une culture fruitière, de commencer par faire l'analyse du sol et celle de la nature des arbres à y cultiver; ce sera le seul moyen d'être identifié sur les engrais manquants à notre terrain.

Une bonne préparation du sol, un bon défoncement, mettront plus facilement ces éléments de fertilité naturels à la disposition des racines et aideront à leur évolution.

Les matières organiques employées sous forme d'engrais agiront comme amendement, en fournissant de l'humus.

La marne ou la chaux ont le double rôle d'engrais et d'amendement, la chaux surtout aide à la transformation des matières azotées dans le sol et empêche l'argile et l'humus de se délayer dans les eaux de pluie.

Certaines substances peuvent agir sur la nature physique d'un terrain et rendent ses éléments plus solubles. Le plâtre solubilise la potasse contenue dans l'argile, si bien que dans une terre argileuse il est inutile d'y ajouter un engrais potassique, un peu de plâtre suffisant à la rendre assimilable.

Tout en tenant compte de l'assimilation de ces éléments, le fumier de ferme devra être employé en première ligne. Les engrais chimiques et les matières organiques moins coûteux et plus riches seront les accessoires qui permettront de réaliser une fumure à la fois artificielle et complémentaire.

Or donc, dans les terrains calcaires, l'on emploiera de préférence les superphosphates, et les scories en terrain siliceux.

L'azote peut être fourni par le nitrate de soude et le sulfate d'ammoniaque. Il produit des effets rapides en terrains légers, et est pour ainsi dire inutile dans les terrains substantiels, les rendant par trop compacts.

L'acide phosphorique, qui paraît augmenter le volume des fruits et les rend plus sucrés, sera donné par les scories de déphosphoration qui fournissent du fer, les superphosphates et les phosphates précipités.

La potasse en quantité suffisante dans presque tous les sols, surtout dans les sols siliceux et granitiques, a l'apparence de procurer du beau bois. On pourra l'utiliser sous forme de chlorure de potassium, sulfate de potasse, carbonate de potasse. La kaïnite procure également un engrais potassique.

La chaux, qui facilite le développement d'un bois ferme et bien aoûté, sera fournie par le sulfate de chaux (plâtre) et utilisée de préférence en terrains froids et humides, de même que les marnes argileuses ou calcaires seront employées selon la nature du sol.

Contrairement à l'azote, ces trois derniers éléments seront appliqués de préférence en plantant, et à l'automne.

Comme nous le voyons d'après les courtes énumérations ci-dessus développées, la nature des engrais à employer dépend surtout de la nature du terrain. Il nous est donc bien difficile de donner une formule fixe.

Cependant, citons à titre d'exemple des formules employées depuis plus de vint-cinq années par M. le marquis de Paris et desquelles il obtint de bons résultats dans un terrain argilo-calcaire, assez riche et compact. Il va sans dire que ces quantités seront assujetties à des modifications pour une autre nature de sol.

Pour arbres fruitiers à pépins et racines pivotantes (poiriers greffés sur franc) :

Nitrate de soude	2	kilogrammes.
Superphosphate de chaux	4	—
Chlorure de potassium	1	
Sulfate de chaux	2	
Sulfate de fer	2	—

Pour arbres fruitiers à pépins et racines traçantes (poiriers greffés sur cognassier) :

Sulfate d'ammoniaque	1	kilogr. 500.
Superphosphate de chaux	4	kilogrammes.
Chlorure de potassium	1	—
Sulfate de chaux	2	—
Sulfate de fer	2	

Ces engrais mélangés seront épandus avant l'hiver, à la dose de 300 grammes par mètre carré, en couvrant tout l'espace de terrain occupé par les racines. Les engrais azotés (nitrate de soude et sulfate d'ammoniaque) ne seront semés qu'au printemps.

Pour les arbres poussant peu, l'on augmentera la dose d'azote; pour ceux qui, au contraire, poussent trop et sont rebelles à la fructification, la diminuer; et augmenter celle de l'acide phosphorique (superphosphate).

Sommes-nous en possession d'un terrain assez pauvre, léger, siliceux, trop perméable à l'eau que nous voulons consacrer à la culture des arbres fruitiers, l'emploi de la tourbe, 6 kilos environ, mélangés, avant plantation, à la terre qui a été extraite d'une fosse carrée de 1 mètre sur 0 m. 80 de profondeur, sera un excellent moyen pour retenir un peu l'humidité. — A l'automne, après l'application d'une fumure moyenne en fumier de ferme (15.000 à 20.000 kilogrammes à l'hectare), nous procéderons, et cela avant la plantation des arbres, à l'épandage, sur le sol, de 2 kilogrammes de scories de déphosphoration et de 800 à 900 grammes de kaïnite par mètre carré. On enfouira ces minéraux à l'aide d'un labour profond d'au moins 0 m. 40. Ces doses d'engrais pourvoiront favorablement au développement des arbres pendant 5 ou 6 ans. Des solutions de nitrate de soude seront appliquées au printemps.

Pour terminer cette courte énumération de l'application des engrais chimiques, pour une plantation d'arbres fruitiers, nous donnons ci-dessous, comme un barème de la nature et de la quantité de ces engrais à employer (*par are*), nature et quantité modifiables selon la constitution du sol et les besoins des arbres.

Engrais azotés à employer au printemps :			
Nitrate de soude..................	à l'are	12 à 15	kilogr.
Sulfate d'ammoniaque...........	—	12 à 15	—
Engrais phosphatés :			
Scories de déphosphoration........	—	40 à 45	—
Superphosphates..................	—	25 à 30	—
Phosphate de chaux...............	—	15 à 18	—
Engrais potassiques :			
Kaïnite..........................	—	40 à 45	—
Chlorure de potassium...........	—	15 à 18	—
Sulfate de potasse..............	—	15 à 18	—
Carbonate de potasse............	—	15 à 18	—
Engrais calcaires :			
Sulfate de chaux (plâtre)..........	—	20 à 30	—
Chaux............................	—	20 à 30	—

En résumé, de l'emploi des engrais chimiques, nous concluons :

1° Que l'humus est indispensable pour fournir un juste milieu aidant à l'action des engrais chimiques ;

2° Qu'il y a nécessité, avant l'emploi, de l'analyse de la terre, de la plante et des engrais.

En définitive, théoriquement et pratiquement, l'on ne possède que des notions générales, mais ces notions, eu égard aux nombreuses expériences faites depuis quelques années surtout, nous ont donné les résultats les plus encourageants, pouvant servir à l'application raisonnée des engrais chimiques aux arbres fruitiers ainsi qu'à leur développement.

Création du jardin fruitier

La disposition, pour établir un jardin fruitier destiné à la culture des poiriers, sera subordonnée à l'étendue que l'on devra lui donner.

Si l'on dispose d'un grand terrain affecté spécialement à la culture des arbres fruitiers, on aura le choix des différentes formes aussi élégantes que productives : pyramides, fuseaux, contre-espaliers, vases, cordons horizontaux, superposés, etc. Etant destinés à prendre un assez grand développement, ce qui nécessite leur plantation sur des lignes un peu éloignées les unes des autres, il s'ensuivra que pendant plusieurs années une partie du terrain se trouvera inoccupée. On peut alors utiliser les espaces libres par des cultures intercalaires, légumes ou autres, mais cependant sans fatiguer le sol, ce qui nuirait à la végétation des arbres.

Mais si nous ne sommes possesseur que d'un jardin de moyenne étendue, nous laisserons entre chaque ligne d'arbres une plate-bande de 4 ou 5 mètres, dans laquelle nous pourrons cultiver différents légumes qui trouveront la lumière nécessaire et dont l'ombrage ne nuira pas à la culture des arbres fruitiers.

Si nous ne disposons que d'un espace de terrain très restreint, nous réserverons les carrés pour la culture des légumes, et nous tracerons, autour de ces carrés, une plate-bande dans laquelle nous planterons des fuseaux, des vases, des contre-espaliers faciles à conduire et prenant peu de développement.

Choix de l'exposition et du terrain

Pour établir un jardin fruitier, on devra choisir un endroit abrité des grands vents.

L'emplacement le plus favorable serait un terrain plat au pied d'une colline ou en pente légèrement inclinée vers le sud ou l'est, même vers l'ouest ;

jamais vers le nord, l'inclinaison étant très mauvaise.

On devra éviter autant que possible les vents du nord et du nord-ouest. « Si besoin est, l'on s'en garantira en plantant une haie de *Biota orientalis* (Thuya de la Chine), espèce généralement employée pour faire des abris et des palissades; ou bien encore à l'aide d'un rang d'*Abies excelsa* (Epicéa) plantés très serrés. » On évitera plus encore les terrains marécageux, humides, exposés aux brouillards des prairies qui occasionnent la perte des récoltes par les gelées printanières.

En Bretagne, où le climat est plus doux que celui des environs de Paris, le *Cupressus Lambertiana* est le conifère le plus recommandable, pour abriter les plantations fruitières. Il pousse beaucoup plus rapidement que les *Epiceas* et peut se tailler en tout temps.

Quant au choix du terrain, on ne saurait y apporter trop d'attention : le sol par excellence serait une bonne terre franche sablonneuse bien homogène, d'une épaisseur de 0 m. 70 à 1 mètre et plus, reposant sur un sous-sol bien perméable. Peu de terrains remplissent naturellement toutes les qualités requises, mais il est très facile d'y remédier par de bonnes défonces et des amendements bien compris, comme nous l'avons indiqué précédemment.

Des murs, leur construction

Les *meilleurs murs* pour un jardin fruitier sont ceux qui ont une élévation de 2 m. 50 à 3 m. 50. Les expositions préférables sont celles de l'est et de l'ouest, l'exposition faisant face au midi conviendra mieux aux variétés d'hiver.

Dans un jardin fruitier d'assez grande étendue, on peut construire les murs qui doivent l'entourer en les rentrant intérieurement d'environ 2 m. 50 à 3 mètres, ce qui permettra d'utiliser les deux faces pour la plantation des arbres fruitiers.

Les murs en terre peuvent être utilisés avantageusement dans les pays de grande production fruitière, en Normandie par exemple. Cependant nous ne les recommandons pas ; ils ont, à notre avis, l'inconvénient de servir de refuge aux insectes et aux animaux tels que loirs, rats, mulots, etc., le crépi et les scellements n'y ont pas de résistance.

Les meilleurs murs sont ceux de clôture et de refend enduits d'une couche de plâtre. Les insectes auront moins de facilité pour se réfugier dans les cavités. Les murs offriront plus de solidité, seront plus propres et la couleur blanche influera très a vanageusement sur la réussite des récoltes. D'autres spécimens de murs peuvent aussi être employés pour la culture des arbres fruitiers ; citons entre autres : les murs en briques de 0,22 d'épaisseur et ceux en briques sur champ ; ceux en moellons, en carreaux de plâtre, en béton armé, en fibro-ciment, en verre cathédrale (1) et même en planches ; ces

(1) MM. Croux et fils, Pépinières du Val d'Aulnay à Châtenay (Seine), ont fait établir, en 1905, un mur en verre cathédrale sur lequel je donne leur juste appréciation : « Comme « mur de refend, ce mur en verre est certainement pratique « puisque l'on peut récolter sur les deux faces. — Sur le « nôtre, placé de l'est à l'ouest, nous procurant par conséquent « les expositions sud et nord, nous avons planté dos à dos « les mêmes variétés dans chaque genre. — En poiriers, « *Doyenné d'Hiver*, *Directeur Alphand* et *Passe Crassane* ; en

derniers, dits murs économiques, ne sont, à mon avis, pas recommandables. Il est bon aussi de recouvrir la muraille d'un chaperon en tuile faisant saillie selon la hauteur du mur et selon l'exposition (1). Nous lui donnerons à l'exposition de l'est une saillie de 15 à 18 centimètres, cette exposition étant la moins favorisée par la pluie ; à l'ouest et au nord, de 18 à 22 centimètres, et à l'exposition du midi réservée aux variétés délicates, nous pourrons lui donner jusqu'à 25 centimètres.

Des treillages

Les *treillages* servent au palissage des poiriers dressés en vases, en espalier ou en contre-espalier.

« pommier, *Calville blanc*; en pêcher, *Grosse mignonne*; et en « vigne. *Chasselas doré de Fontainebleau*.

« Les fruits exposés au midi sont certainement plus beaux « en grosseur, mais nous récoltons, au nord, des poires *Doyenné* « *d'hiver* et *Passe Crassane* ainsi que des pommes *Calville* « *blanc* indemnes de tavelure, et leur qualité est aussi bonne « au nord qu'au midi. — Les *pêches* ainsi que le raisin *Chas-* « *selas* y mûrissent très bien.

« Une particularité qui contribue fort à avantager le mur « côté nord, c'est qu'en été, par le soleil, le mur en verre côté « du midi donne de 8 à 12 degrés en moins que le mur en « pierre, alors que le côté nord gagne presque ce que le midi « perd.

« Cette année (1911), nous ne faisons pas de différence « dans la qualité du *Chasselas doré* récolté au nord, avec celui « récolté au midi.

« Ce mur en verre a le défaut de ne pas emmagasiner la « chaleur; quelques heures après le coucher du soleil, la « température y est très sensiblement la même qu'en plein « air. Quoi qu'il en soit, nous pensons qu'il peut rendre des « services, mais seulement comme mur de refend. — Lorsque « nous l'avons fait établir, il y a six ans, ce mur en verre « nous est revenu à 30 fr. 50 le mètre linéaire sur 2 m. 20 de « hauteur y compris les abris vitrés. »

(1) La Société des Tuileries mécaniques du Berry et de Bordeaux, à Vierzon-Forges (Cher), et la maison Muller, à Ivry-Port (Seine), fabriquent des tuiles spéciales ayant jusqu'à 0 m. 60 de longueur et pouvant ainsi couvrir un mur de 0 m. 40 à 0 m. 50 de largeur.

Les treillages en bois se font en châtaignier refendu, en sapin rouge et en pitchpin sciés (ces derniers sont préférables, étant de plus longue durée). Nous ne saurions trop préconiser les treillages en bois qui, une fois établis, compensent largement, par leur durée, l'économie de main-d'œuvre qu'ils procurent, la facilité avec laquelle ils permettent de dresser les arbres qu'ils reçoivent, les frais peut-être un peu onéreux de leur installation.

Pour les poiriers, on tend souvent de simples fils de fer sur lesquels on palisse les arbres. La distance à maintenir entre les baguettes ou fils de fer tendus verticalement variera d'après la nature des arbres. Cet écartement sera de 30 centimètres entre chaque branche charpentière de poirier. Les fils de fer tendus horizontalement seront disposés de la façon suivante : le premier fil à 15 ou 20 centimètres du sol, les autres espacés de 30 centimètres, et le dernier en haut du mur à environ 15 centimètres au-dessous du chaperon. Les fils de fer nos 14 et 16 sont les plus spécialement employés. Ces fils de fer seront supportés soit à l'aide de fers à T ou de pitons scellés dans le mur.

Des abris

Les *abris* sont indispensables à la culture des espaliers pour protéger les arbres des gelées tardives.

A cet effet, on place, à environ 10 centimètres au-dessous du chaperon, des supports en fer scellés dans le mur.

Ils doivent s'écarter [49] du mur d'environ 50 à

60 centimètres et ils seront distants entre eux de 1 mètre à 1 m.50 et même 2 mètres ; en les scellant on leur donnera une pente de 3 à 4 centimètres au plus.

Pendant le courant du mois de février, au moment où les arbres commencent à végéter, on placera sur ces supports, pour former abri, soit paillassons, ou planches ou rubéroid, pour préserver les arbres fruitiers des gelées printanières et des intempéries des saisons, pluies froides, neiges, giboulées, etc., et on ne devra les retirer que vers la fin de mai, lorsque les arbres sont hors des atteintes de la gelée.

Des abris très légers, très pratiques, se démontant facilement tout en étant très solides, et sous lesquels les arbres sont garantis des pluies froides et reçoivent la pleine lumière du soleil, sont les abris vitrés. Les feuilles en verre cathédrale de 1 mètre de longueur sur 0,45 à 0,50 de largeur, sont employées couramment ; depuis quelques années, on commence à utiliser le verre de Saint-Gobain armé, en feuilles de 1 mètre de longueur sur 0 m. 45 de largeur. On peut aussi laisser ces abris pendant tout le printemps pour préserver les fruits de la tavelure, mais il y a urgence à les enlever quand la chaleur commence à se faire sentir, dans la crainte de voir les arbres attaqués et ravagés par les insectes (*Tigre du Poirier* et *Grise*), surtout dans le voisinage des vitres. Les toiles-abris de la maison Dufour aîné, placées en guise de rideau à coulisse en avant des murs, couvrent on ne peut mieux les arbres pendant la nuit, permettent la lumière du soleil le jour et préservent admirablement les fleurs et les jeunes fruits des gelées printanières et de la tavelure. Cette maladie attaque principalement les variétés de poires suivantes : *Doyenné d'Hiver*, *Saint-Germain*, *Crassane*, *Doyenné d'Alençon*, *Beurré d'Hardenpont*, *Beurré Gris*, *Bon Chrétien d'hiver*, etc.

Un procédé recommandable pour prolonger la durée des paillassons employés comme abris consiste à les tremper, avant de les employer, dans une solution de sulfate de cuivre, dans la proportion de 2 kilogrammes de sulfate de cuivre pour 100 litres d'eau. Ce sulfatage aura, en outre, l'avantage d'éloigner bon nombre d'insectes.

Distribution du terrain

Dans la distribution du terrain, pour un jardin fruitier, nous placerons les poiriers à haute tige de façon que leur végétation et leur ombrage ne gênent pas les arbres de petites formes.

Par exemple, un jardin s'étendant de l'est à l'ouest présentera un long côté au midi. On devra commencer par placer les grands arbres au couchant sur 2, 3 ou 4 lignes allant du nord au sud. Ensuite viendront les pyramides, puis les contre-espaliers, etc. De la sorte, la partie est, la mieux ensoleillée du jardin, se trouvera réservée pour les variétés les plus délicates.

Disposons-nous d'un jardin de grande étendue et de forme rectangulaire, dans lequel nous voulons cultiver arbres fruitiers et légumes, tel que l'indique la figure 3 *bis*, nous le diviserons en 4 ou 8 parties, en ménageant une plate-bande de 1 m. 50 à 2 mètres de largeur au long des murs, ensuite une allée de 2 mètres à 2 m. 50 de largeur.

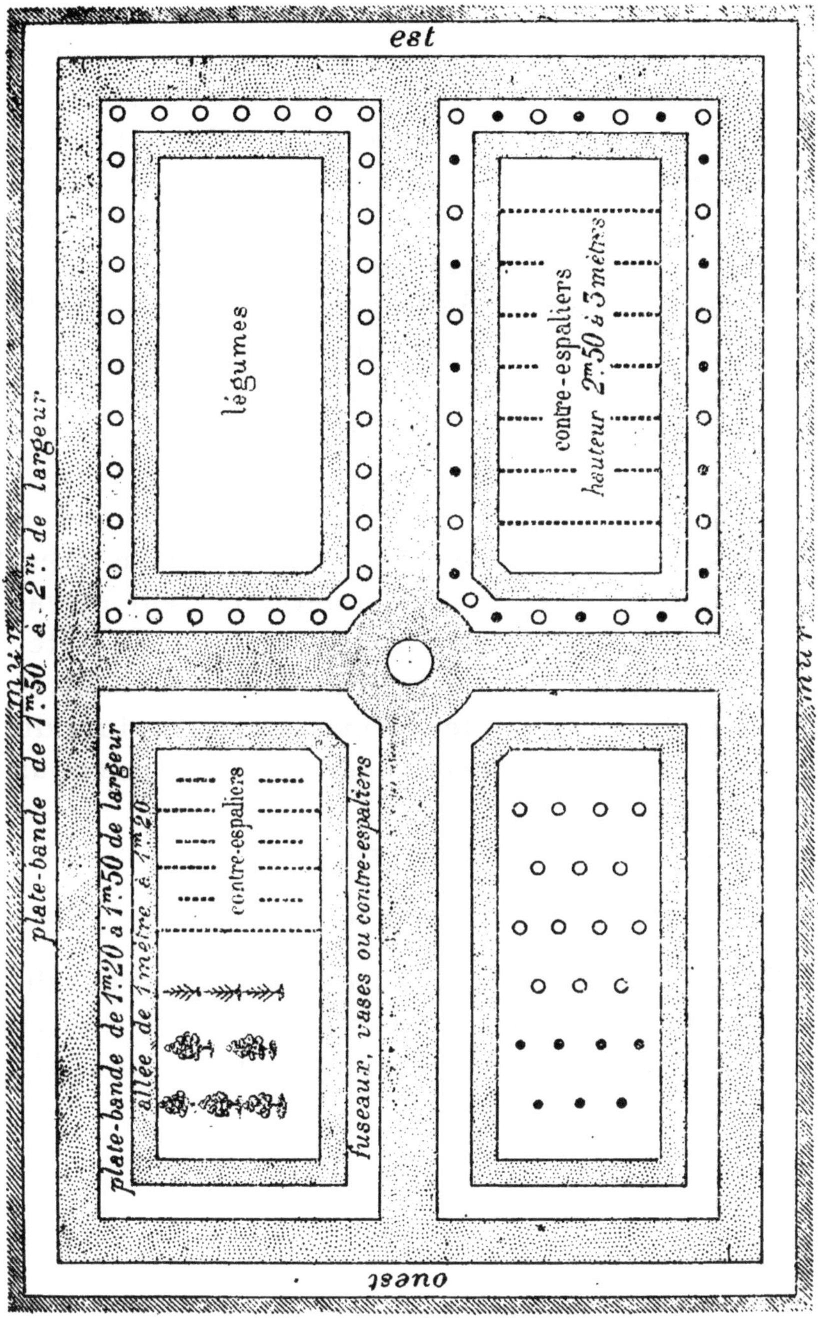

Fig. 3 *bis*. — Distribution d'un jardin pour culture d'arbres fruitiers et légumes.

De chaque côté de cette allée, nous établirons une plate-bande à laquelle nous donnerons de 1 m. 20 à 1 m. 50 de largeur pour y cultiver des arbres en fuseau, vase ou contre-espalier. Cette largeur s'étendra depuis 2 mètres jusqu'à 2 m. 50 pour y cultiver des pyramides, ce que nous ne conseillons pas. Nous établirons ensuite une petite allée de 1 mètre à 1 m. 20 de large entre la plate-bande décrite ci-dessus et les grands carrés intérieurs.

Dans ces carrés, nous pourrons cultiver d'une manière uniforme, pyramides, fuseaux, contre-espaliers, etc. Ces derniers seront dirigés, autant que possible, sur une ligne s'allongeant du nord au midi et auront une élévation de 2 m. 50 à 3 mètres. S'il s'agit d'une culture commerciale, leur élévation ne sera que de 2 mètres à 2 m. 20 pour éviter ainsi l'emploi des échelles. Sur ces contre-espaliers, on établira les formes selon la nature du terrain, mais nous recommandons de ne pas nous arrêter à de grandes formes et encore bien moins aux petites ; nous en donnerons le motif plus loin.

Préparation du sol

Notre jardin nivelé et tracé, nous préparons le sol. Cette préparation consiste à bien défoncer le terrain dans lequel nous voulons établir nos cultures.

Du défoncement

Les époques les plus favorables sont : l'été et l'automne.

Le défoncement se fera à une profondeur de 0 m. 50 à 0 m. 80 ou même 1 mètre, selon la nature du sol. Si, à une profondeur variant de 50 à 70 centimètres, nous rencontrons un mauvais sol (par exemple, tuf, glaise), il vaudra mieux le laisser, son enlèvement devenant par trop dispendieux, et parfaire à l'épaisseur de terre végétale manquante par un apport de terre prise dans le voisinage, soit à la surface d'un carré à légumes ou d'un champ non emblavé d'arbres fruitiers.

Pour opérer le défoncement d'un carré de 10 mètres de largeur par exemple, on sépare ce carré en deux parties, on ouvre, à l'une des extrémités du terrain, sur une partie de 5 mètres, une tranchée de 1 m. 50 de largeur sur 0 m. 50 à 1 mètre de profondeur.

On dépose la terre de cette tranchée à l'endroit où l'on doit terminer le défoncement, elle servira à combler l'ouverture de la dernière tranchée. On opère ensuite le défoncement de la façon suivante : on pioche verticalement, du haut en bas, l'épaisseur du sol jusqu'au fond de la tranchée ; de cette manière, les terres les plus hétérogènes se trouvent mélangées, on en extrait les grosses pierres, les racines, les mauvaises herbes ; on relève ensuite à la pelle, du fond de la tranchée, la terre brisée et mêlée, que l'on rejette derrière soi toujours à la partie supérieure du sol défoncé. Ce terrain ayant une inclinaison de 45 degrés, le mélange par l'écroulement des terres n'en sera que mieux fait.

Si nous apportons les engrais en défonçant (1),

(1) M. Magnien, professeur d'horticulture, préconise comme fumure fondamentale des arbres fruitiers par mètre carré, au moment du défoncement à $0^{m},80$ de profondeur :

Fumier de cheval ou de vache, selon nature du sol	4 kilos.
Kaïnite	1 kilo.
Scories de déphosphoration	500 grammes.
Corne torréfiée	500 grammes.

nous conseillons de ne placer le fumier que dans les 50 centimètres de la partie supérieure du sol défoncé. Les couches de fumier, peu épaisses, de 4 à 5 centimètres au plus, seront placées dans le degré d'obliquité du terrain et séparées par une épaisseur de terre de 12 à 15 centimètres. L'on continuera de défoncer ainsi jusqu'à l'autre extrémité du carré.

Pour les plates-bandes entourant le jardin, nous opérons de la même façon.

On ouvre une tranchée de 0 m. 50 à 1 mètre de profondeur sur la largeur de la plate-bande. On transporte la terre à l'autre bout et on défonce le terrain comme il a été dit plus haut.

Le défoncement terminé, on nivelle le sol que l'on laissera tasser pendant un mois environ. Si l'on n'a pas fumé en défonçant, on épandra ensuite, sur la surface du terrain, une bonne couche de fumier à moitié décomposé que l'on enfouira immédiatement à l'aide de la fourche d'après les prescriptions données plus haut.

Défoncement d'un trou isolé

Dans un jardin fruitier, lorsqu'on se trouve dans la nécessité de remplacer un arbre fruitier, nécessité motivée par la végétation languissante, par le dépérissement de l'arbre ou par sa perte, on se trouve dans l'obligation d'ouvrir un trou à l'endroit même où l'arbre était planté, et si l'on veut replanter la même essence, le changement de toute la terre s'impose, ce qui consiste à enlever la vieille terre et à en rapporter de la nouvelle. Beaucoup de personnes plantent sans s'inquiéter si les arbres ont déjà végété dans l'endroit où l'on fait une nouvelle plantation, et non seulement ne font pas renouveler la terre, mais ne font encore qu'un petit trou, sans se donner la peine d'enlever les vieilles racines et encore moins de changer la terre. Voici ce qui se produit : l'arbre pousse 3 ou 4 ans, devient chlorosé et finit par périr : on a fait la dépense pour l'achat des arbres, on a perdu 3 ou 4 ans et on est obligé de recommencer.

Si dans ce trou l'on fait une plantation d'un arbre d'une autre essence, on n'enlèvera que la terre la plus usée et l'on gardera celle de surface que l'on mélangera avec de la nouvelle.

Dans ce cas, en ouvrant le trou, on aura soin de mettre la terre de surface à part. La grandeur d'un trou en cas de remplacement sera de 2 mètres carrés au moins sur 0 m. 50 à 1 mètre de profondeur (selon la nature du sol), avec un bon piquage sur les quatre faces et dans le fond du trou. On aura soin, en donnant le piquage au fond du trou de former mamelon au milieu : de la sorte, l'eau s'écoulera vers les bords et les racines ne seront pas exposées à l'humidité, si l'on ne change qu'une partie de la terre. Il est préférable de faire les trous aux mois de juillet, août, si l'on veut planter au mois de novembre ; et, dans les mois d'octobre, novembre, pour opérer la plantation au mois de mars. La terre ayant le temps de s'améliorer sous l'influence de l'air, les résultats ne seront que meilleurs. L'on remplira ces trous au moins un mois avant la plantation pour éviter un moins grand tassement du sol après plantation.

Une recommandation spéciale, en les remplissant, c'est d'y ajouter force engrais et de bien le mélanger avec les nouvelles terres.

Drainage et assainissement

Dans les sols argileux, qui conservent l'eau par trop longtemps, il faut avoir recours au drainage. Ces drainages se pratiquent de deux manières : 1° à l'aide de tuyaux de drainage ; 2° avec des matériaux solides : pierres, mâchefer, débris de démolitions, etc.

Pour drainer à l'aide de tuyaux, il faut ouvrir une tranchée de 70 centimètres à 1 mètre de profondeur sur 35 à 40 centimètres de largeur au niveau du sol et seulement de 15 à 20 centimètres de largeur à la base. On place les tuyaux bout à bout, en recouvrant les jointures soit d'un manchon, soit de petits cailloux, afin d'éviter que les racines ne s'y introduisent et obstruent le passage de l'eau. Ces tranchées se font principalement dans les allées en les traversant diagonalement, de la partie la plus élevée de l'allée au point de départ, à la partie la plus basse de l'allée à l'arrivée près du drain collecteur.

Pour faire un drainage avec des pierres, des débris de démolitions, ou de mâchefer, on ouvre une tranchée de 1 m. 20 à 1 m. 40 de profondeur, sur une largeur de 50 centimètres à la surface du sol ; on place une couche de pierres ou autres, de 40 à 50 centimètres dans le fond de la tranchée ; l'on, recouvre ensuite ces matériaux d'une couche de mousse ou de plaques de gazon, de manière que la terre ne vienne pas fermer les interstices, et l'on termine de remplir la tranchée. Ce procédé est excellent, mais coûte plus cher que les tuyaux de drainage. Il va sans dire que l'on creuse les tranchées dans le sens de la pente du terrain.

De la distance à observer entre les diverses formes de poiriers

La distance à observer entre les arbres dépend : 1° de leur nature, 2° de celle du terrain, 3° de la forme sous laquelle on les élève, 4° de la hauteur du mur.

Il est certain qu'un poirier *Beurré d'Amanlis* ou un *Triomphe de Jodoigne*, planté en cordon vertical dans un bon terrain, ne donnera jamais de fruit, ou n'en donnera que très peu. Aussi est-il nécessaire, en faisant une plantation, de distribuer les arbres en tenant compte des observations signalées ci-dessous.

Dans la formation des poiriers en espaliers et contre-espaliers, la distance que l'on donne entre les branches charpentières sera de 30 centimètres, les branches charpentières et fruitières recevant plus d'air, les fruits n'en seront que plus beaux et plus savoureux.

Examinons donc les diverses formes en espaliers en prenant comme distance régulière, 30 centimètres entre chaque branche charpentière.

Pour la forme en cordon vertical, nous distancerons les arbres de 35 à 40 centimètres et le mur devra avoir au moins 3 mètres d'élévation ;

Pour la forme en U, 0 m. 60 ;

Pour un tri-branches, 0 m. 90 ;

Pour un double U, 1 m. 20 ;

Pour une palmette Verrier :

à 2	étages et la flèche,		1 m. 50;
à 3	—	—	2 m. 10;
à 4	—	—	2 m. 70;
à 5	—	—	3 m. 30;
à 6	—	—	3 m. 90.

Le long d'un mur ayant une élévation de plus de 4 mètres, pour une palmette Verrier de 5 étages y compris la flèche, on planterait des poiriers haute tige à 3 m. 30 les uns des autres, pour garnir le haut mur; et un poirier basse tige entre deux haute tige garnirait la base. C'est le meilleur moyen d'arriver à couvrir un mur promptement.

La distance à donner entre les pyramides est d'au moins 4 mètres, et sur une plate-bande on devra les planter à une distance éloignée du bord de l'allée, variant de 1 mètre à 1 m. 30.

Pour les poiriers en forme fuseau sur les plates-bandes bordant les allées, on les plantera à une distance de 1 m. 75 à 2 mètres les uns des autres. Cette forme est très recommandable sous tous les rapports.

Les vases à six branches seront espacés d'au moins 1 m. 75, ceux à 8 branches de 1 m. 90 à 2 mètres. Ces dernières formes plantées entre les fuseaux agrémenteront on ne peut mieux les plates-bandes entourant les carrés d'un jardin potager et seront réparties à la même distance, soit 2 mètres. Dans un terrain entièrement consacré à la culture des arbres fruitiers soumis à la taille (voir fig. 4) les rangs de contre-espaliers de poiriers seront espacés de 4 mètres les uns des autres ; et de 5 mètres, si l'on veut établir entre les rangs, soit à 2 m. 50, des

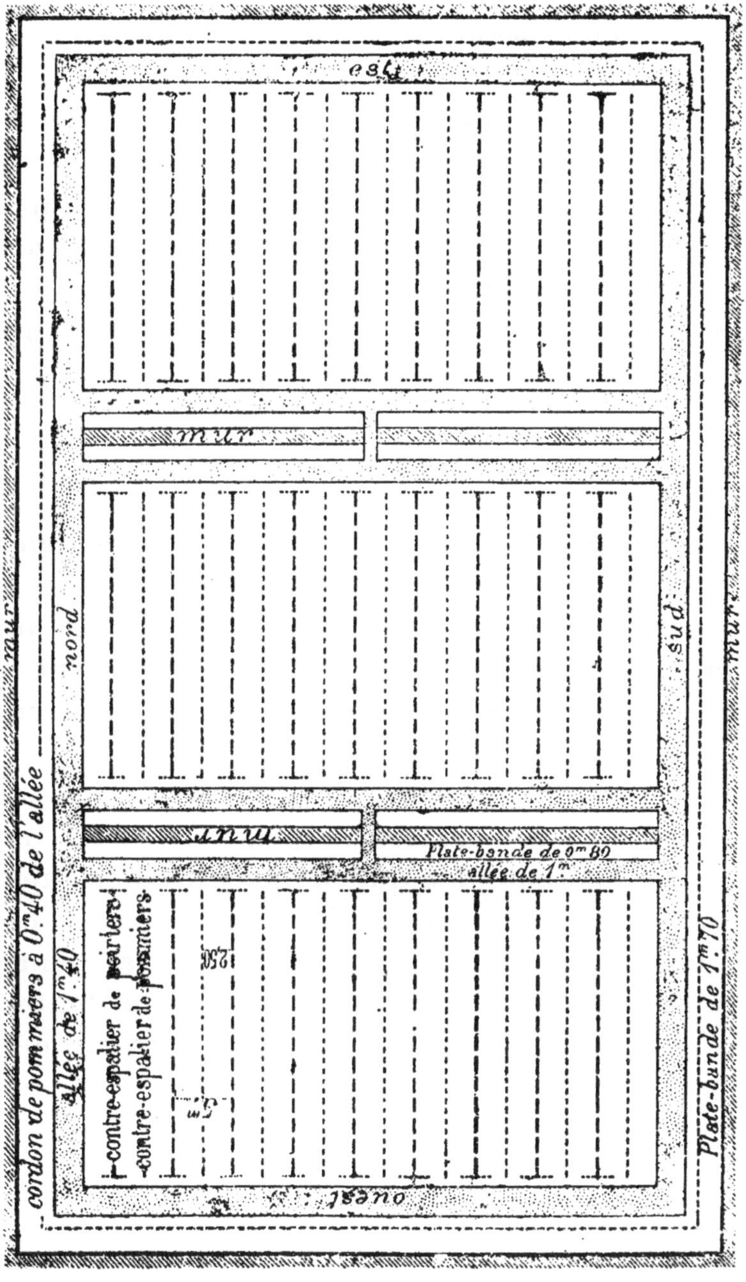

Fig. 4. — **Disposition d'un jardin fruitier pour culture commerciale.**

contre-espaliers de 1 m. 15 à 1 m. 20 de hauteur (pommiers en losange).

De l'emploi des murs

On disposera des murs de l'est et du midi pour les poiriers d'hiver : *Saint-Germain d'hiver, Beurré d'Hardenpont, Doyenné d'hiver*, etc.

Les murs de l'ouest et du nord seront plantés avec des variétés d'été et d'automne.

Choix des arbres pour plantation

Le choix des arbres pour une plantation demande une grande attention. Dans l'achat des arbres, il est essentiel de s'adresser à un pépiniériste consciencieux, afin d'être assuré d'obtenir les espèces que l'on demande et non d'autres, comme cela arrive trop souvent.

Dans le choix des arbres, il est de toute importance de ne pas s'arrêter au prix. Ce serait une économie mal calculée que de prendre des sujets petits, malingres, rabougris, souffreteux, pour économiser une faible somme. Pour une plantation de poiriers, dans un terrain dont on doutera de la qualité, on prendra des scions de l'année, greffés sur franc ; pour une plantation rapprochée et dans un bon terrain, on prendra des scions de l'année, greffés sur cognassier.

Beaucoup de personnes, en plantant des arbres, veulent récolter des fruits tout de suite, et, à cet effet, nous leur recommandons d'acheter des arbres déjà formés, sur lesquels elles pourront récolter des fruits la seconde année de plantation. On ne saurait trop recommander, dans ce cas, d'acheter des arbres bien formés, bien équilibrés et surtout qui aient été transplantés; autrement on court le risque d'une reprise incertaine, notamment dans le pêcher. Dans le poirier, il y a moins d'inconvénients.

De l'arrachage des arbres en pépinière et des soins à leur donner à la suite du voyage

L'arrachage des arbres en pépinière demande beaucoup d'attention, il faut donc prendre toutes les précautions nécessaires pour leur conserver un bon appareil radiculaire, qui plus tard aidera à leur reprise et facilitera leur développement.

Aussitôt arrachés, les arbres seront placés à l'abri du hâle et mis en jauge en attendant le moment de l'expédition. Si ces arbres doivent faire un long voyage, il est utile de préparer une bouillie très claire, composée d'argile délayée dans l'eau, et d'y tremper les racines ; ensuite on les emballera en plaçant entre toutes les racines de la mousse sèche qui empêchera la fermentation, ainsi que l'air d'y pénétrer. Le ballot étant bien serré, les racines seront ensuite recouvertes d'une bonne couche de paille qui remontera au-dessus de la greffe afin que la gelée n'y pénètre pas aussi facilement. Si, pendant le voyage, les arbres sont surpris par la gelée, à leur arrivée, on les déposera à la cave sans les déballer et on ne les développera qu'après le dégel.

S'ils nous arrivent par un temps de hâle et que l'écorce nous paraisse ridée, on les fait baigner dans l'eau pendant une heure ou deux, on ouvre ensuite une tranchée profonde de 40 à 60 centimètres, selon la force des arbres, dans laquelle on les couche en les recouvrant de terre et on arrose fortement. On les laisse ainsi pendant 7 ou 8 jours. Après ce laps de temps, l'écorce étant déridée, on les retire de terre pour les mettre en jauge ou les planter au besoin.

Habillage de l'arbre

Avant de planter un arbre, il faut l'habiller ; ce travail consiste à faire suppression des racines mutilées à la suite de l'arrachage et du transport de l'arbre, et à rafraîchir toutes les autres jusque sur la partie vive. Cette opération est tout ce qu'il y a de plus utile, comme préservation des différentes maladies qui pourraient se déclarer à la suite de toutes ces meurtrissures. Par ce travail on réservera toutes les petites racines si elles sont bien vertes; si au contraire elles sont sèches, on en fera la suppression. Certaines personnes disent qu'en habillant un arbre, il faut couper les grosses racines assez court. A ces personnes nous répondrons qu'un arbre, assez souvent dépourvu de chevelu, a besoin de toutes ses racines pour assurer sa reprise. On les lui conservera donc aussi longues que possible. Il peut arriver, malheureusement, que, si un arbre possède trois ou quatre grosses racines, elles se trouvent mutilées soit par l'arrachage, soit pendant le transport, et l'on est obligé, à l'habillage, d'en faire la section sur une longueur, même trop courte, par rapport au développement extérieur de l'arbre. Il résulte de cela que, très souvent, la reprise de l'arbre se fait mal la première année ; la seconde année il ne pousse que très peu ayant acquis peu de radicelles ; ce n'est qu'à la troisième année de plantation que l'on obtient un bon développement.

Toutes les racines seront taillées à la serpette, à moins qu'elles ne soient trop fortes ; en ce cas, on se servira du sécateur, les plaies occasionnées par la lame de ce dernier seront ensuite parées à la serpette. On devra faire la coupe ronde, nette et non oblique ; le bourrelet se reforme plus facilement et donne naissance à une quantité de radicelles, qui nourrissent l'arbre tout en le fixant dans le sol.

Dans l'habillage des arbres à fruits à pépins, nous nous sommes rendu compte, par de nombreuses expériences comparatives, que pour obtenir une forme d'un sujet scion simple ou ramifié, ce sujet ne devra jamais être taillé en le plantant, mais seulement après une année de végétation ; et il en sera de même pour les prolongements des arbres formés. Sur ces derniers, on ne fera tout simplement qu'enlever les branches qui ont été cassées par suite de l'emballage ou pendant le voyage, et seules les branches fruitières seront taillées aussitôt plantation.

En opérant autrement, c'est-à-dire en taillant de suite, l'arbre ayant déjà été déplanté n'a que très peu de sève ; de la sorte, il résulte que les yeux de taille qui doivent se développer et constituer les prolongements seront maigres et chétifs et très longs à former des branches charpentières solides ; la seconde année, la sève aura une tendance à s'emporter vers la partie supérieure et à abandonner les prolongements souffreteux, développés à la suite de la taille de première nnée. Si nous ne prenons garde, nous n'obtiendrons jamais qu'un arbre mal équilibré par la mauvaise constitution des branches charpentières de la base.

De la plantation

L'habillage terminé, nous procédons à la plantation de l'arbre. L'époque de la plantation varie selon les terrains.

Dans les terrains siliceux et calcaires, nous planterons de préférence vers la fin d'octobre et pendant les mois de novembre et décembre. Pour les terrains humides et froids, en février, mars, même jusqu'en avril; mais s'ils sont par trop humides et que l'on plante plus tardivement, les arbres devront être mis en jauge à l'exposition du nord de manière à retarder la végétation. Dans ce cas, au moment de la plantation, il y a nécessité de praliner le sujet avec un enduit composé de bouse de vache et de terre franche argileuse délayée dans l'eau : on en garnit les racines et tout le corps ; aussitôt la plantation terminée, on arrose copieusement le pied de l'arbre pour que la terre fasse adhérence aux racines et que l'air n'y pénètre pas ; on couvre la terre d'un bon paillis, et, s'il y a nécessité, on le bassine pendant les grandes chaleurs. D'une manière générale, il vaut mieux opérer une plantation plut tôt que plus tard.

La plantation joue un grand rôle dans la vie de l'arbre, aussi n'y attache-t-on jamais trop d'importance; deux hommes sont nécessaires pour opérer une bonne plantation : l'un soutient l'arbre, l'autre recouvre de terre les racines. Si nous plantons dans un trou qui a été fait depuis une quinzaine de jours, il faudra tenir compte du tassement qui est de 15 à 20 centimètres par mètre de profondeur.

On ouvre le trou, on fait un monticule ou cône au milieu, comme il est indiqué fig. 5, on place une

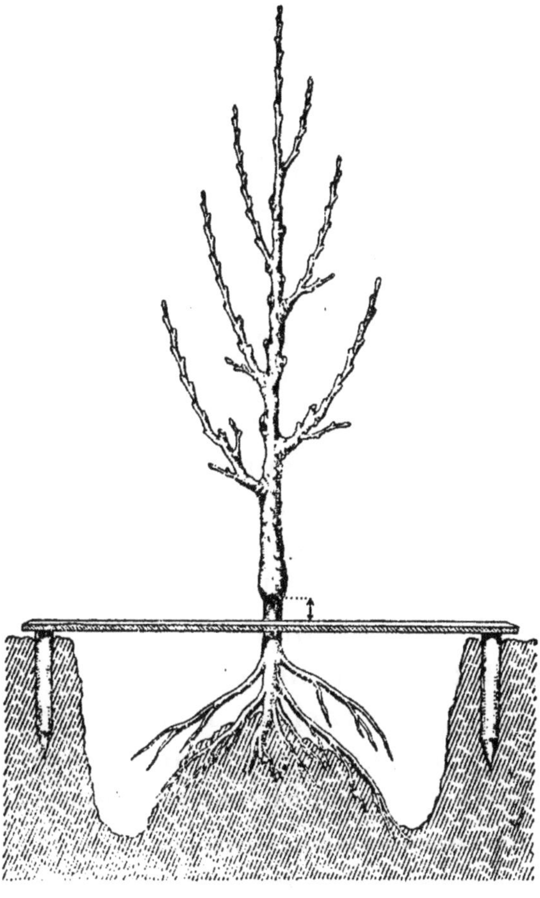

Fig. 5. — Plantation d'un arbre.

règle ou une tringle qui passe par le milieu du trou et qui repose sur le dessus du sol défoncé, ou bien sur deux pieux enfoncés à la main dans ce même sol, et dont les extrémités en effleurent à peine la partie supérieure, on place le sujet sur le monticule en ayant soin que la greffe se trouve de 2 à

5 centimètres au-dessus de la règle, s'il est greffé sur cognassier, et de 5 à 10 centimères environ s'il est greffé sur sujet franc. Un homme tient l'arbre et étale, ou mieux dispose les racines à la main; l'autre les recouvre de terre fine et saine à l'aide de la pelle ou de la fourche à dents plates qu'il secoue à hauteur de 60 à 70 centimètres au-dessus des racines de l'arbre qu'il plante. L'homme qui tient l'arbre introduit cette terre avec les doigts dans les racines en remplissant bien tous les vides et en ayant soin de leur conserver, dans le sol, une position naturelle; si l'arbre est gros, ce travail est fait par celui qui recouvre les racines. Une fois ces dernières recouvertes d'une couche de terre d'environ 15 à 20 centimètres, on placera si l'on veut une bonne couche de fumier bien décomposé d'une épaisseur de 10 à 12 centimètres.

Il est nécessaire de s'assurer que le fumier a donné son coup de feu, par crainte de la fermentation qui pourrait amener le blanc sur les racines et déterminer la mort de l'arbre. Dans n'importe quelle plantation, on ne doit mettre de fumier directement sur les racines. Il faut bien se garder de secouer l'arbre en le plantant et de piétiner sur la terre ; cette façon d'agir est très mauvaise en ce sens que, la terre se trouvant foulée, les racines se trouvent comprimées dans le sol et privées de l'influence de l'air.

Si par hasard un arbre se trouve planté trop profondément, il faut éviter de le relever en tirant dessus, cela ramasse les racines les unes contre les autres; il est préférable de l'arracher et de le replanter ensuite dans de bonnes conditions. Trop de personnes, malheureusement, ne se donnent pas la peine de prendre toutes ces précautions. Le mode de plantation dans un terrain entièrement défoncé se fait absolument de la même manière ; le sol tassant d'une manière générale, on tiendra seulement compte, en plantant, d'élever la greffe de 2 à 10 centimètres au-dessus du sol.

Pour la plantation le long d'un mur, il faut éloigner le pied de l'arbre d'environ 12 à 15 centimètres, ce qui lui donne une position oblique; de cette manière, en grandissant il ne sera pas gêné dans son développement par le mur, et les racines pourront s'en éloigner et puiser plus facilement dans le sol les éléments qui leur sont nécessaires. Il est très important de placer la greffe en avant; nous choisirons en même temps les yeux qui sont convenablement placés pour la forme que nous voulons donner à notre sujet. Pour la plantation des poiriers en espaliers et en contre-espaliers, l'on attendra que le tassement soit terminé pour attacher l'arbre, afin d'éviter de le suspendre.

De la transplantation des poiriers formés

La transplantation d'un poirier déjà formé est tout ce qu'il y a de plus facile. Si le long d'un mur, sur un contre-espalier, dans un carré de fuseaux ou de pyramides, un arbre vient à mourir et qu'il soit déjà assez gros, il se produira un grand vide. Pour le combler, il sera préférable d'avoir recours, autant que possible, à la plantation d'un arbre formé, ayant été transplanté en pépinière et âgé de six à huit, dix et même douze ans et plus selon le besoin. Dans le cas contraire, c'est-à-dire

Fig. 5 *bis*.

si nous plantons un jeune sujet, il sera très longtemps à combler le vide, car il n'atteindra jamais le développement des arbres plantés précédemment. En apportant dans la déplantation toutes les précautions nécessaires et en tenant compte du soin à donner au sujet à la suite de la transplantation, on peut assurer la reprise d'un poirier formé et déjà âgé. Cependant, si l'arbre à transplanter est greffé sur franc et n'a jamais subi de transplantation, la reprise en sera plus difficile que s'il est greffé sur cognassier. On devra arracher l'arbre, aussitôt la chute des feuilles, dans le courant du mois de novembre.

On prendra beaucoup de précautions en découvrant les racines, que l'on sèvrera le plus loin possible du corps; pour éviter de le meurtrir, on penchera légèrement l'arbre d'un côté et de l'autre, de la sorte on observera la direction des racines, ce qui facilitera l'arrachage. Aussitôt l'arbre arraché, on procédera à l'habillage et l'on apportera dans la plantation tous les soins nécessaires, prescrits ci-dessus, en tenant compte de placer les racines dans leur position primitive.

La plantation terminée, si l'arbre est fort, un bon arrosage lui sera indispensable, en terrain léger surtout; ensuite, aux deux tiers de sa hauteur, on placera un morceau de cuir sur lequel on attachera trois fils de fer disposés en triangle, lesquels seront ensuite fixés sur trois pieux enfoncés en terre. De cette façon il ne sera pas balancé et la reprise en sera mieux assurée.

Au mois d'avril, on enveloppera de paille sa tige et ses grosses branches pour éviter les coups de soleil.

Pendant le courant de la végétation, si la température est sèche, sur un diamètre de 1 mètre à 1 m. 20, on arrosera deux ou trois fois le pied de l'arbre et on le bassinera matin et soir, mais le soir de préférence.

L'humidité qu'il recevra aura la propriété d'attendrir les écorces et de favoriser la circulation de la sève. Au printemps qui succède à la transplantation et pendant quelques années ensuite, dans le courant des mois d'avril, mai, on placera, au pied de chaque sujet transplanté, un bon paillis d'une épaisseur de 8 à 10 centimètres sur un diamètre de 1 mètre à 1 m. 20. Ce paillis tiendra la fraîcheur du sol pendant l'été et facilitera le développement plus rapide de l'arbre.

De l'utilité de la taille. — Bourgeons

Avant de parler de la taille, il est nécessaire d'étudier sommairement les bourgeons du poirier.

Les bourgeons renferment, nous le savons, les

rameaux, feuilles et fleurs, en voie de formation : organes protégés par des écailles imbriquées, imperméables à l'eau.

Nous devons distinguer tout d'abord deux sortes de bourgeons : 1° les bourgeons nés à l'aisselle des feuilles, ou *bourgeons latéraux;* 2° les bourgeons nés à l'extrémité des rameaux, ou *bourgeons terminaux.*

L'œil ou *bouton* des praticiens est le jeune bourgeon né à l'aisselle d'une feuille très jeune.

Pendant la belle saison, les bourgeons grossissent et, à l'automne, feuilles et fleurs sont déjà développées à leur intérieur. Le bourgeon reste stationnaire pendant l'hiver, et, au printemps, il n'a plus, lors de l'épanouissement, qu'à augmenter les dimensions des organes préformés qu'il renferme. Les bourgeons, qui restent ainsi stationnaires pendant l'automne et l'hiver, sont les *bourgeons dormants.* Mais, sur les poiriers vigoureux, il existe des bourgeons qui s'épanouissent l'année même de leur naissance; on les nomme *prompts bourgeons, faux bourgeons, bourgeons anticipés.*

Leur apparition est regrettable, car les rameaux qu'ils produisent n'ont pas le temps de se lignifier avant l'hiver, de s'*aoûter*, et risquent d'être détruits par les froids.

Suivant la nature des organes qu'ils renferment, les bourgeons du poirier doivent être divisés en *bourgeons à feuilles*, et *bourgeons à fleurs.*

1° Les *bourgeons à feuilles, folifères*, ou *bourgeons à bois*, ne contiennent que des rameaux feuillés, capables d'acquérir un grand développement. Ce sont des bourgeons allongés, se terminant généralement en pointe;

2° Les *bourgeons à fleurs, florifions*, renferment

quelques petites feuilles. Mais le rameau auquel ils donnent naissance reste petit et se termine par des fleurs. Leur volume et leur forme globuleuse les rendent faciles à reconnaître.

Il est un fait d'expérience, capital à retenir : les bourgeons à fruit ne se développent que sur des rameaux de moyenne vigueur; c'est par la mutilation des rameaux, dite *taille*, que l'on peut forcer un rameau quelconque à se couvrir de bourgeons à fleurs.

Le bourgeon développé à l'aisselle d'une feuille porte souvent en pratique le nom d'*œil principal*. Les praticiens distinguent sous le nom de *sous-yeux* ou *yeux stipulaires* les yeux qui se développent de chaque côté de l'œil principal.

Ces yeux sont de la plus haute utilité pour la formation de l'arbre.

On rencontre, sur l'écorce des vieilles branches, des bourgeons *dits adventifs*, capables de rester longtemps sans se développer et de donner naissance à des rameaux, lorsqu'on facilite leur épanouissement. Ce sont les *yeux latents* des praticiens, qui sont indispensables dans le rajeunissement des arbres.

Lorsque le bourgeon s'est épanoui en rameau, il s'est *aoûté* vers la fin de l'automne. Si le rameau provient d'un bourgeon anticipé, on le nomme *rameau anticipé* ou *faux rameau*.

Le rameau prend le nom de *branche*, lorsque, à la fin de l'année suivante, les bourgeons nouveaux nés sur lui, ont terminé leur végétation.

Certains arboriculteurs disent qu'il ne faut pas tailler les arbres ; nous ne sommes pas de leur avis. Assurément, sur un arbre vigoureux, ne donnant presque pas de fruits, si l'on coupe, sans connaissance de cause, tous les rameaux à bois qui se trouvent sur la branche charpentière, à l'épaisseur d'un écu ou même à 3 ou 4 centimètres de long, il est certain que tous les dards se trouvant à la base et en voie de transformation pour devenir boutons à fruits, se développeront à bois et certainement il en sera de même tous les ans.

Au contraire, un arbre qui ne subira la taille que sur les prolongements donnera beaucoup de fruits; mais les lambourdes, qui chaque année donnent les fruits, s'allongent toujours de plus en plus, elles vieillissent, la sève circule moins bien au travers des rides et a beaucoup de peine à pénétrer jusqu'aux dards, bourses, boutons à fruits qui se forment à l'extrémité des branches, l'air y pénètre moins facilement et il résulte de cette confusion que les fruits se trouvant éloignés de la branche charpentière viennent moins gros et de moindre qualité.

Ainsi dans les années de grande sécheresse et lorsque le printemps est favorable à la fructification, la récolte des fruits est souvent très abondante; nous citerons, comme exemple, les années 1893, 1894 et 1904 en particulier. Nous avons pu remarquer alors que les arbres n'ayant pas été soumis à la taille ont produit une telle quantité de fruits petits et sans saveur, que le seul moyen d'en tirer parti a été d'en faire du cidre.

De la mise à fruit du poirier

Il est souvent très difficile de faire fructifier un poirier, surtout lorsqu'il est jeune, planté dans un bon terrain, et qu'il appartient à certaines variétés ayant une forte exubérance de sève.

Il est indispensable, pour l'amener à fructifier, que la sève circule très lentement à travers toutes les ramifications de l'arbre. S'il en est autrement, que cet arbre ait une végétation fougueuse, il parviendra rarement à nous donner des boutons à fleur.

Il est pour nous très important de le faire fructifier. Pour cela nous pouvons employer les moyens suivants :

1° Pour affaiblir un poirier très vigoureux, on le taillera en sève, c'est-à-dire tardivement.

2° A la taille en sec, on supprimera, sur empattement toutes les branches gourmandes qui se trouvent sur le dessus des branches charpentières, et les plus fortes qui se trouvent sur les côtés. On fera aussi suppression de la même manière des têtes de saule, et on taillera toutes les autres branches fruitières au-dessus du troisième ou du quatrième œil et même plus long.

3° L'application d'un pincement herbacé pratiqué de très bonne heure au départ de la végétation, sur les jeunes bourgeons au-dessus de la troisième ou quatrième feuille, est également à préconiser.

4° Nous pouvons aussi favoriser la fructification du poirier par la greffe en écusson, de côté, par approche, et par la greffe du bouton à fruit, comme on le verra plus loin pages 242, 243 et 244.

5° On peut encore le faire fructifier par l'incision annulaire à la base du tronc, par l'arcure, ou en lui coupant une ou deux grosses racines ce qui ralentit la sève et le prédispose à la fructification.

Des poiriers donnant trop de fruits

A côté des arbres trop vigoureux et rebelles à la mise à fruit, nous en avons d'autres qui s'y préparent d'eux-mêmes par trop facilement : entre autres les variétés *Bon chrétien-William*, *Louise-bonne d'Avranches*, *Duchesse d'Angoulême*, *Beurré gris*, *Passe Crassane*, *Joséphine de Malines*, *Beurré Clairgeau*, etc,

Si l'on n'y fait attention, dans un terrain de médiocre qualité, les variétés peu vigoureuses donnent des fruits au point que les prolongements ne se développent plus, et que les arbres se trouvent épuisés au bout de huit à dix ans.

Nous pouvons remédier à cet état de langueur par des moyens différents.

Nous taillerons l'arbre d'abord de bonne heure, pour éviter toute perte de sève ; en taillant, nous rapprocherons sur le bouton à fruit le plus bas de la branche fruitière, et au moment de la floraison, nous ferons ablation de toutes les fleurs en ménageant la rosette de feuilles. En agissant de la sorte, nous ferons développer immédiatement des prolongements à notre arbre. Les yeux se trouvant à la naissance des fleurs supprimées se développeront tout de suite à bois ; s'il en part deux, nous n'en garderons qu'un seul qui sera pincé d'après les règles voulues, et nous ferons suppression de l'autre. Il ne faut pas craindre de faire ce sacrifice pendant deux ans de suite s'il y a nécessité. On devra aussi, dans ce cas, donner une bonne fumure aux arbres avec des fumiers au moins à moitié consommés, pour faciliter l'ascension de la sève.

Pour avoir de gros fruits (fruits de luxe), il est utile de faire suppression de ceux qui sont de trop lorsqu'ils auront atteint environ le quart de leur grosseur, et, à la taille, il faudra maintenir les rameaux à fruit le plus près possible de la branche charpentière, de façon à leur procurer la sève plus directement et en plus grande quantité. Un travail très utile pour arriver à obtenir de gros fruits, c'est aussi d'arroser les arbres avec abondance une ou deux fois seulement, pendant les grandes chaleurs, surtout s'ils se trouvent dans un terrain sablonneux ; mais il ne faut pas en abuser, sous peine de courir le risque d'avoir de gros fruits sans saveur.

Nous en concluons que la taille est utile et a pour but de donner et de conserver aux arbres une forme régulière et gracieuse, en répartissant la sève dans toutes leurs parties. Que peut-on voir de plus agréable que de magnifiques plates-bandes ou des carrés de fuseaux, de vases, de pyramides, de contre-espaliers et d'espaliers aux formes si variées ; jusqu'aux cordons de pommiers qui bordent nos allées ? — Par la taille, nous récoltons aussi des fruits plus beaux, plus savoureux que sur les arbres abandonnés ; nous les épuisons moins et enfin nous pouvons cultiver dans un petit jardin un plus grand nombre de variétés, ce qui nous permet de pouvoir manger des fruits depuis le mois de juillet jusqu'au mois de mai suivant... Dans de certains cas, la taille prolonge l'existence des arbres ; comme exemple, ceux donnant trop de fruits seront soulagés par une taille courte.

Des instruments utiles à la taille

Les principaux instruments nécessaires à la taille des arbres fruitiers sont la serpette, le sécateur, l'égohine.

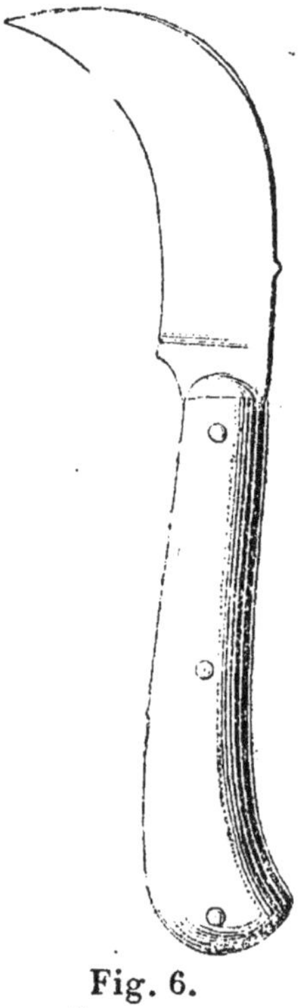

Fig. 6. Serpette.

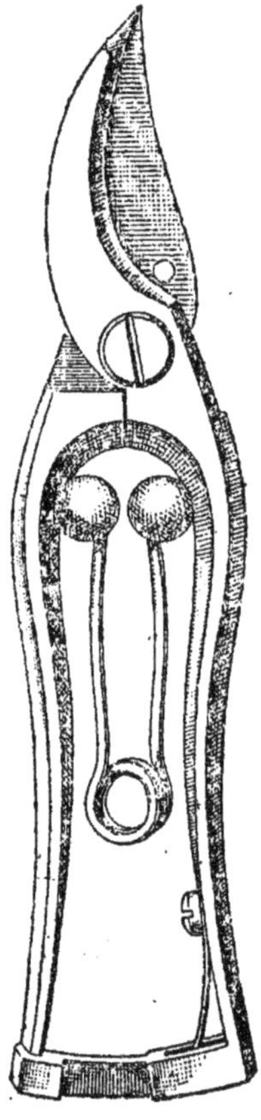

Fig. 7. — Sécateur Pradines.

1° La *serpette* (fig. 6) est le meilleur instrument pour la taille, elle donne une coupe très nette ; elle est surtout utile pour rafraîchir les plaies pratiquées par la scie et par le sécateur, pour enlever les chancres, etc.

2° Le *sécateur* (fig. 7). Avec cet instrument, on opère d'une manière plus expéditive. Beaucoup d'arboriculteurs n'en sont pas partisans ; ils lui reprochent de déchirer les tissus du bois, et ajoutent à cela qu'ils sont obligés de laisser un onglet sous peine d'altérer l'œil. A cette objection, nous répondrons que toute personne possédant un sécateur ayant une lame mince, bien tranchante, et ayant un peu l'habitude de s'en servir, fera une très belle coupe. Pour s'en servir, on tient l'outil à plat dans la main droite, la partie tranchante de la lame au-dessus et du côté de l'œil. On saisit le rameau à couper de la main gauche, on l'incline légèrement de ce côté, on fait en

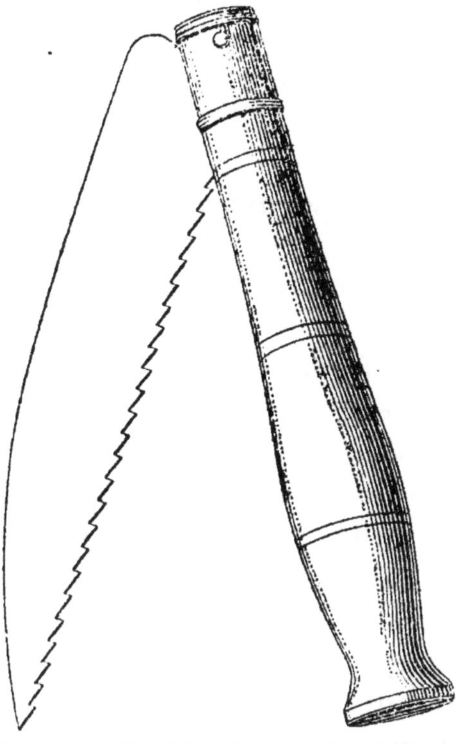

Fig. 8. — Egohine à manche de buis.

même temps pression de la main droite sur l'instrument, et le rameau se trouve coupé sans aucune mutilation.

Les sécateurs les plus réputés sont de : Pradines, Paran, ancienne maison Aubry, Favier, etc. Ces instruments sont d'une justesse irréprochable.

Pendant le travail, on mettra de temps en temps une goutte d'huile sur la vis. — Après s'être servi du sécateur, il faudra le bien nettoyer, bien l'essuyer et le tenir légèrement gras à l'aide d'un chiffon huilé. De cette manière on aura toujours un outil très propre et hors d'atteinte de la rouille.

3° L'égohine (fig. 8) est un instrument indispensable pour la suppression des grosses branches et du bois mort. Il est nécessaire de parer à la serpette les plaies faites par l'égohine, et de les enduire ensuite de mastic afin d'en faciliter le recouvrement.

Des époques de la taille

Nous distinguons deux sortes de tailles bien différentes :

1° La *taille d'hiver*, ou taille en sec;

2° La *taille d'été*.

La *taille d'hiver* se fait pendant le repos de la végétation, de la fin d'octobre à la fin de mars. Cependant il ne faut pas tailler quand il gèle, ni lorsque le bois est couvert de givre, le bois se trouvant gelé, on risque fort d'endommager l'œil qui avoisine la coupe. Il est préférable de ne tailler les prolongements qu'après l'hiver. La taille d'hiver comprend : la coupe des différentes branches fruitières sur le parcours de la branche charpentière, la coupe des rameaux de prolongement, le rapprochement, le rajeunissement, le recepage, les incisions, les entailles, etc. La *taille d'été* se pratique depuis le moment où la végétation se met en pleine activité, c'est-à-dire des premiers jours de mai, jusqu'à la fin de septembre. Elle comprend l'ébourgeonnement, le pincement, la taille en vert, la taille sur ride, le cassement, etc.

Comme nous le voyons, il faut s'occuper des arbres toute l'année.

Différentes manières de faire la coupe

Il y a différentes manières de faire la coupe sur le prolongement d'une branche charpentière, selon l'époque où l'on taille et selon la vigueur de l'arbre.

Une coupe bien faite est toujours oblique et le bas de la coupe du côté opposé à l'œil. Si l'on a besoin de modérer le développement d'une branche charpentière, on éventera l'œil ; pour cela, on fera une coupe oblique, comme l'indique la figure 9, la base de la coupe commencera au-dessous de l'œil. La coupe ordinaire se fera près de l'œil, c'est-à-dire le bas de coupe au niveau de la partie supérieure de l'œil (fig. 10) ; c'est cette taille que l'on doit mettre en usage à partir de la fin de février. Au contraire, si l'on taille avant l'hiver ou si l'on veut favoriser le développement de l'œil sur lequel on taille, on lui laissera un onglet de 10 à 12 centimètres en éborgnant les 2 yeux de la partie supérieure, comme il est prescrit figure 11. Beaucoup de personnes se servent de cet onglet pour palisser le bourgeon, qui se développera à l'extrémité de la branche au com-

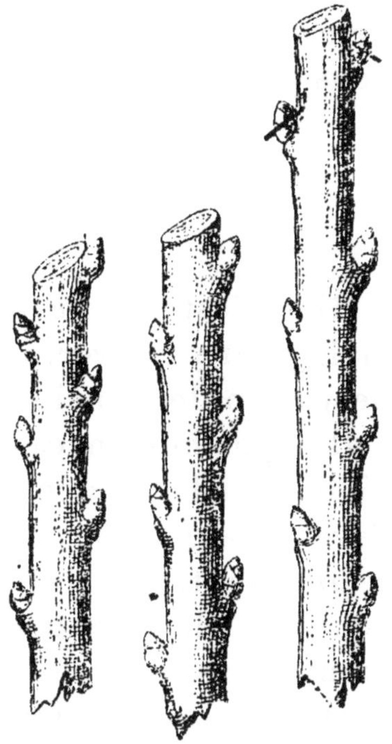

Fig. 9. Fig. 10. Fig. 11.

Fig. 9, 10 et 11. — Différentes manières de faire la coupe sur les prolongements.

mencement de la végétation et deviendra à son tour prolongement de la branche charpentière. En effet, étant palissé sur l'onglet à l'état herbacé, ce bourgeon n'aura pas l'inconvénient de former à sa base une déviation désagréable, comme on le voit trop souvent. Au mois d'août ou à la taille suivante, on fait suppression de cet onglet ; d'autre part, il vaut mieux ne pas en laisser que ne pas s'en servir; l'on évitera ainsi la déviation dont nous parlons ci dessus.

Répartition de la sève

Rien n'est plus beau qu'un arbre bien équilibré ; mais pour y arriver, il y a lieu de tenir compte de beaucoup de considérations.

Il est d'abord nécessaire de donner une forme régulière à l'arbre, ce que l'on obtient en veillant au développement des branches charpentières. Dans ce premier travail, la grande difficulté est d'arriver à équilibrer la sève d'une manière parfaite ; autrement, étant attirée dans la partie supérieure de l'arbre, celle-ci deviendra la plus vigoureuse et nous verrons de suite les branches inférieures dépérir.

Nous possédons plusieurs moyens pour arriver à équilibrer la sève d'un arbre. Un bon moyen dans la taille d'hiver, c'est de tailler peu ou pas du tout l'extrémité des branches faibles, de raccourcir fortement les rameaux de la partie forte et vigoureuse, en les ramenant à une longueur bien moindre que celle de la partie faible ; d'attacher et de serrer fortement la branche de la partie forte, et de laisser la branche de la partie faible en liberté. A la suite de cette opération, la sève sera disposée à se reporter d'une manière égale dans toutes les directions de l'arbre.

Pendant le courant de la végétation, nous avons recours à une quantité d'autres moyens :

1° Aux incisions longitudinales, pour délier les écorces et amener la sève dans les parties durcies.

2° Aux pincements herbacés sur la partie forte, en laissant en pleine liberté les bourgeons de la partie faible. De la sorte, nous ralentissons la végétation de la partie forte en la refoulant sur la partie faible.

3° Si un prolongement de branche charpentière s'allonge trop vite par rapport à celui qui doit lui faire équilibre, on pincera le premier à environ 30 centimètres quand il aura atteint 40 centimètres et on laissera l'autre en liberté ; au besoin même, on détachera et on éloignera ce dernier du mur pour lui faire acquérir plus de développement. La différence n'étant pas aussi grande entre les deux prolongements, on attachera le plus vigoureux dans une position horizontale et on laissera le plus faible en liberté.

4° On peut aussi faire suppression d'un certain nombre de feuilles dans une partie vigoureuse, mais en ayant soin de conserver le pétiole. Un bon moyen est encore de laisser une grande quantité de fruits sur une partie forte et d'en faire la suppression complète sur la partie faible.

DE LA TAILLE ET DU TRAITEMENT DES DIFFÉRENTS ORGANES DE LA BRANCHE CHARPENTIÈRE DU POIRIER

La taille est très utile pour la formation de l'arbre, mais dans le traitement de la branche fruitière elle n'est qu'une question de second ordre par rapport

Fig. 12.
Brindille d'un an, terminée par un bouton à fruit.

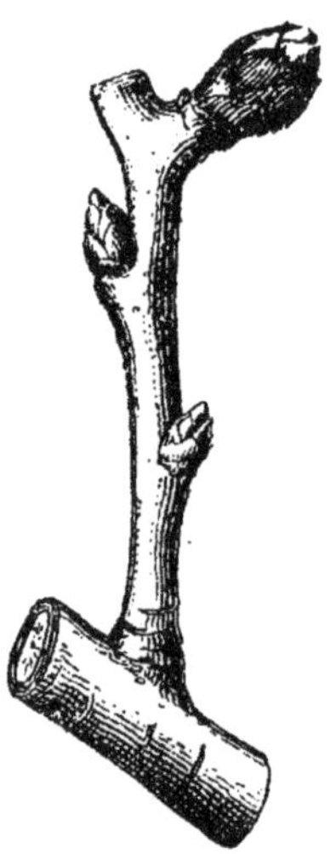

Fig. 13.
Résultat du pincement de la brindille.

au pincement. Ceci dit, nous allons parler des différents organes de la branche charpentière du poirier et de leur traitement.

Sur une *branche charpentière* de plusieurs années on trouve : des *yeux*, *brindilles*, *dards*, *lambourdes* (ou *boutons à fruits*), *bourses*, *branches fruitières* (ou *coursonnes*), *rameaux à fruits* et *gourmands*.

De la *brindille :* La brindille (fig.12) est un petit rameau grêle et flexible, variant de 8 à 20, même jusqu'à 25 centimètres. Elle se trouve principalement sur les arbres faibles et manquant de vigueur. Malgré cela, on la rencontre aussi sur les arbres vigoureux.

On la fait mettre à fruit soit en l'arquant, soit par

Fig. 14.
Le dard.

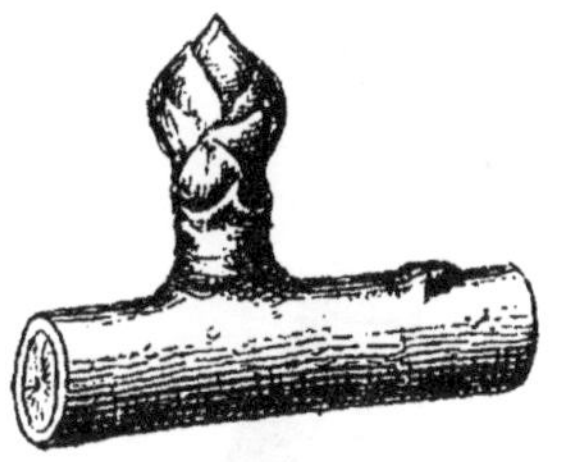

Fig. 15. — Dard se transformant en lambourde l'année même de son développement.

un pincement herbacé à 2 ou 3 feuilles comme l'indique la figure 13; cette dernière manière est préférable en ce sens que le fruit se trouve plus rapproché de la branche charpentière. Nous remarquons assez souvent que, dans beaucoup de variétés, l'œil terminal se transforme naturellement en bouton à fruit (fig. 12).

Aussitôt le fruit récolté, on se rapprochera sur le ou les boutons à fruits qui se trouvent au-dessous ; s'il n'en existe pas, on taillera au-dessus du deuxième ou troisième œil, en *a* (fig. 12).

Le *dard* (fig. 14) est un œil qui se développe très lentement et devient ligneux sans dépasser une longueur variant de 1 à 10 centimètres. On le rencontre sur toutes les parties de l'arbre.

La première année, il a une forme pointue et est accompagné de 3 ou 4 feuilles. La deuxième année, il s'allonge un peu, se ride circulairement et possède de 4 à 6, et même 8 feuilles. Si le dard porte 7 ou 8 feuilles et que l'œil terminal s'arrondisse, il

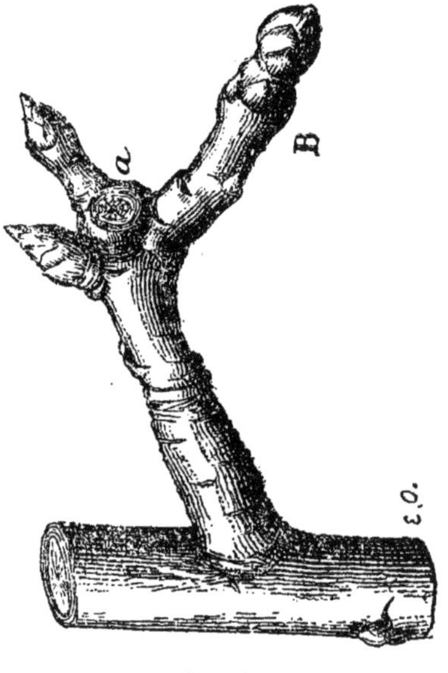

Fig. 16.
Résultat de la taille sur rides.

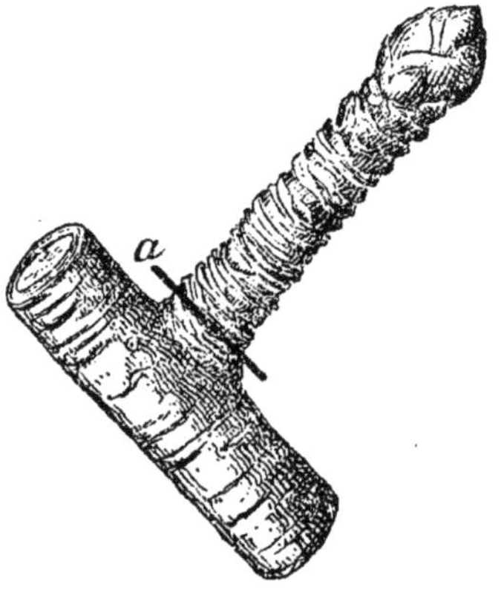

Fig. 17.
Lambourde à écorce ridée.

se transforme à fruit et par conséquent devient lambourde dès la fin de la seconde année.

Il reste parfois à l'état de dard plusieurs années et se transforme ensuite à fruit, c'est-à-dire porte un bourgeon à fleurs, ou bien se développe à bois, c'est-à-dire devient rameau feuillé selon les conditions dans lesquelles il se trouve placé.

Il arrive parfois sur des arbres féconds que le dard (fig. 15) se transforme en lambourde l'année même de son développement.

Un dard de 4 à 10 centimètres de long est le meilleur pour une bonne production fruitière. S'il est petit avec production fruitière, on laisse nouer le fruit que l'on enlève aussitôt après pour amener la sève dans ce dard si faible ; s'il est âgé de plusieurs années et est par trop long, on le taille au-dessus des premières rides (voir en *a* lambourde, fig. 17) ; et s'il dépasse 10 centimètres de long, il devient brindille ou se développe en rameau à bois.

S'il devient brindille, on le traite comme il est dit figure 12 ; et s'il devient rameau à bois, il sera traité comme il est prescrit figure 16. Cette figure représente un dard qui partait à bois et que l'on a coupé sur les rides au point *a* ; les deux dards et la lambourde qui entourent cette coupe en sont les résultats.

La *lambourde* est un dard terminé par un bouton à fruit, en B (fig. 16). Sur des arbres très fertiles, un petit rameau peut paraître avec un bouton à fruit à son extrémité l'année même de sa formation ; c'est une lambourde d'un an à écorce lisse. Une lambourde sur bois âgé, à écorce ridée, fleurit bien, mais fructifie mal. Il est préférable d'avoir des lambourdes de trois ou quatre ans, le fruit est mieux assuré et vient plus beau.

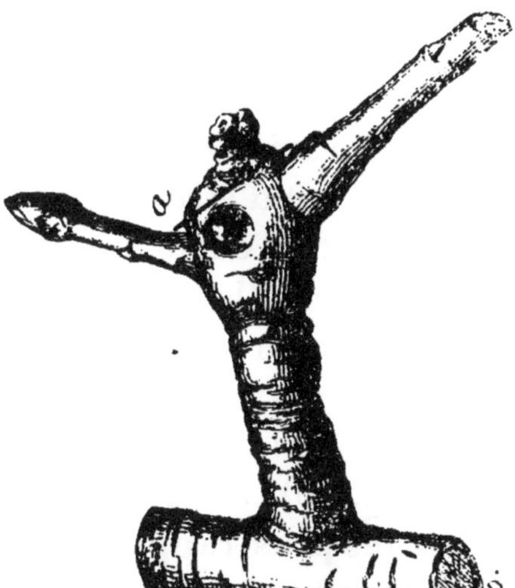

86 Fig. 18. — La bourse.

La *bourse* est le renflement charnu (fig. 18) qui a supporté le fruit, et sur lequel, dans le courant de l'année, il peut naître des yeux, des dards, des brindilles, des lambourdes, même des rameaux à bois.

Lorsqu'elle a donné son fruit, à la taille on supprimera à son extrémité environ le tiers de sa longueur, ce qui s'appelle rafraîchir la bourse, en *a* (fig. 18).

Branche fruitière ou coursonne (fig. 19). La bran-

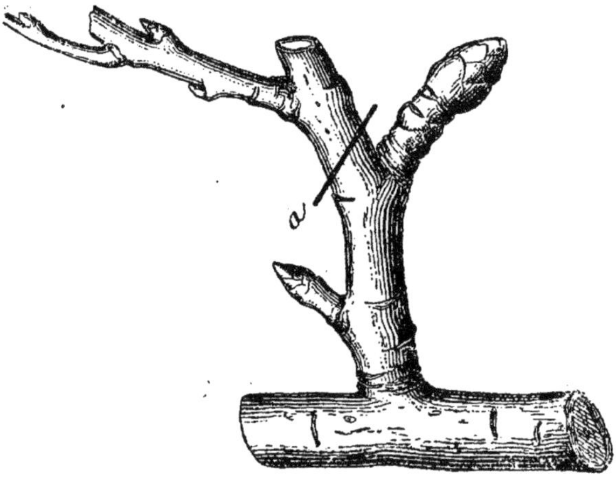

Fig. 19. — Branche fruitière ou coursonne.

che fruitière est ordinairement âgée de plusieurs années, il faut la tenir aussi courte que possible. Sa longueur varie de 5 à 15 centimètres. Son caractère principal est d'être garnie de lambourdes, de bourses, de petits dards, de rameaux à bois et quelquefois de brindilles. Sa nature est de donner du fruit, et nous recommandons de ne pas la faire produire trop abondamment, dans la crainte de l'épuiser trop vite. Pour la rajeunir, nous devrons la tailler, en *a* (fig. 19), au-dessus du bouton à fruit ou des dards les plus rapprochés de la base.

Le *rameau à fruit* (fig. 20) ne se rencontre que sur des arbres extrêmement fertiles ou languissants ; il

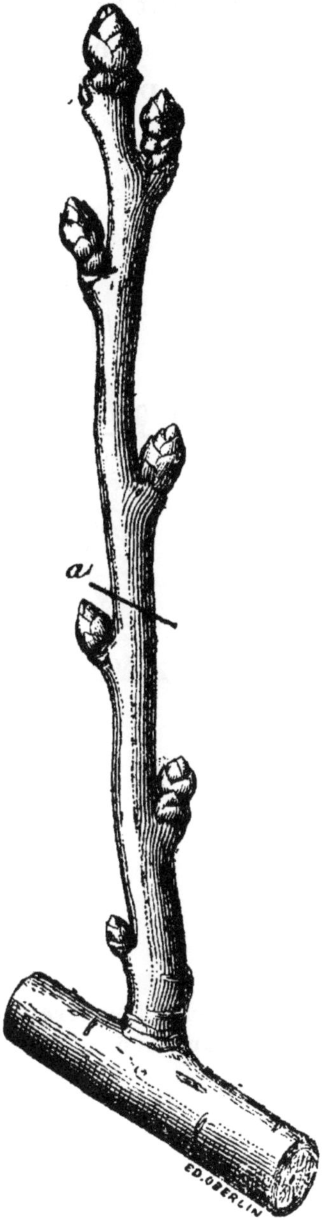

Fig. 20.
Le rameau à fruit.

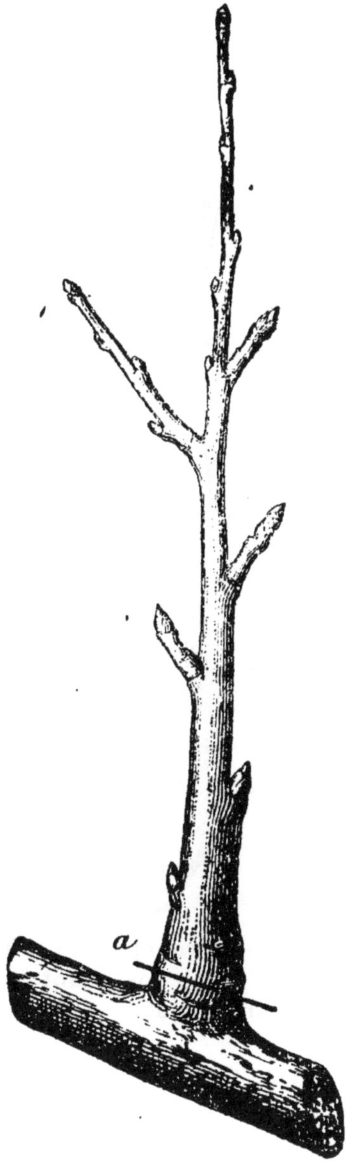

Fig. 21.
Le gourmand du poirier.

se développe aussi à la suite d'une transplantation ou par l'épuisement du sol. L'extrémité du rameau et tous les derniers yeux axillaires étant boutons à fruit, nous en ferons la suppression comme il est dit plus loin pour un rameau n'ayant pas de lam-

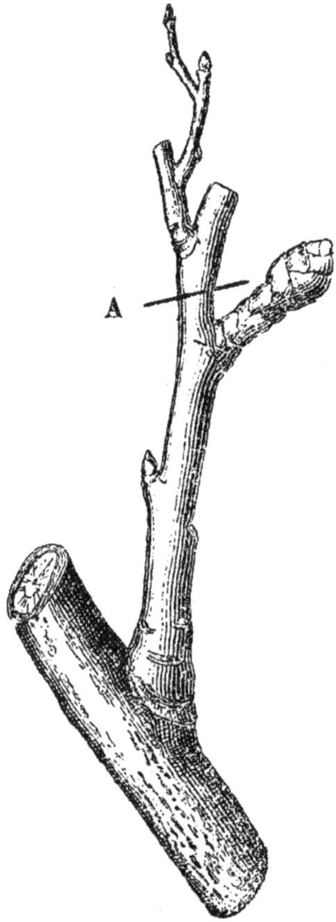

Fig. 22. — Branche fruitière d'un an possédant une lambourde.

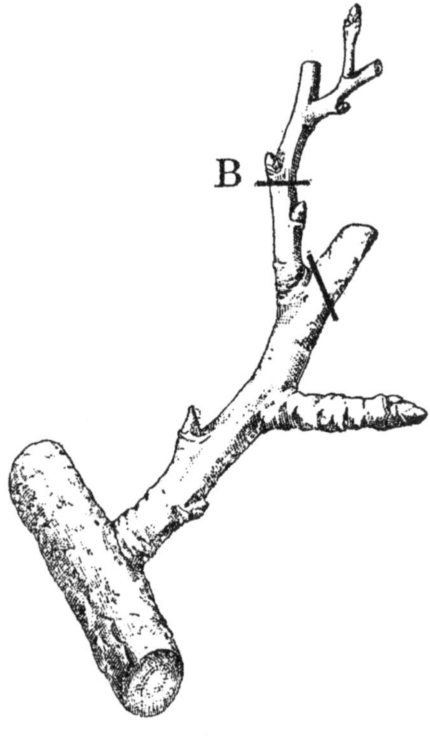

Fig. 23. — Branche fruitière d'un an n'ayant qu'un dard

bourde; c'est-à-dire à 3 yeux bien formés au-dessus de l'empattement, en *a* (fig. 20).

Le *gourmand* (fig. 21) est un rameau qui prend un accroissement énorme. Les yeux situés près de la base sont très petits et éloignés les uns des autres; ceux de la partie supérieure sont gros et souvent développés en faux bourgeons. Il naît sur la tige, sur le dessus des branches charpentières, près des coudes, là où la sève est ralentie. Le gourmand est d'une grande importance pour rétablir la charpente d'un arbre. Etant surveillé et pincé à temps il fera aussi une bonne branche fruitière ; mais, si on lui laisse acquérir toute sa croissance, il vaudra mieux le supprimer sur son empattement, aux yeux stipulaires — en *a* (fig. 21).

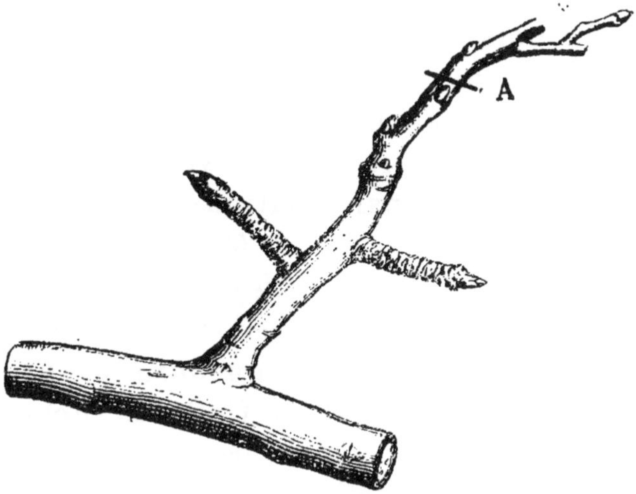

Fig. 24. — Branche fruitière de plusieurs années dépourvue de lambourde.

1° *Branche fruitière ou coursonne de poirier d'un an ayant une lambourde* (fig. 22). — Il peut résulter d'un pincement bien pratiqué pendant le courant de la végétation, que le dard qui avoisine le premier pincement se transforme à fruit l'année même de la formation du rameau; en ce cas, on taillera le rameau juste au-dessus du bouton à fruit au point A (fig. 22).

2° *Branche fruitière d'un an n'ayant qu'un dard* (fig. 23). — Si cette branche fruitière a 2 yeux au-dessous du dard et que l'arbre soit d'une bonne vigueur, on fera la taille, non pas directement sur le dard, mais à un œil au-dessus, en B (fig. 23); de cette façon, l'œil tire-sève sur lequel on a taillé se développera et sera pincé d'après les principes donnés plus loin, et le dard se transformera en bouton à fruit.

3° *Branche fruitière de poirier de plusieurs années dépourvue de lambourde* (fig. 24). — Sur cette branche fruitière, où nous rencontrons deux dards sur le vieux bois et un rameau d'un an ayant subi plusieurs pincements, il faudra tailler sur deux yeux au-dessus du deuxième dard, en A (fig. 24), pour empêcher ces derniers de se développer à bois et pour faciliter leur transformation en boutons à fruit.

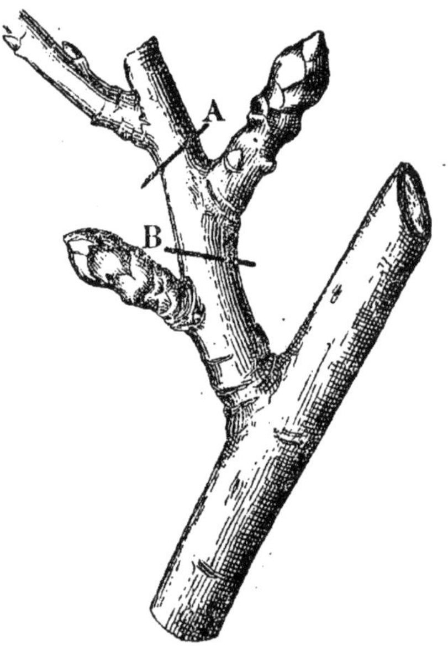

Fig. 25. — Branche fruitière de plusieurs années, possédant une ou plusieurs lambourdes.

4° *Branche fruitière de plusieurs années possédant une ou plusieurs lambourdes* (fig. 25). —Cette branche fruitière pourra être taillée au-dessus de la lambourde inférieure, en B (fig. 25), si elle est bien constituée; dans le cas contraire, nous la taillerons au-dessus de la lambourde supérieure, en A, même figure.

5° *Branche fruitière couverte de vieilles lambourdes* (fig. 26). — Sur des arbres âgés ou très fertiles, nous rencontrons de vieilles lambourdes qui ont donné du fruit pendant un certain nombre d'années et qui se couvrent encore d'une quantité de productions fruitières.

Il est nécessaire, si nous voulons conserver la vie de notre arbre, de supprimer les vieilles lambourdes

Fig. 26. — Branche fruitière couverte de vieilles lambourdes.

qui sont dans la partie supérieure en taillant aux points C, C, et en rafraîchissant l'extrémité de la bourse D (fig. 26).

Il est un fait certain que nous devons opérer ces rapprochements en raison de la vigueur de l'arbre. Moins l'arbre sera vigoureux, plus le rapprochement sera accentué; il en sera différemment dans le cas contraire.

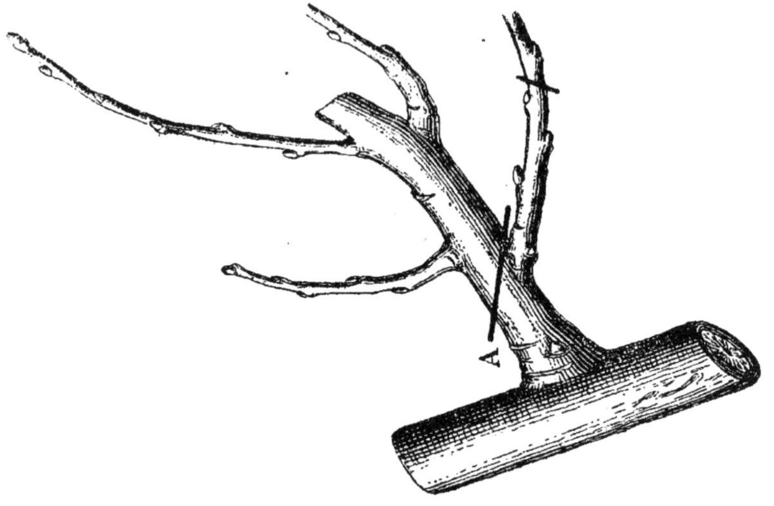

Fig. 27. — Branche fruitière n'ayant subi aucun pincement.

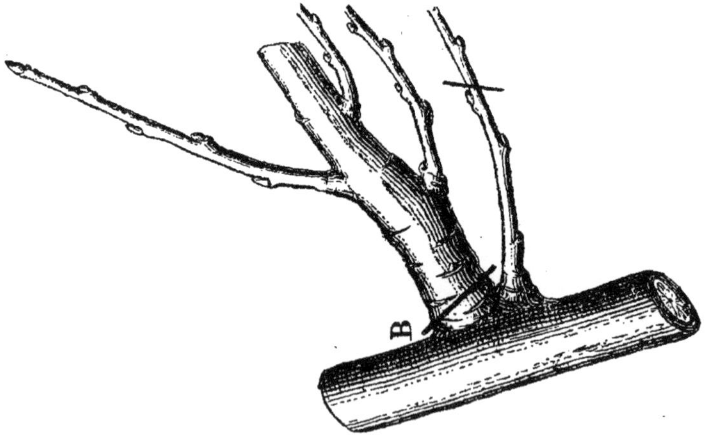

Fig. 28. — Branche fruitière n'ayant subi aucun pincement et possédant un rameau à sa base.

Nous venons bien de donner ci-dessus la manière de tailler les diverses branches fruitières que nous rencontrons le plus souvent sur le poirier. Mais, à côté de cela, nous rencontrons aussi sur le parcours de nos branches charpentières : 1° Des rameaux qui ont été pincés trop long. Ces rameaux seront taillés à 3 ou 4 yeux; s'ils sont trop forts, on les supprimera sur leur empattement.

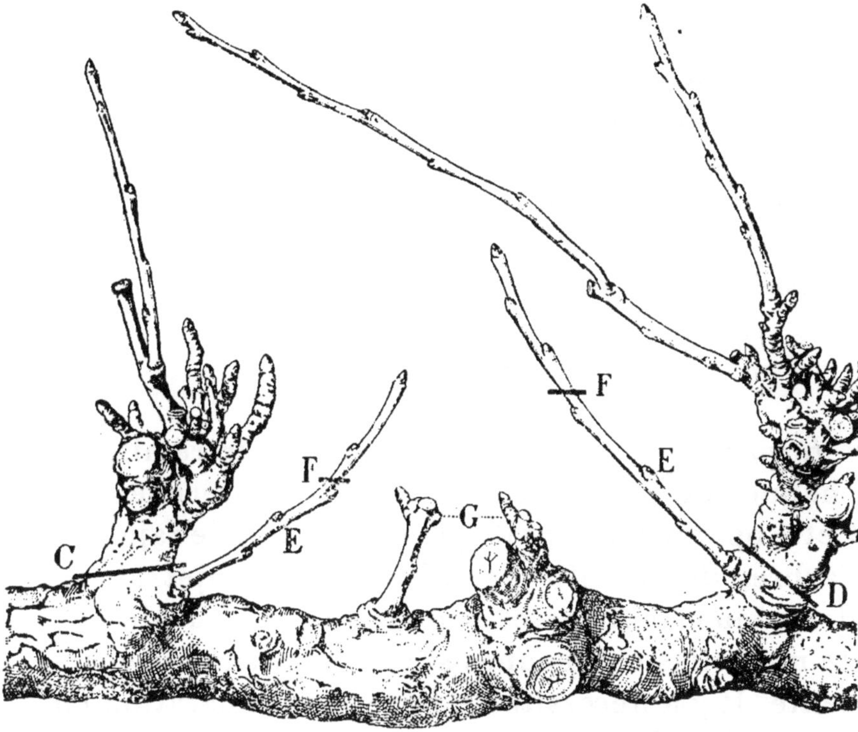

Fig. 28 *bis*. — Branche charpentière possédant branches fruitières converties en têtes de saule.

2° Sur une branche fruitière qui n'a subi aucun pincement (fig 27), il peut exister 3 ou 4 rameaux. On fera suppression des rameaux les plus élevés et les plus vigoureux par une taille en éventant sur le rameau le plus bas en A (fig.27); ou sur l'empattement de la branche fruitière s'il existe un rameau à sa base en B (fig. 28). Le rameau sur lequel on a rapproché fig. 27 ou celui conservé à la base de la fig. 28 seront à leur tour taillés sur 3 ou 4 yeux.

3° Sur des poiriers qui ont été mal soignés, négligés à la taille, nous apercevons très souvent sur les branches charpentières, principalement dans la direction horizontale, des branches fruitières converties en tête de saule (fig. 28 *bis*).

Le seul travail à faire en pareille circonstance consiste en la suppression de ces têtes de saule par un rapprochement direct sur la branche de charpente (en C et D, même figure), en ayant soin de ménager les rameaux E qui seront taillés en F, et en conservant en G toutes les petites productions fruitières avoisinantes.

Rapprochement

Rapprocher un arbre, c'est tailler l'extrémité de chaque branche sur le bois des années précédentes. Cette opération se pratique dans le but de rajeunir l'arbre, de rétablir l'équilibre d'un sujet abandonné ou mal dirigé, et de pourvoir au regarnissage de nouvelles coursonnes sur les branches de charpente. Il y a nécessité de faire cette opération en une seule fois.

Le rapprochement se fait aussi bien sur les branches charpentières d'une palmette que sur une pyramide et est utile pour un arbre qui a été formé trop vite, ou qui est mal formé. Chaque fois que nous nous trouverons en présence d'un bon terrain et d'arbres vigoureux, nous n'hésiterons pas à pratiquer cette opération qui nous donnera d'excellents résultats, au bout de trois ou quatre ans.

On peut la pratiquer aussi sur des arbres languissants, mais avec beaucoup moins de chance de réussir.

Manière de rapprocher une pyramide

Si la pyramide que nous voulons rétablir est emportée comme un baliveau (fig. 29), ou qu'elle soit complètement dénudée vers la base, voici comment nous procéderons : si les branches de la base ont 70 centimètres de longueur, nous couperons l'axe central de la pyramide à environ 2 m. 10 de hauteur, en A (fig. 29), hauteur mesurée de la naissance de la première série de branches charpentières. Ces branches ne seront pas taillées, et les autres séries seront coupées d'après les principes donnés plus loin dans des proportions d'autant plus courtes que nous nous rapprocherons du point A, sommet de notre pyramide.

En rapprochant, nous supprimerons sur les branches charpentières et sur une longueur d'environ 10 à 12 centimètres toutes les coursonnes avoisinant la coupe, en ayant soin de conserver l'empatement. Cette opération facilitera le repercement des yeux adventifs qui se développeront en bourgeons.

Parmi ces derniers, nous choisirons le mieux placé et le plus vigoureux pour prolongement de la branche charpentière. Il en sera de même pour toutes les branches charpentières.

Si notre pyramide a la base trop forte (fig. 30), nous rabattrons la tige à environ 45 centimètres au-dessus de la série supérieure la mieux constituée, en A, même figure, et toutes les séries inférieures

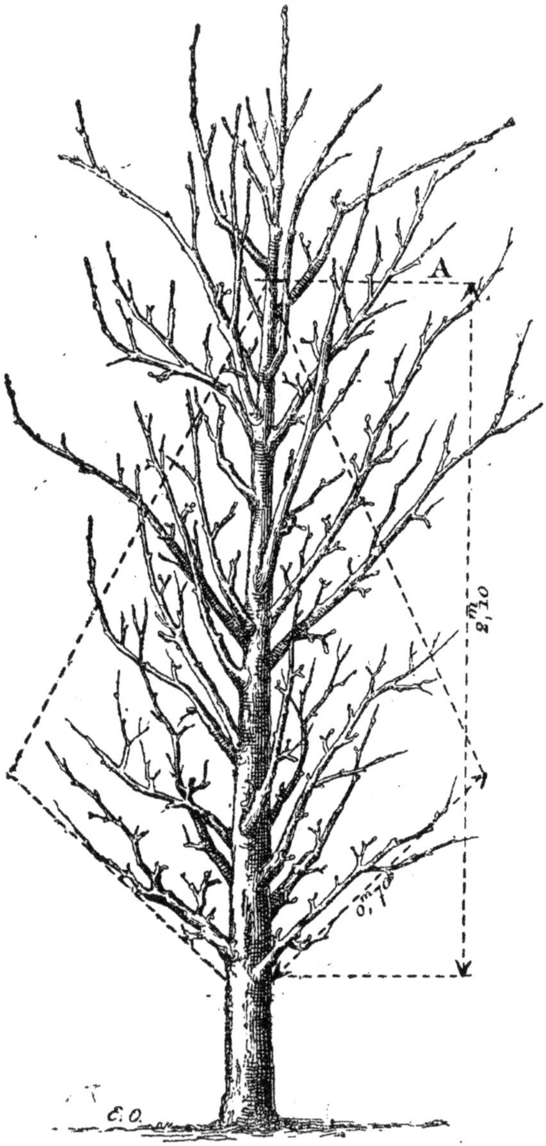

Fig. 29.
Rapprochement d'une pyramide dont la base est affaiblie.

seront rapprochées en proportion de la position qu'elles occupent sur l'arbre, d'après les principes prescrits plus haut (*approximativement, chaque branche charpentière ne doit avoir en longueur, du*

Fig. 30.
Rapprochement d'une pyramide dont la base est trop forte.

point où elle prend naissance, que le tiers de la hauteur totale de la pyramide). Exemple : pour une pyramide de 2 m. 10 de hauteur, les branches de la première série doivent avoir de 70 à 80 centimètres de longueur.

Rajeunissement

S'il est une opération énergique, c'est le *rajeunissement*. Dans ce travail, on fait suppression de toutes les branches charpentières sur leur empattement. On opère ce travail sur palmette ou sur pyramide, et aussi sur des arbres âgés assez bien portants, mal formés et exempts de maladies.

A la suite de ce travail, les yeux adventifs se développeront et fourniront de nouveaux bourgeons, parmi lesquels nous choisirons les plus vigoureux et les mieux placés pour reconstituer une nouvelle charpente, et nous supprimerons les autres. Pour faciliter leur sortie, on enlève les vieilles écorces, à l'aide d'un gratte-mousse, avant le développement des bourgeons; de la sorte, on reforme un arbre très promptement.

Recepage

Le *recepage* a pour but de couper l'arbre, à environ 35 centimètres au-dessus de la greffe, afin de reconstituer entièrement sa charpente; ce moyen peut être employé pour toutes les essences fruitières, mais réussit moins bien sur les arbres à fruits à noyaux.

On le pratiqué souvent sur des jeunes arbres qui ont été mal formés ou brisés par les vents. Cette opération se fait aussi très avantageusement sur les vieux arbres qui ont encore assez de vigueur pour émettre de jeunes bourgeons.

A la suite de l'hiver 1879-1880, pendant lequel

une grande quantité d'arbres ont été gelés, ce travail a été fait dans beaucoup d'endroits, et, dans les bons terrains, on a pu reconstituer très rapidement de très beaux arbres, qui, aujourd'hui, donnent encore beaucoup de fruits.

Un autre exemple qui prouve l'utilité du recepage : possédons-nous de vieux arbres, poiriers ou pommiers, en cordons simples ou formés en U, épuisés et ne donnant plus de fruits ; nous les receperons comme il est prescrit ci-dessus, et nous choisirons un ou deux bourgeons vigoureux pour reformer la charpente selon la forme à donner à notre arbre. Dès la troisième année, nous aurons chance de récolter un peu de fruit, la quatrième année davantage, et la cinquième nous aurons une récolte abondante.

Il est de toute utilité de recouvrir de mastic Lhomme-Lefort, Goussard, Costille-Debelfort, Fichet, Routier, etc., pour faciliter le recouvrement des plaies qui ont été faites par la suppression de fortes branches.

Entailles

L'*entaille* ou cran consiste à enlever une partie d'écorce variant de 4 à 6 millimètres, suivant la force de la tige, de la branche, ou de l'œil sur lequel on opère ; elle se pratique jusqu'à l'aubier, de manière à interrompre momentanément l'ascension de la sève. On la fait à environ un demi-centimètre au-dessus de l'œil, en B (fig. 31). Pour faire développer l'œil ou la branche trop faible, c'est au mois de mars ou d'avril que l'on pratique l'entaille, au moment où la sève se met en mouvement ; son cours, se trouvant interrompu par cette opération, fait dévier ce liquide dans l'organe faible et favorise son développement.

Si l'œil sur lequel on a opéré ne se développe que

Fig. 31.
Entaille et incision triple.

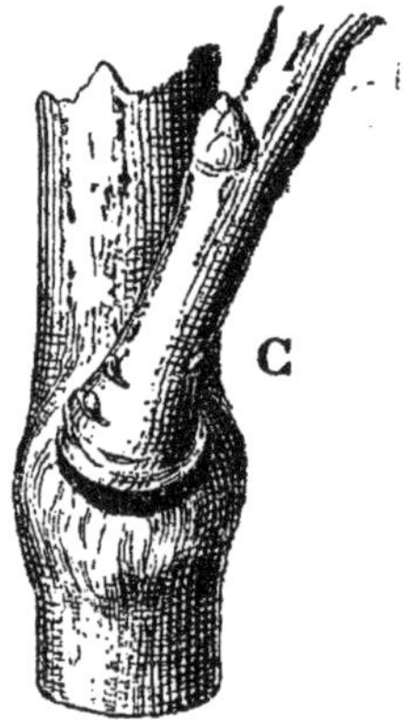

C

Fig. 32. — Entaille sur empattement d'une branche.

très faiblement, il sera nécessaire de renouveler l'opération l'année suivante à la même époque, à 3 ou 4 millimètres au-dessus de l'ancienne. L'entaille se fait aussi au-dessous d'une branche pour l'empêcher de prendre un trop grand développement ; elle se pratique sur la base de l'empattement C (fig. 32), et elle sera d'autant plus profonde que la branche sera plus forte.

Par cette entaille, la sève, se trouvant dérangée, n'arrive pas aussi directement dans la branche, cette dernière se trouve affaiblie.

Il faut éviter autant que possible de pratiquer des entailles sur les arbres à fruits à noyau, car elles peuvent occasionner la gomme et amener la perte de l'arbre.

Incisions

Nous avons plusieurs sortes d'incisions, dont les effets sont différents, suivant la manière dont on les pratique. On opère au printemps.

Pour favoriser le développement de l'œil ou de la branche au-dessus desquels on a fait une entaille, on fait une *incision longitudinale* prenant naissance à la base de cet œil et une de chaque côté, ayant pour point de départ le sommet de celle du milieu et s'écartant vers la base en triangle, comme il est prescrit fig. 31. Cette *incision triple* sert à amener la sève dans l'organe au-dessus duquel on a fait l'entaille.

Incision longitudinale ordinaire

L'*incision longitudinale* s'opère sur les arbres ou les branches dont l'écorce s'est endurcie. La sève ne circulant pas avec autant de facilité, il en résulte que la branche n'acquiert pas l'accroissement qu'elle devrait obtenir. En ce cas, on incise l'écorce avec la pointe de la serpette, en l'enfonçant jusqu'à l'aubier sans l'attaquer ; de cette manière, l'écorce se dilate, la sève arrive avec plus d'abondance et la branche ou l'arbre se fortifie.

On peut pratiquer cette incision, sur la tige d'un arbre, soit sur le collet, même au point de soudure de la greffe; elle est souvent utile dans ce cas pour favoriser le développement, ou de l'arbre, ou du porte-greffe (fig. 103, page 241) : on laissera un intervalle d'environ 3 à 5 centimètres entre chaque incision, en évitant de les pratiquer du côté du midi.

On opère également les incisions sur les arbres à fruits à noyau pendant le cours de la végétation. Sur ces derniers, elles sont aussi d'une grande utilité pour les préserver de la gomme; malgré cela, il ne faut pas en abuser; il est préférable d'agir avec beaucoup de prudence et de ménagement.

L'*incision transversale* se fait avec le tranchant de la serpette, en coupant l'écorce et sans l'enlever à 4 ou 5 millimètres au-dessus de l'œil; la sève, se trouvant momentanément interrompue, afflue dans l'œil et facilite son développement. Sur une branche d'une circonférence trop faible pour supporter l'entaille, nous pratiquerons l'incision transversale, d'autant plus que, dans bien des cas, elle est suffisante pour assurer le développement du bourgeon.

Incision annulaire

L'*incision annulaire* se fait sur les arbres à fruits à pépins au printemps, au moment du départ de la sève.

L'opération consiste à enlever avec un inciseur un anneau d'écorce dont la largeur peut varier de 1 à 10 millimètres, selon la force de la branche.

On peut la pratiquer : 1° sur quelques branches d'un arbre très vigoureux que l'on ne peut pas mettre à fruit, même sur le tronc du sujet, à quelques centimètres au-dessus de la greffe, il ne tardera pas à s'affaiblir; 2° pour faire développer du bois à la partie inférieure.

Ne jamais faire ce genre d'incision sur un arbre manquant de vigueur, ce serait sa perte immédiate.

En un mot, ne pratiquer cette opération que très rarement, car elle affaiblit trop l'arbre, d'autant plus que nous avons des moyens bien plus pratiques pour assurer sa fructification.

Eborgnage

L'*éborgnage* se fait au moment de la taille : c'est la suppression sur empattement des yeux jugés inutiles, qu'il serait nécessaire d'enlever plus tard au moment de l'ébourgeonnement. De cette manière, on utilise toute la sève qui aurait été employée en pure perte en laissant ces bourgeons se développer. On pratique l'éborgnage sur les flèches des pyramides, sur les rameaux de prolongement des palmettes, fuseaux, etc.

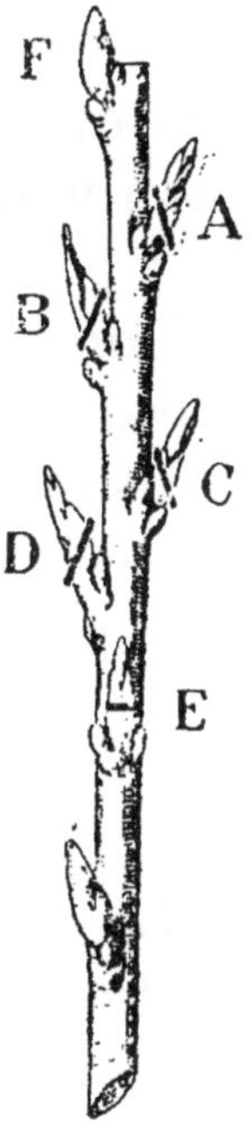

Fig. 33. — De l'éborgnage.

Lorsque les yeux latéraux qui prennent naissance sur un rameau de prolongement seront allongés d'environ 10 millimètres (fig. 33), on les enlèvera soit avec l'ongle, soit avec la serpette, en conservant leur empattement ou pour mieux dire en ménageant les yeux stipulaires, comme il est démontré en A, B, C, D, E (fig. 33). Ce travail est d'une grande utilité dans le voisinage des yeux terminaux ou sur le dessus des jeunes branches charpentières en ce sens que l'œil principal se trouvant éborgné, la sève se trouve refoulée dans les yeux stipulaires et le développement de l'œil terminal ou œil de flèche, ou de prolongement F, s'en trouve favorisé.

Arcure

L'*arcure* consiste à courber en demi-cercle les branches d'un arbre; l'extrémité sera inclinée vers le sol et maintenue dans cette position à l'aide d'une ligature. Par le moyen de cette courbure, le mouvement de la sève se trouve ralenti et les yeux, au lieu de se développer à bois, se transforment en dards, brindilles et bientôt en boutons à fruits.

Sur les arbres très vigoureux que l'on ne peut faire fructifier, ni par une taille longue, ni par les pincements répétés, ce moyen est excellent, mais on ne devra l'employer qu'en dernier lieu. Nous recommandons aussi de ne pratiquer l'arcure sur un arbre que partiellement, de peur de l'épuiser trop vite.

Lorsque notre arbre sera à fruit, nous ferons disparaître aussitôt l'arcure en replaçant les branches dans leur position primitive; les bourses, les dards et les lambourdes nous suffiront pour nous assurer une production future.

Du palissage

Le *palissage* est indispensable pour fixer l'arbre soit au mur, soit au contre-espalier, et pour lui donner en même temps une forme.

Nous distinguons deux sortes de *palissages* : l'un en sec, l'autre en vert.

Le *palissage en sec* peut se faire pendant tout l'hiver, mais de préférence après la taille.

Au long du mur, il peut se faire de deux manières: 1° A l'aide de petits morceaux de drap pliés en deux, qui envelopperont la branche sans trop la serrer et dont les extrémités seront fixées au mur par un clou : ce travail se nomme le palissage à la loque. Ce système de dressage des arbres qui permet de fixer la branche juste à l'endroit désigné, et très en usage anciennement, est presque complètement abandonné maintenant pour le poirier, en ce sens qu'il présente l'inconvénient d'être plus long et plus difficile à faire que le palissage sur treillage, d'autant plus qu'il exige sur le mur un enduit de plâtre d'une épaisseur de 3 centimètres environ. Il présente encore un danger beaucoup plus grand, celui de priver d'air toutes les branches ainsi appliquées au long de la muraille, de les arrêter dans leur développement et de favoriser la multiplication des insectes sur les feuilles et sur les branches charpentières.

2° Le palissage sur treillage se fait le long d'un mur, comme en contre-espalier, avec de l'osier; ce moyen est de beaucoup plus expéditif que le précédent.

Pour assurer à l'arbre une régularité parfaite, il est nécessaire de placer les branches charpentières à égale distance et de faire des ligatures propres, soignées et solides.

Le *palissage en vert* se fait pendant tout le courant de la végétation. Les bourgeons étant herbacés, ce travail se fait sur le treillage à l'aide de jonc et sur le mur à l'aide du clou et de la loque.

Dans ce travail, nous devons palisser les bourgeons qui poussent avec beaucoup de vigueur les premiers, en les serrant un peu pour provoquer un ralentissement de la sève.

Pour un bourgeon faible, nous le laisserons en liberté pendant quelque temps, nous l'éloignerons même du mur pour le fortifier, et lorsqu'il aura acquis assez de consistance pour subir un palissage, il sera attaché d'une manière lâche à seule fin qu'il puisse pousser librement.

En un mot, dans le palissage, nous rapprocherons d'une direction verticale un bourgeon faible et, au contraire, nous inclinerons momentanément le bourgeon vigoureux pour assurer l'équilibre de la sève ; nous agirons toujours ainsi pour acquérir le même développement sur deux branches prenant naissance au même point.

Nous surveillerons aussi d'une manière très attentive les ligatures, pour éviter les étranglements et bourrelets qui se produiraient si le bourgeon était trop serré.

Les deux genres de palissage prescrits ci-dessus sont les moyens les plus puissants pour former un arbre et maintenir son parfait équilibre dans toutes ses parties, mais à une condition, c'est qu'ils soient faits d'après les détails indiqués plus haut, qui consistent à surveiller constamment la végétation du sujet.

De l'ébourgeonnement

L'*ébourgeonnement* est utile à la formation du poirier et de tous les arbres en général.

Ce travail consiste à faire suppression de tous les bourgeons inutiles qui se développent sur un même point et qui, s'ils étaient conservés, absorberaient une grande quantité de la sève nécessaire à ceux qui doivent rester.

Comme on peut le voir, ce travail demande beaucoup d'attention et doit se faire graduellement pour éviter autant que possible le ralentissement de la sève. Il devra se faire dès le commencement de la végétation et dans différents cas.

Le choix du bourgeon à conserver dépendra de sa situation sur la branche charpentière. Toutes les pousses mal placées sur le dessus et sur le derrière des branches d'un arbre en espalier seront enlevées, sauf si elles peuvent être nécessaires pour combler un vide; dans ce cas, on a aussi recours à la greffe. Lorsque deux ou trois bourgeons se développent sur le dessus d'une branche charpentière, on ne conservera que le plus faible; si ces bourgeons, au contraire, prennent naissance en dessous, on gardera le plus fort.

Si deux ou trois bourgeons naissent à l'extrémité d'une branche de charpente, on fera suppression des faibles et on gardera le plus fort, comme prolongement. Il y a cependant exception, si cette branche forme l'axe central d'un arbre, les plus forts seront supprimés et le plus faible sera conservé.

L'ébourgeonnement se pratique aussi, dans d'autres cas, sur une branche charpentière sur le dessus de laquelle on aura supprimé un gourmand, à la taille en sec. Si nous voyons se développer sur son empattement plusieurs bourgeons, nous ferons suppression de tous ceux qui se développeront dans une direction verticale et nous ne garderons que le plus faible qui se rapprochera le plus de la direction horizontale. Dans l'ébourgeonnement, il faut faire suppression des bourgeons inutiles lorsqu'ils ont atteint une longueur de 5 à 8 centimètres au plus, en les enlevant nettement avec l'épluchoir. Si ce travail est fait trop tôt, il repart une quantité de faux bourgeons, ce qui est désagréable; si au contraire il est fait trop tard, il ralentit la végétation, qui abandonne la direction de la pousse que l'on veut conserver et la sève se repose dans d'autres parties.

DU PINCEMENT

Le *pincement* est assurément une des opérations les plus importantes dans la conduite et la forme à donner aux arbres fruitiers. Nous disons même la condition essentielle pour les amener en voie de fructification. Il consiste à enlever avec les doigts l'extrémité d'un bourgeon herbacé, ou avec l'éplu-choir à casser l'extrémité d'un bourgeon qui commencerait à devenir ligneux.

Il est nécessaire de ne pas opérer le pincement d'un arbre en une seule fois, dans la crainte d'occasionner un refoulement de sève qui lui serait nuisible, et qui provoquerait le départ à bois des organes susceptibles de se transformer en lambourdes pour l'année suivante.

Le pincement doit se faire avec beaucoup de soin dans le voisinage des bourgeons de prolongement, à seule fin que ceux-ci acquièrent de suite une partie de la force qui leur est nécessaire pour former plus tard de bonnes branches de charpente. On commencera par pincer les bourgeons forts, les plus faibles seront pincés un peu plus tard ; de cette manière, la sève sera attirée à leur profit.

Des règles générales à observer pour le pincement

D'une manière générale, le premier pincement se fait, selon la vigueur de l'arbre et d'après les organes qui se trouvent sur la branche fruitière, sur une, deux, trois et quatre feuilles possédant des yeux bien constitués à l'aisselle, ou pour mieux dire, à la naissance du pétiole.[109]

Sur un bourgeon, nous remarquons que les feuilles situées à la base et constituant ce que nous appelons la rosette, ne possèdent pas d'yeux à leur aisselle; par conséquent pour opérer le pincement à une, deux, trois ou quatre feuilles, nous ne ferons suppression de l'extrémité du bourgeon qu'au-dessus de la première, deuxième, troisième ou quatrième feuille située au-dessus de la rosette comme il est prescrit figure 34. Cette rosette peut se composer d'un nombre plus ou moins grand de feuilles, variant de 3 jusqu'à 6; s'il est nécessaire d'opérer un second, un troisième, et même un quatrième pincement, on les pratique sur une feuille ou deux au-dessus du précédent. Sur la branche charpentière comme sur les branches fruitières, nous rencontrons des bourgeons de différentes sortes qui sont : le *dard*, la *brindille*, le *bourgeon proprement dit*, *le gourmand* et le *faux bourgeon*.

Fig. 34.
Bourgeon ordinaire.

Il est un fait certain que le pincement variera suivant la nature et la position du bourgeon sur lequel il sera pratiqué.

Des bourgeons prenant naissance sur la branche charpentière

1° Le *bourgeon* qui se trouve au-dessous du terminal d'une branche charpentière sera coupé sur

Fig. 35. — Brindille pincée.

les yeux stipulaires, lorsqu'il aura atteint environ 10 centimètres de long, dans la crainte de le voir se développer en gourmand; ceux qui prennent naissance au-dessous seront pincés à 3 feuilles au-dessus de la rosette, lorsqu'ils auront environ 15 centimètres de longueur.

S'il s'en trouve plusieurs sur un même point, nous ferons ablation des plus forts sur les yeux stipulaires, nous conserverons le plus faible que nous pincerons d'après les règles voulues, c'est-à-dire à 3 bonnes feuilles (fig. 34).

2° Le *dard* peut se mettre à fruit dans un espace

de temps plus ou moins long, il peut aussi se transformer en lambourde l'année même de sa for-

Fig. 36. — Bourgeon ordinaire ayant subi 2 ou 3 pincements.

mation, de même qu'il peut se développer à bois; cela dépend de la position où il se trouve. Dans le premier cas, il ne sera pas pincé; dans le second, s'il n'est pas par trop long, et qu'il donne naissance à un bourgeon, celui-ci sera pincé à 3 feuilles. Si au contraire le dard est par trop allongé, et qu'il développe un bourgeon, ce dernier par une taille en vert sera supprimé directement au-dessus de la rosette de feuilles, ce qui équivaudra à une taille sur rides (fig. 16, page 68).

3° La *brindille* (fig. 35) sera pincée soit à 2 feuilles, soit à 3, selon la vigueur de l'arbre. Souvent, à la suite de ce pincement, elle se transforme en lambourde (fig. 13, page 66) et donne du fruit l'année suivante.

4° On appelle *bourgeon ordinaire* celui qui se développe avec une vigueur moyenne. Il subira deux ou trois pincements dans le courant de la végétation (fig. 36); le premier à 3 ou 4 feuilles, et les autres à une feuille ou 2 au-dessus du précédent.

5° Le *gourmand* (fig. 37) est un bourgeon très

Fig. 37. — Gourmand ayant subi trois pincements.

vigoureux; s'il n'est pas pincé à temps, il absorbe toute la sève au détriment des autres et devient extrêmement difficile à transformer en branche fruitière. Lorsqu'il aura une longueur de 8 à 10 centimètres, il sera pincé à 2 ou 3 feuilles; mais sur un bourgeon d'une telle vigueur, il faudra s'attendre à pratiquer plusieurs pincements qui seront nécessaires, et chacun d'eux se fera à une feuille ou 2 seulement au-dessus du précédent.

Comme nous l'indique cette même figure, pour la fin de la végétation on se trouve en présence d'un bourgeon ayant subi plusieurs pincements et n'ayant qu'une longueur de 15 à 20 centimètres, ce qui est une bonne longueur pour une branche fruitière. Mais, malgré ce genre de traitement pour le gourmand, il est préférable, à moins d'un grand vide à combler, d'en faire la suppression sur son empattement et d'avoir recours aux yeux stipulaires.

Bourgeons prenant naissance sur la branche fruitière (*ou coursonne*)

1° *Branche fruitière complètement dépourvue de productions fruitières.* — Le bourgeon prenant naissance sur ce genre de branche sera pincé comme celui qui naît directement sur la charpente, c'est-à-dire à 3 ou 4 feuilles pourvues d'yeux à l'aisselle.

2° *Branche fruitière possédant un seul dard et un bourgeon* (fig. 38). — Nous avons dit plus haut qu'en règle générale, le pincement se fait sur 1, 2, 3 ou 4 feuilles, selon la vigueur de l'arbre et d'après les organes qui se trouvent sur la branche fruitière; mais cependant il y a exception. En effet, sur des arbres vigoureux, nous avons remarqué, depuis bien longtemps, qu'au moment du premier pincement, si nous venons, sur une forte branche fruitière ne possédant qu'un dard et un bourgeon, pincer l'extrémité de ce dernier, fût-il herbacé, au-dessus de la troisième ou quatrième feuille, la végétation se trouve refoulée sur le dard qui se développe immédiatement à bois. Il est certain que cet inconvénient se produira au moins neuf fois sur dix.

Pour y remédier, voici l'observation que nous

Fig. 38. — Traitement d'une branche fruitière possédant un seul dard et un bourgeon.

avons faite et qui nous paraît très juste : c'est de laisser le bourgeon se développer à sa guise, de l'arquer ensuite et de n'en pincer l'extrémité que lorsque sa croissance sera à peu près terminée, comme il est indiqué figure 38. De la sorte, la sève

Fig. 39. — **Traitement d'une branche fruitière possédant deux dards et un bourgeon.**

étant absorbée par le bourgeon, le dard qui se trouve à la base de la branche fruitière se transformera en lambourde pour la fin de la saison.

Vers la fin d'août, dans la première quinzaine de septembre, à l'aide d'un cassement, on fera suppression de ce bourgeon laissé comme appel-sève, au-dessus de la troisième feuille, en A, même figure. Sur un arbre d'une vigueur ordinaire, le bourgeon prenant naissance sur une branche fruitière n'ayant qu'un dard sera pincé à 3 ou 4 feuilles, selon la position de ce dard sur la branche; en pinçant plus court, on s'exposerait à voir la production fruitière se développer en faux bourgeons.

3° *Branche fruitière possédant deux dards et un bourgeon* (fig. 39). — Le bourgeon qui se développe

Fig. 40. — Traitement d'une branche fruitière possédant trois ou quatre bourgeons.

sur cette branche fruitière sera pincé un peu plus court, sur 2 ou 3 feuilles.

4° *Branche fruitière possédant 3 ou 4 dards et un bourgeon.* — Le bourgeon né sur une branche fruitière ayant 3 ou 4 dards sera pincé sur une feuille ou même sur la rosette. Il y a avantage dans ce cas à pincer très court pour activer la mise à fruit.

5° *Branche fruitière possédant 3 ou 4 bourgeons* (fig. 40). — Lorsque 3 ou 4 bourgeons se développent sur une même branche, il est certain que cette branche est très vigoureuse ou a une tendance à le devenir; dans ce cas, on supprime les bourgeons les plus élevés, à l'aide d'une taille en vert pratiquée au-dessus du bourgeon le plus rapproché de la branche charpentière, en A (fig. 40). Le seul bourgeon qui restera à la base du rameau sera pincé sur 4 feuilles, en B, même figure.

Si l'on conservait tous ces bourgeons, ils absorberaient la sève et se développeraient d'une manière exagérée au détriment des petites productions fruitières avoisinantes, et ces dernières, étant privées de sève et ne recevant aucune lumière, resteraient stériles.

Du faux bourgeon du poirier

Nous appelons *faux bourgeons* tous ceux qui naissent sur les pousses de l'année.

On les rencontre principalement sur le prolongement des branches de charpente, de même que sur les bourgeons qui ont subi un pincement.

De la nature du faux bourgeon

Avant de parler de l'emploi du faux bourgeon, il est nécessaire de faire connaître sa nature; en effet, il ne faut pas confondre un bourgeon ordinaire avec un faux bourgeon.

Le bourgeon ordinaire possède presque toujours à sa base un certain nombre de feuilles qui n'ont pas d'yeux à leur aisselle, on n'y aperçoit qu'un petit renflement appelé coussinet.

Au contraire, nous remarquons que, dans le faux bourgeon, toutes les feuilles sont pourvues d'yeux à leur aisselle; il n'y a donc nul inconvénient à pincer le faux bourgeon, au-dessus de la première ou de la deuxième feuille.

De son emploi

Sur le prolongement d'une branche de charpente, si nous voulons utiliser les faux bourgeons pour en former des branches fruitières pour l'année suivante, nous les pincerons à 3 feuilles; si, au contraire, nous ne voulons pas les utiliser, nous les supprimerons à 2 ou 3 millimètres au-dessus de leur empattement en conservant la feuille à l'aisselle de laquelle ils sont nés.

Le faux bourgeon né sur une bourse sera pincé à 2 feuilles; s'il s'en développe plusieurs, les autres seront supprimés sur empattement. Si, sur le bourgeon qui a subi un pincement, il ne se développe qu'un seul faux bourgeon, il sera pincé au-dessus de la première ou de la seconde feuille; si, au contraire, il s'en développe plusieurs, nous ferons suppression des plus élevés en nous rapprochant sur le premier, qui sera lui-même pincé à une ou deux feuilles.

Ce genre de pincement raisonné, tel que nous le pratiquons, permet à la lumière de se répandre sur tous les rameaux, car, comme nous l'avons dit précédemment, c'est à la lumière que nous devons une part de la vie active de l'arbre : il est incontestable que sans lumière nous n'aurons qu'une médiocre végétation et peu ou pas de fruits.

En pinçant sur 3 ou 4 feuilles, nous facilitons la circulation de l'air et nous permettons à la lumière de fortifier tous les organes qui se trouvent près du corps de l'arbre et sur les branches fruitières. Par ce pincement, celles-ci sont courtes et d'une égalité parfaite, ce qui donne à l'ensemble de l'arbre une uniformité remarquable et plaisante à l'œil. Si l'on pratique le système de pincement long, le premier à 8 ou 10 feuilles, le second de même longueur, comme l'indiquent certains praticiens, toutes les productions fruitières qui sont placées généralement à la base de la coursonne se trouvent dans l'obscurité complète. Ni l'air ni la lumière ne pouvant y pénétrer, elles ne se développent jamais et restent improductives.

Si l'on attend trop tard pour le pincement, les bourgeons, qui se développent de plus en plus, deviennent ligneux; dans ce cas, le pincement et la taille en vert n'y feront rien. En voici un exemple : si nous attendons, pour pincer un arbre, que les bourgeons les plus vigoureux aient environ 40 à 50 centimètres de long et plus, il est certain qu'en devenant ligneux, ils posséderont un empattement en proportion de leur développement. En effet, en pratiquant sur ces bourgeons un cassement à 3 ou 4 feuilles, comme l'indique la figure 41, il arrivera ceci, que tous ces bourgeons vigoureux, dans lesquels la sève s'est amassée, continueront de l'absorber et se développeront en faux bourgeons au détriment des organes les plus faibles qui resteront à l'état latent et ne produiront jamais.

Dans d'excellents terrains, nous remarquons très souvent que des arbres à végétation exubérante ne donnent pas de fruits. Il faut attribuer cela uniquement au manque de soins pendant le courant de la végétation.

En effet, le seul pincement ou plutôt cassement (le bourgeon étant ligneux) pratiqué sur ces arbres trop tardivement, arrête la sève momentanément;

Fig. 41. — Résultat d'un bourgeon non pincé ayant été cassé à 3 ou 4 feuilles.

celle-ci, n'ayant aucun passage libre à sa circulation, se trouve refoulée dans les petites productions fruitières qui se développent à bois, au lieu de se transformer à fruit.

Il serait préférable de ne pas pincer les arbres que de leur faire subir un traitement semblable.

Par le pincement raisonné, la sève, étant complètement utilisée, donne au sujet l'équilibre et la régularité parfaite. L'air et la lumière circulant de toutes parts offrent cet avantage que les fruits, étant rapprochés de la branche charpentière, y trouveront une nourriture directe et abondante et deviendront plus gros, plus colorés et plus savoureux.

De la taille en vert

La *taille en vert* se pratique principalement sur le pêcher, d'avril à juin; mais elle se fait aussi sur les arbres à fruits à pépins. Ici, nous ne traiterons que de la taille en vert sur ces derniers. Elle s'opère dans deux cas différents : 1° Sur la branche fruitière qui a développé trois ou quatre bourgeons, elle se fait sur le bourgeon le plus rapproché de la base, comme il est prescrit figure 40. En agissant ainsi, la sève ne sera pas dépensée inutilement et sera refoulée au profit de la branche charpentière.

2° Lorsqu'une branche fruitière est trop longue ou se trouve épuisée et qu'il se développe à sa base un nouveau bourgeon, nous faisons suppression de cette branche fruitière en nous rapprochant sur le bourgeon, qui est appelé à la remplacer avantageusement.

De la taille sur rides

La *taille sur rides* s'opère sur les arbres à fruits à pépins avec grand avantage. On rapproche en mai, juin et juillet, sur les rides, où il existe de petits yeux latents et invisibles, mais qui, par suite du rapprochement, se transforment d'abord en dards l'année même de cette taille, et en boutons à fruits l'année suivante. (Voir la figure 16, p. 68.) On pratique cette taille avec beaucoup de succès sur les rides des dards qui se développent à bois, au lieu d'en pincer le bourgeon à trois feuilles, de même que sur les rides des petites branches, âgées de plusieurs années.

Du cassement

Le *cassement* se pratique spécialement sur les arbres à fruits à pépins.

Cette opération commence en juin, et continue pendant tout l'été, jusque vers la fin de septembre.

Elle se pratique à l'aide du pouce et de la serpette et consiste à rompre complètement le rameau devenu ligneux au-dessus des trois ou quatre premières feuilles de la base.

Les rameaux sur lesquels on opère le cassement sont ceux que l'on n'a pas pincés lorsqu'ils étaient à l'état herbacé dans la crainte de troubler la végétation, ainsi que ceux qui ont été oubliés.

Le cassement est utile en ce sens que l'on opère sur des rameaux devenus ligneux et dont la végétation se trouve à peu près terminée. A la suite de ce travail, les yeux qui sont à la base des rameaux cassés grossissent, se fortifient et se transforment à fruit.

Nous jugeons inutile de parler ici de la taille d'août, ce travail, qui s'exécute de juillet à fin septembre, étant similaire au cassement et produisant des résultats identiques.

De la castration des fleurs

Au moment où les arbres fruitiers commencent à fleurir, nous laissons bien épanouir les fleurs, et, avant que les pétales ne commencent à tomber, nous supprimons, à l'aide du ciseleur à raisin, toutes les fleurs les plus internes de l'inflorescence, en ne conservant que les fleurs de la circonférence. Ces fleurs sont coupées à la base du pédicelle; ce travail s'appelle la *castration*, dénomination extrêmement impropre, puisqu'on ne supprime nullement un organe sexuel d'une fleur donnée, mais bien un certain nombre de fleurs de l'inflorescence.

Sur certaines variétés de poirier, la *Bergamotte Espéren*, par exemple, les fleurs du centre du bouquet étant les mieux constituées, on supprimera, au contraire, celles du pourtour.

Sur un *bouton à fleur* né à l'extrémité du prolongement d'une branche de charpente, on effectuera la suppression de toutes les fleurs, en conservant seulement les feuilles placées au-dessous des fleurs supprimées, et sur la bourse il se développera un œil qui nous fournira un bon rameau de prolongement.

De l'effeuillage

L'*effeuillage* a pour but d'aider à la coloration des fruits et de les rendre plus savoureux. On devra le pratiquer partiellement, toujours le soir ou par un temps sombre, c'est-à-dire à un moment où la transpiration est ralentie, à partir de la dernière quinzaine du mois d'août ou des premiers jours de septembre, lorsque le soleil a déjà perdu de sa force.

Un procédé artificiel réussissant très bien pour aider à la coloration des fruits, consiste à bassiner les arbres le soir avec de l'eau salée dans la proportion d'une poignée de sel pour 10 litres d'eau. On pourra répéter cette opération deux ou trois fois à quelques jours d'intervalle.

Cette opération devra se faire lorsque les fruits seront déjà gros; on aura soin aussi d'enlever toutes les feuilles touchant au fruit et qui pourraient servir de refuge aux insectes.

De l'éclaircie des fruits

Ce travail, de la plus grande utilité, consiste à enlever une certaine quantité de fruits sur les arbres où il y en a en trop grande abondance; il est nécessaire de le faire en deux ou trois fois.

Certaines personnes préfèrent la quantité à la qualité des fruits. Nous ne sommes pas de leur avis, pour plusieurs raisons: d'abord, si, relativement à sa force, un arbre est chargé de trop de fruits, sa sève s'épuisera, il sera moins vigoureux et il finira par dépérir dans un laps de temps relativement assez court. En second lieu, si la récolte est trop abondante, nous n'aurons que de petits fruits sans saveur, tandis qu'en ne laissant que cinq à six fruits par mètre de branche charpentière, nous obtiendrons des fruits supérieurs, bien colorés, savoureux, dont le coup d'œil forme un des plus beaux ornements de nos tables.

Dans les variétés commerciales à gros fruits telles que *Doyenné du Comice*, *Passe Crassane*, *Doyenné d'hiver*, *Beurré d'Hardenpont*, etc., nous conseillons, après sélection, de ne pas laisser plus de quatre beaux fruits par mètre de branche de charpente.

De l'ensachage des fruits

Comme nous venons de parler ci-dessus de l'éclaircie des fruits et des proportions à laisser sur les sujets pour les obtenir beaux, donnons donc de suite quelques renseignements sur l'ensachage.

Dans une promenade au jardin du Luxembourg, le dimanche après-midi vers la fin de mai, même dans le courant de juin et de juillet, nous donnerons le conseil à tout promeneur amateur de dialogues, dissertations, plus ou moins amusants, intempestifs, abracadabrants et même se rapprochant de la réalité, de faire une visite aux arbres fruitiers (lieu dit la pépinière). Les allées de cette partie du jardin, séparées des arbres fruitiers par une grille, sont sillonnées de nombreux groupes de personnes, discutant un peu à tort et à travers sur les cultures fruitières se trouvant devant elles.

Lentement, en s'approchant de ces groupes, le promeneur entendra émettre les réflexions suivantes : « Regardez, mon cher ou ma chère amie; quel est donc cet étrange verger dont les arbres portent des sacs en papier pendant aux branches comme de petites lanternes japonaises? Que c'est donc drôle! C'est affreux : quelle est donc la personne qui a fait placer ces sacs? Si cela me regardait, ils seraient vite enlevés. »

La réponse est celle-ci ou quelque chose d'analogue : « Ces sacs sont placés pour repousser la trop vive lumière du soleil des arbres fruitiers, ou bien pour servir d'épouvantails aux oiseaux »; d'autres répondent : « Mais non, vous ne voyez pas qu'ils *sont percés de trous*, ils sont placés là au contraire pour attirer les moineaux qui vont y faire leur nid en toute sécurité. »

D'autres promeneurs, rares ceux-ci, auditeurs du cours d'arboriculture, forts des conseils du professeur, écoutent sans dire mot, mais bien souvent exaspérés des réflexions qu'ils entendent, se mêlent parfois à la conversation et s'efforcent par les quelques explications qu'ils donnent sur l'utilité de ces sacs, indispensables pour l'obtention de très beaux fruits, de convertir les ignorants et les incrédules qui parfois leur tournent les talons en laissant paraître un petit sourire à la fois agréable et narquois.

A ces personnes nous répondrons : *minima de malis* (des maux choisir le moindre).

En effet, celui qui a horreur de ces sacs sur les arbres laissera les fruits se développer au hasard des intempéries et des nombreux insectes qui peuvent les attaquer. Aussi n'aura-t-il rien à se reprocher, ni de reproches à faire à son jardinier, si dans le cours de l'été ou en fin de saison la plupart de ses fruits sont tachés ou véreux. Celui qui, au contraire, tiendra à obtenir des fruits de luxe n'hésitera pas un seul instant à les abriter.

Par l'ensachage, les fruits ne sont pas élevés dans du coton, mais bien dans du papier. Les premiers essais, tentés, il y a plus de trente ans (1), par des arboriculteurs de Bagnolet, ont été continués et appliqués depuis sur une très grande échelle dans les cultures fruitières des environs de Paris :

(1) A ce sujet et pour de plus amples renseignements, nous conseillons à nos lecteurs de consulter le petit opuscule *De l'ensachage des fruits*, par M. Léon Loiseau, arboriculteur à Montreuil et Président de la Société régionale d'horticulture de Montreuil-sous-Bois.

Montreuil-sous-Bois, Romainville, Bagnolet, Rosny, Fontenay-sous-Bois, etc.; de même qu'un peu partout maintenant.

L'ensachage des poires et des pommes doit commencer, selon les années, vers le 20 ou 25 mai et se terminer du 10 au 15 juin au plus tard. Placées délicatement dans leurs sacs, elles sont préservées du *Rhynchites Bacchus* et surtout du ver des poires et des pommes (*Carpocapsa pomonella*), petit papillon nocturne (genre pyrale) dont la larve perfore le fruit et en ravage l'intérieur au grand préjudice de sa valeur. On constate que, par un été sec et chaud, 70 à 80 % des fruits non ensachés peuvent être attaqués par cet insecte. Les pyrales peuvent pondre sur les fruits très peu de temps après la chute des pétales; il n'y a donc à cette époque qu'à recueillir les fruits attaqués et les brûler. L'ensachage nous met en garde contre les pontes qui arrivent après le 20 mai et dans le cours de l'été.

Ainsi emmaillotés, les fruits sont également à l'abri des spores du mycélium, de la tavelure des poires (*Fusicladium pyrinum*) et de celle des pommes (*Fusicladium dendriticum*), des pluies, petits grêlons et forts coups de soleil, de la morsure des insectes, tels : *escargots*, *limaces*, *forficules*, etc. L'ensachage rend aussi la chair et l'épiderme des fruits beaucoup plus fins et facilite la coloration lors du désensachage.

La dimension des sacs moyens (fig. 42), ceux employés le plus couramment, est de 22 centimètres de longueur sur 14 de largeur (petits fruits et pommes api exceptés); pour les gros fruits, *Belle Angevine* et fruits similaires par exemple, la dimension sera d'au moins 30 centimètres sur 19,

Pour la pomme, on devra se servir de sacs en papier opaque et glacé, tel le papier à registre des chemins de fer, blanc, gris et jaunâtre.

Les sacs opaques ou transparents et parcheminés seront indifféremment employés pour les poires, tandis que les raisins exigent un sac très mince, transparent et parcheminé.

Mise en sac des fruits. — Avant d'envelopper le fruit, il y a lieu de préparer les sacs. A l'aide de ciseaux, les angles du fond (fig. 42) seront coupés

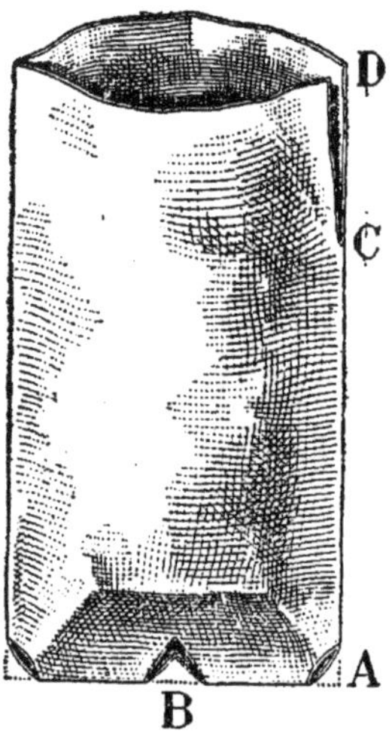

Fig. 42. — Sac préparé pour l'ensachage d'un fruit.

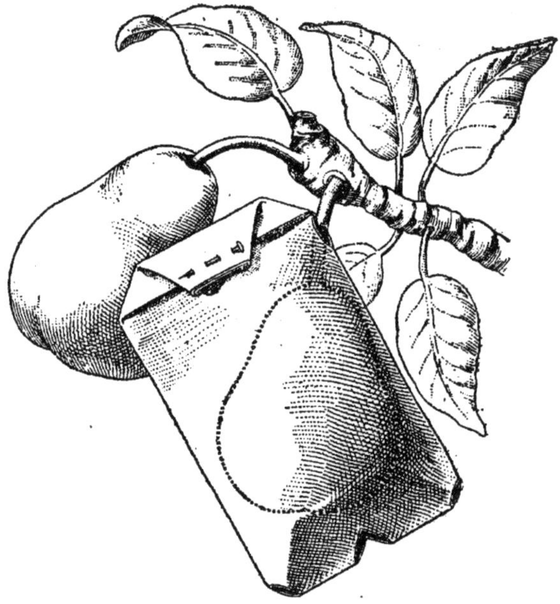

Fig. 43. — Disposition du sac, le fruit étant ensaché.

sur une longueur d'environ 1 centimètre, en A; une entaille en losange profonde de 1 centimètre et de même largeur sera aussi faite vers le milieu du fond du sac, en B, même figure. A la partie supérieure D, le sac sera fendu sur un des côtés, sur une longueur de 6 à 8 centimètres, C, même figure. Par un autre système très usité également, au lieu de couper les angles, on percera le fond du sac de deux rangs de trous, à six par rang, soit une douzaine de trous environ, d'un diamètre de 5 millimètres chacun. De milieu à milieu, ils seront espacés à peu près de 2 centimètres. Ainsi pratiqués, ces entailles ou ces trous permettront l'aération du fruit dans le sac et l'écoulement de l'eau. Pour une très grande quantité, l'on se servira d'une machine à percer dite emporte-pièce.

On ouvre ensuite le sac en le ballonnant bien, on saisit de chaque main un des bords de l'ouverture près de la fente, on place l'ouverture sous le fruit, le pédoncule de ce dernier dans la fente, et l'on remonte le sac en le faisant glisser le long du pédoncule, jusqu'à ce que la partie basse de la coupe faite dans le papier ait atteint le pédoncule. Nous recommandons lors de cette opération de n'introduire aucune feuille de l'arbre dans le sac; ainsi placé, le fruit se trouve enveloppé, l'ouverture du sac sera alors plissée, fermée et ligaturée en évitant de serrer trop fortement le pédoncule. Les meilleures ligatures sont le raphia, le jonc vert, les anneaux en caoutchouc et le petit fil de plomb de 10 à 12 centimètres de longueur.

A notre avis, la fermeture du sac la plus pratique s'exécute de la manière suivante : plier et ramener les angles de l'ouverture du sac vers le milieu de celui-ci, comme le montre la figure 43, et les attacher ensuite avec une épingle nickelée de 3 centimètres de longueur.

Un ouvrier habile peut ensacher 1.000 fruits par jour; le prix des sacs est actuellement élevé, mais la dépense sera largement compensée eu égard aux grands avantages que l'on en retirera.

Ce travail terminé, les fruits seront déshabillés vers le 15 septembre, par un temps pluvieux ou couvert et en plusieurs fois, afin d'éviter les insolations.

Si l'on ne tient pas à leur coloration (et ils ont pour ainsi dire autant de valeur au point de vue commercial), ils ne seront désensachés qu'au moment de la cueillette, c'est-à-dire en les rentrant au fruitier.

En désensachant, grâce à la délicatesse de nuance et d'épiderme que donnent ces sacs aux fruits, l'on peut faire imprimer en quelques jours, par le soleil sur leur pelure, à l'aide de dessins découpés dans du papier blanc, les illustrations les plus diverses : *lettres*, *armoiries*, *portraits*, etc. Ces dessins sont appliqués sur le fruit immédiatement après le désensachage et seront fixés avec de l'albumine d'œuf cru, mais mieux à l'aide de la bave d'escargots frottée sur les dessins avant leur application sur le fruit.

L'idée de préserver les fruits contre les intempéries et insectes n'est pas nouvelle, puisque M. Hardy, directeur du potager fruitier de Versailles, y procédait déjà en 1867, en les couvrant à l'aide de cornets de papier aussitôt les fleurs tombées.

Exécuté en 1904 au jardin fruitier du Luxembourg, ce système à la fois pratique et peu coûteux nous a donné d'excellents résultats. Son application consiste en ceci : pour les fruits de moyenne grosseur, couper un carré de papier blanc, gris ou jaune de 0,20 × 0,20, le plier en quatre, couper l'angle du milieu d'un centimètre, fendre l'un des deux plis jusqu'à cet angle, ouvrir le papier (fig. 44), saisir chaque partie coupée à l'aide des mains et glisser cette ouverture le long du pédoncule, jusqu'à ce que le fond de l'angle formant losange le touche, ramener et croiser ensuite les parties coupées, que l'on attache avec une épingle, de façon à obtenir quatre angles bien détachés et bien apparents avec les bords extérieurs du papier; les plier ensuite sur

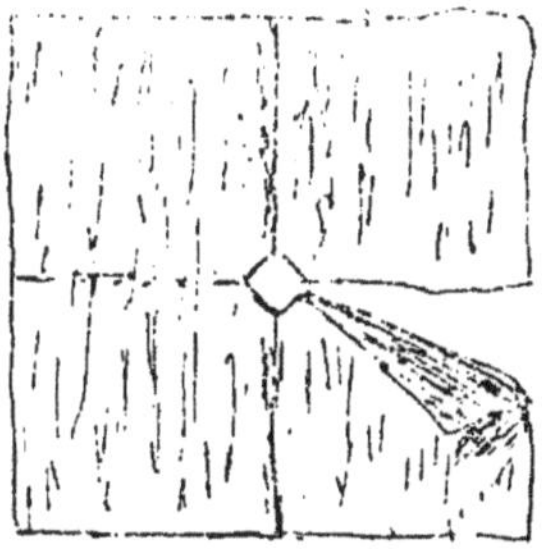

Fig. 44. — Cornet de papier préparé pour envelopper un fruit.

Fig. 45. — Fruit enveloppé à l'aide d'un cornet de papier.

le fruit comme l'indique la figure 45. Enfermé de la sorte, le fruit se trouve garanti des brouillards et intempéries; au fur et à mesure qu'il grossit, il ouvre de lui-même les angles repliés qui l'abritaient aussitôt ce travail terminé.

Il est bien certain que l'ensachage des fruits a été critiqué et l'est encore; il a ses détracteurs, guidés par la routine ennemie de tout progrès. Mais en présence des expériences faites depuis plus de trente ans, devant l'évidence des résultats obtenus et des avantages précieux qu'il procure : fruits plus beaux, plus colorés et très fins, ne doivent-ils pas s'incliner?

D'autre part, les grandes expositions fruitières de

nos sociétés d'horticulture, les devantures des magasins de nos grands primeuristes, ne sont-elles pas des preuves évidentes des merveilleux résultats de l'ensachage des fruits, qui nous encouragent et même nous obligent à en recommander l'application et la vulgarisation dans toutes nos campagnes?

Par ces procédés de culture, par les soins minutieux apportés aux arbres fruitiers, nos arboriculteurs et amateurs en retirent des avantages incontestables, entretiennent le bon renom de nos fruits de luxe à l'étranger et en favorisent l'exportation.

La *pyramide* est formée, dans son ensemble, d'une tige verticale ayant une hauteur pouvant varier de 5 à 6 mètres et aller même jusqu'à 10 mètres.

Cette tige se trouve garnie de la base au sommet de branches latérales ou charpentières, dont la longueur diminue régulièrement au fur et à mesure que les branches se rapprochent du sommet de la tige. Les premières branches latérales seront prises à environ 25 ou 30 centimètres du sol.

En principe général, les branches latérales ne doivent avoir en longueur que le tiers de la hauteur de la tige, hauteur mesurée à partir du point où elles prennent naissance. Mais, si nous sommes en présence d'une forte végétation, pour donner plus de parcours à la sève, la longueur des branches latérales pourra être sensiblement augmentée.

De ce principe, pour une pyramide qui a 4 m. 50 de hauteur, les branches latérales de la base constituant la première série ne devront avoir que 1 m. 50 de longueur.

A seule fin que l'air et la lumière puissent pénétrer entre toutes les branches latérales, il sera nécessaire de leur donner une inclinaison de 40 à 45 degrés. La distance entre les pyramides sera d'au moins 4 mètres.

On peut former une pyramide à l'aide de sujets

différents : 1° avec le scion simple (fig. 46) ; 2° avec le scion d'un an ramifié (fig. 47) ; 3° avec sujet

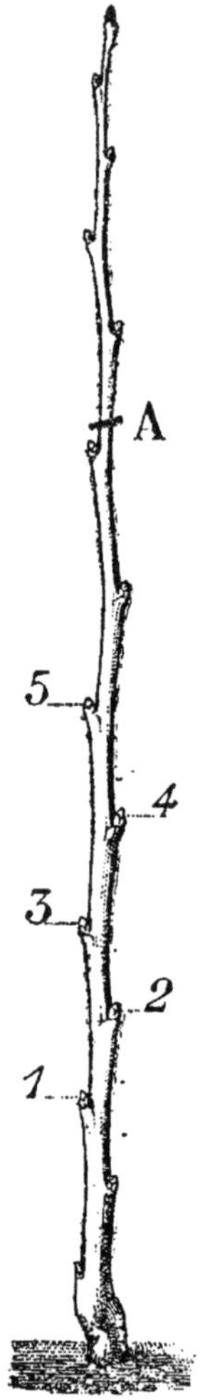

Fig. 46.
Scion simple.

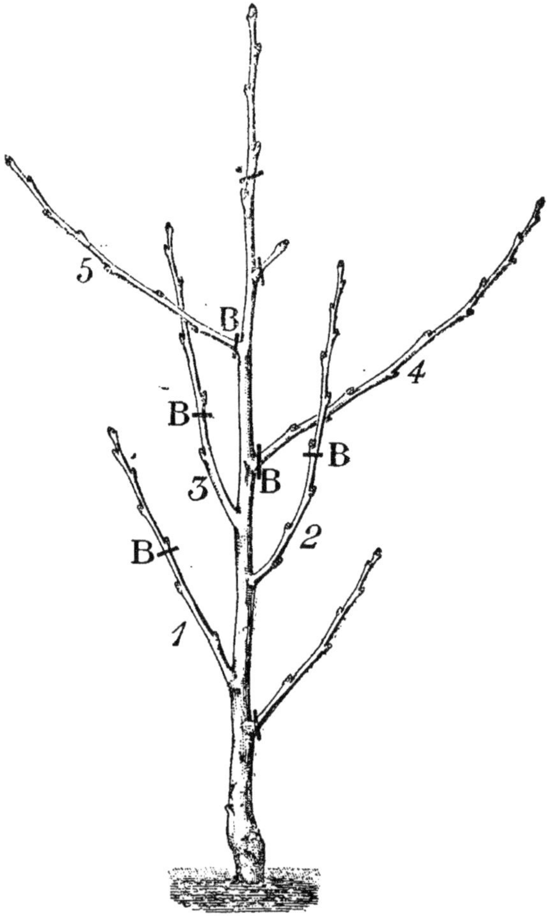

Fig. 47.
Scion d'un an ramifié.

greffé de deux ans (défectueux) (fig. 48) ; 4° mieux encore avec des pyramides de deux ans dont la première série est bien constituée (fig. 49) ; de la sorte, on gagne une année.

On choisira de préférence des sujets forts, vigoureux et droits autant que possible.

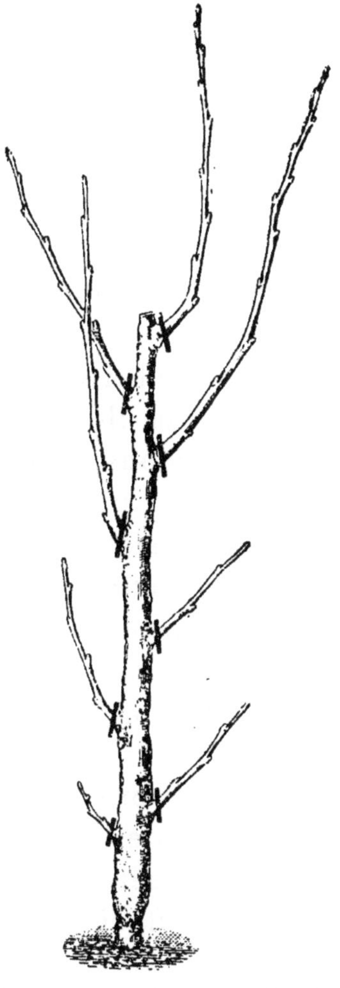

Fig. 48. — Sujet greffé de deux ans, défectueux.

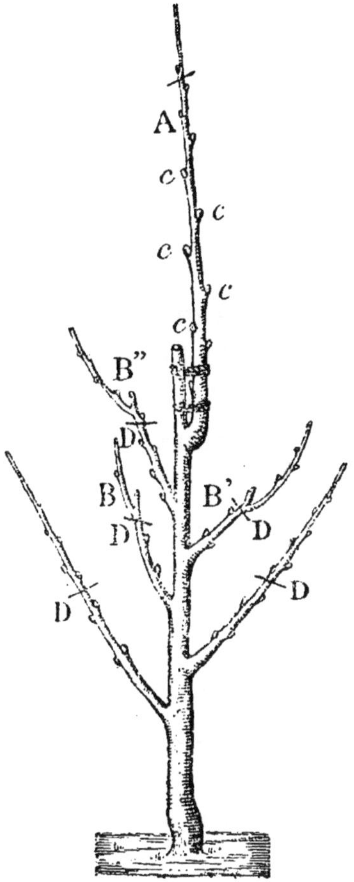

Fig. 49. — Pyramide de deux ans possédant une première série bien constituée.

Nous recommandons pour les arbres à fruits à pépins de ne pas tailler le sujet en le plantant, il ne sera taillé que la seconde année de plantation. Par les différentes expériences que nous avons faites, nous avons reconnu qu'en taillant l'année même de la plantation, on n'obtenait que des branches chétives et grêles ; en ne taillant que la deuxième année, nous obtenons des résultats bien meilleurs. Cela se comprend : l'arbre, étant mieux enraciné, nous donne une végétation bien supérieure à celle que l'on aurait obtenue en trois ans si l'arbre avait été taillé l'année même de sa plantation.

1re *Taille.* — La *figure* 46 nous représente un scion simple.

Au printemps qui suit l'année de plantation, on taillera le sujet de 50 à 60 centimètres du sol, en A (fig. 46), sur le premier œil au-dessus de celui qui est opposé à la greffe et qui doit fournir la flèche, à seule fin de faire développer les bourgeons nécessaires à la formation de la pyramide. Sur un scion très vigoureux, les yeux de la partie basse sont moins bien constitués que ceux de la partie supérieure; par conséquent, en taillant, nous éborgnerons avec la pointe de la serpette les 2 ou 3 de la partie supérieure, pour favoriser le développement de ceux qui sont au-dessous.

Au moment de la végétation, nous ferons choix parmi tous les yeux qui se développent de 6 bourgeons devant constituer la première série et la flèche. L'œil terminal ou bourgeon de flèche sera toujours choisi du côté opposé à la greffe pour nous rapprocher autant que possible de la ligne verticale. On le palissera sur l'onglet, et s'il ne se développe pas droit, on placera un tuteur attaché verticalement le long de la tige au moyen d'un osier, puis on le palissera dessus. Les 5 autres bourgeons devant former les branches latérales seront ensuite choisis à environ 30 centimètres du sol; l'œil situé (si l'on en laisse un) entre celui qui doit fournir la flèche, et le plus élevé de ceux qui doivent produire le dernier bourgeon de la série, ayant toujours une tendance à devenir vigoureux, ne sera pas utilisé pour en faire une branche latérale; on l'éborgnera ou on le pincera à une longueur de 10 centimètres quand il aura atteint 15 centimètres. On évitera aussi de prendre 2 bourgeons sur un même empattement, dans la crainte de troubler la circulation de la sève. Tous les bourgeons choisis, on fera suppression de ceux qui sont inutiles. Si, pendant le courant de la végétation, deux ou trois bourgeons devant constituer les branches latérales se développent plus vigoureusement que les autres, on les pincera à 25 ou 30 centimètres, lorsqu'ils auront atteint de 30 à 40 centimètres, comme il est prescrit en B, B′, B″ (fig. 49), dans l'espoir d'arriver à équilibrer la sève. Si ce moyen ne suffit pas, on pratiquera sur la tige du sujet, à un demi-centimètre au-dessus de la branche faible, une incision transversale, même une entaille, et s'il y a nécessité, une incision longitudinale triangulaire au-dessous de la branche comme il est dit figure 31. A l'aide de ces moyens, à la fin de la saison, les 5 branches latérales devant constituer la première série seront d'égale force.

Quant à la flèche, nous en surveillerons tout particulièrement la végétation, en la palissant lorsque le besoin s'en fera sentir; mais surtout ne pratiquons jamais ni pincement ni taille en vert sur elle, sauf dans un seul cas : c'est lorsqu'il s'agit de restaurer un arbre mal équilibré.

La *figure* 47 nous représente un scion ramifié que nous allons tailler. Si, dans l'espace compris entre 30 et 45 centimètres, il se présente 5 faux rameaux à peu près d'égale force et qu'ils se trouvent bien placés, nous les utiliserons pour établir notre première série de branches latérales.

Dans ce cas, les faux rameaux de la base seront taillés à une longueur de 15 centimètres et ceux de la partie supérieure un peu plus courts, et même sur l'empattement s'ils sont trop forts, comme il est démontré en B (fig. 47).

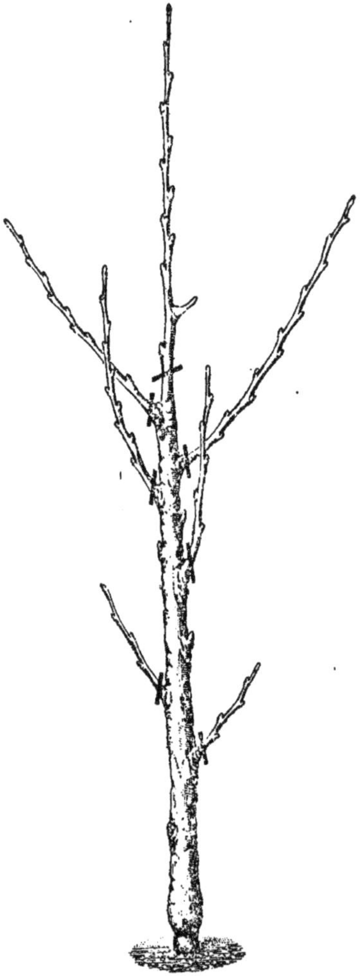

Fig. 50. — Scion ramifié d'un an avec faux rameaux à végétation inégale.

Mais si, parmi ces faux rameaux, il en est qui soient mal placés ou trop faibles par rapport aux autres, ou s'ils ne sont pas en nombre suffisant pour constituer les cinq premières branches latérales, il faudrait les retrancher tous sur leur empattement (fig. 50). On aura alors un arbre complètement ravalé sur lequel il faudra avoir recours aux yeux stipulaires pour choisir les bourgeons nécessaires à l'obtention d'une bonne charpente.

Pour former une pyramide avec un sujet de deux ans, défectueux comme nous le montre la *figure* 48, il y a nécessité de tailler tous les rameaux sur leur empattement comme cela est indiqué même figure. Au moment de la végétation, nous ferons choix des bourgeons qui nous sont nécessaires pour obtenir la première série, ainsi qu'il est prescrit plus haut dans la formation de la pyramide.

Nous voyons qu'avec cet arbre défectueux, il est possible de former une pyramide; malgré cela, il est préférable de choisir de forts scions d'un an, simples ou ramifiés et mieux encore des *pyramides de deux ans* dont la première série est bien constituée (fig. 49); de la sorte, on gagne une année.

Une chose qui a une importance considérable, lorsque l'on a des arbres de deux ans à ravaler pour en former des pyramides, c'est d'opérer ce ravalement dans le courant du mois de février ou au commencement de mars, quelques jours avant le départ de la sève. Nous avons remarqué qu'un arbre ravalé au moment où la sève se met en activité, même étant planté depuis un an, ne donne à la fin de la saison que des branches charpentières mal conformées.

2e *Taille*. — La *figure* 49 nous montre les résultats de la taille de première année; nous voyons sur cette figure qu'à l'aide des pincements pratiqués en B sur les branches latérales avoisinant la flèche, nous sommes parvenus à lui donner une forme assez régulière.

Si notre sujet a une flèche ne dépassant pas 35 à 40 centimètres de longueur, elle est dite faible et ne sera pas taillée; si cette flèche a de 50 à 80 centimètres de longueur, elle est dite moyenne, on peut la tailler.

Elle est forte lorsqu'elle atteint la longueur de

1 mètre à 1 m. 20 et plus; lorsqu'elle atteint cette longueur et qu'elle possède des faux rameaux, elle est dite forte avec faux rameaux.

Sur un arbre de quatre à cinq ans ayant une grande vigueur et possédant une forte flèche avec faux rameaux, on pourra prendre deux séries par la même taille; la première à l'aide des faux rameaux et la seconde à l'aide des yeux latéraux, mais à une condition, et qui est assez rare, c'est que les branches charpentières ou latérales soient d'une conformation en proportion de la flèche; ceci dit, nous allons pratiquer sur notre sujet (fig. 49) la *deuxième taille.*

Le rameau terminal ou flèche ayant poussé d'environ 70 à 80 centimètres, on le taillera à environ 40 centimètres au-dessus de la taille de l'année précédente, et on choisira en A l'œil opposé à l'ancienne coupe pour établir la nouvelle flèche.

L'œil qui se trouve au-dessous de celui devant produire la flèche sera éborgné ou pincé comme il a été dit plus haut, et on choisira au-dessous de ce dernier, en C, cinq yeux bien placés qui nous fourniront les branches latérales de la deuxième série. S'il y a des faux rameaux sur la flèche, on en fera suppression aux stipulaires.

Ces yeux seront pris de manière que l'œil le plus bas de la deuxième série soit dans la mesure du possible en ligne droite avec l'œil le plus bas de la première. De cette manière, l'air et la lumière peuvent circuler librement jusqu'à la naissance des branches charpentières.

Il arrive assez souvent, dans certaines espèces, que l'œil de la flèche sur lequel on taille est un dard, alors on le coupera sur l'empattement en conservant les stipulaires. Les branches latérales D seront taillées beaucoup plus courtes que la flèche; celle-ci ayant été taillée à 40 centimètres au-dessus de la première série, la branche latérale la plus près du sol sera taillée à 20 centimètres, et les autres d'autant plus courtes qu'elles se rapprocheront du sommet.

Pendant le courant de la végétation, on veillera à la régularité du développement de tous les bourgeons, à seule fin que ceux de la base soient toujours plus forts que ceux de la partie supérieure; cependant si certains d'entre eux (ceux de la base) se développaient par trop vigoureusement comparativement à leurs congénères, leur extrémité serait pincée à la longueur de 70 à 75 centimètres. Quant à ceux qui avoisinent la flèche et doivent former la deuxième série, s'ils poussent trop vigoureusement, on pratiquera sur eux un pincement à 25 ou 30 centimètres lorsqu'ils auront atteint de 30 à 40 centimètres de longueur; de la sorte, les branches latérales de la base s'en trouveront favorisées.

Les bourgeons se développant le long des branches latérales seront pincés à 3 ou 4 bonnes feuilles; ceux qui se trouvent sur le dessus de la branche, de même que ceux qui avoisinent le bourgeon terminal seront supprimés sur leur empattement, lorsqu'ils auront 10 à 12 centimètres de longueur. Par cette opération, la sève sera employée au profit du bourgeon terminal de la branche latérale, les gourmands seront évités et les yeux stipulaires nous donneront des organes faibles, tels que dards et brindilles, pour la fin de la saison.

3e *Taille.* — La figure 51 nous représente une pyramide ayant terminé sa troisième végétation. On obtiendra la troisième série de la même manière que la seconde; quant aux branches latérales de la base, on les taillera comme il est prescrit pour la formation de la pyramide.

Dans cette troisième taille, nous aurons à raccourcir les jeunes branches fruitières qui se seront développées sur les branches latérales de la base et qui sont désignées en A (fig. 51).

Comme nous le voyons, sur ces branches, les fruitières ayant subi un pincement à trois feuilles dans le courant de l'année précédente, nous n'aurons qu'à les tailler sur ce pincement à 3 ou 4 yeux, comme il est prescrit en B, même figure.

Les yeux stipulaires qui se sont développés sur l'empattement des bourgeons supprimés qui se trouvaient sur le dessus des branches latérales ou avoisinant le bourgeon terminal, nous forment de petits rameaux, comme nous le voyons en C; ces petits rameaux seront taillés à 2 ou 3 yeux, comme il est indiqué même lettre.

La *quatrième taille*, la cinquième et les tailles suivantes seront faites d'après les mêmes procédés et en y apportant le même soin qu'à celles des années précédentes.

Soins généraux à apporter sur la flèche et sur les branches latérales de la pyramide au moment de la taille et pendant la végétation.

Si un rameau qui doit constituer la flèche se termine par un bouton à fleur, nous n'y ferons rien au moment de la taille. Ce ne sera qu'à l'épanouissement des fleurs, que nous ferons la suppression de ces dernières, et du milieu des feuilles, neuf fois sur dix, il sortira un bourgeon dont nous nous servirons avec avantage pour établir la flèche ou le prolongement de la branche latérale.

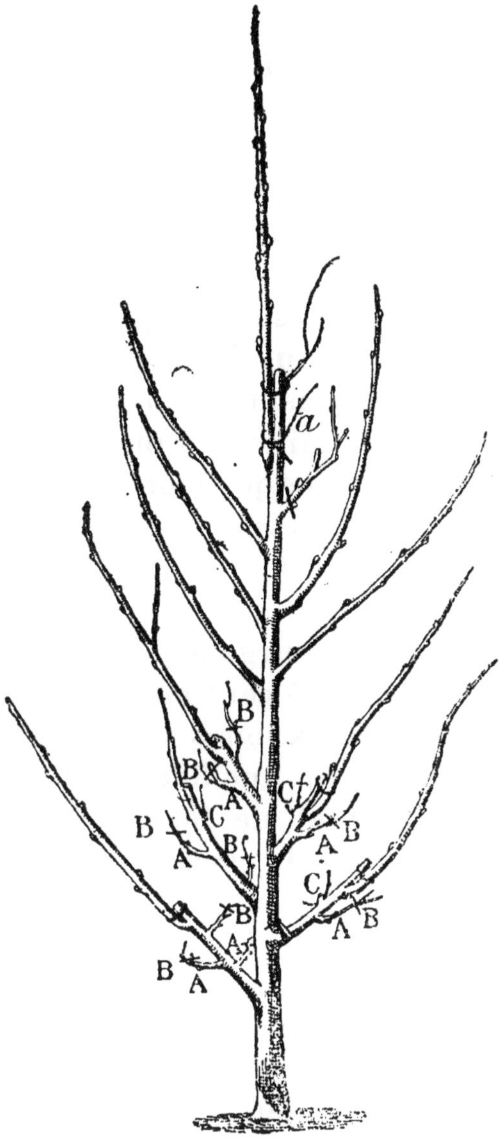

Fig. 51. — Pyramide ayant terminé sa troisième végétation.

Beaucoup de personnes demandent si nous devons oui ou non laisser un onglet au-dessus de l'œil terminal sur lequel l'on taille ; à cela nous répondrons d'une manière générale : oui.

Si nous taillons avant l'hiver, nous laisserons un onglet (on appelle onglet la partie du bois longue de 10 à 12 centimètres comprise entre l'œil et l'aire, l'aire étant la coupe faite par la serpette ou autre instrument tranchant sur l'extrémité du rameau). L'aire de la coupe sera toujours faite en biseau arrondi du côté opposé à l'œil ; de cette façon, la goutte d'eau qui se trouve à l'extrémité de l'onglet en descendant sur le rameau, se trouvera du côté opposé à l'œil ; il en résultera qu'en cas de gelée, lorsque la goutte d'eau devient glaçon, l'œil se trouvera préservé ; mais, d'une manière générale, il est préférable de ne tailler les prolongements des branches charpentières qu'au printemps. L'onglet sert aussi pendant le courant de la végétation à palisser le rameau de la flèche et les prolongements des branches latérales.

Au moment où le bourgeon est encore très herbacé, lorsqu'il a 10 à 15 centimètres de long, on le palisse à l'aide de deux joncs sur cet onglet ; c'est le seul moyen d'avoir une flèche ou un prolongement bien droit et ne formant aucun coude désagréable à l'œil et à la circulation de la sève. On enlève les onglets en août ou à la taille suivante, comme il est indiqué en *a* (fig. 51). S'il s'y développe des bourgeons pendant la végétation, on devra les supprimer à l'exception d'un seul qui sera pincé à 10 centimètres de long dans le but d'éviter le dessèchement de l'onglet.

Si l'on ne veut pas utiliser l'onglet pour y palisser

le rameau de prolongement, il est préférable de le supprimer.

Nous devons aussi tailler l'extrémité de nos branches charpentières d'après la vigueur de nos arbres ou de nos branches latérales.

Sur une branche forte, il faudra tailler en biseau prolongé en faisant descendre la coupe au-dessous de l'œil pour l'affaiblir. Sur une branche moyenne, le bas de la coupe devra correspondre à la naissance de l'œil. Sur une branche faible, on laissera un onglet qui sera enlevé d'après les prescriptions énoncées ci-dessus, ou même elle ne sera pas taillée du tout.

Maintenant que nous venons de donner la manière de faire la coupe, selon la végétation de notre arbre, il nous faut expliquer sur quel œil il faut la faire.

On aura toujours soin de choisir un œil placé en dehors ou en dessous ; si la branche dévie à droite ou à gauche, on fera choix d'un œil du côté opposé, mais il ne faut presque jamais prendre un œil sur le dessus de la branche latérale. Il y a cependant une exception : si cet œil est bien placé et qu'il puisse donner une bonne direction au prolongement, là nous l'utiliserons avantageusement en ayant soin de le palisser dès son jeune âge. S'il n'était pas surveillé à temps, il pousserait avec une forte vigueur en s'élevant verticalement et formerait un coude très désagréable dans la formation de la charpente.

Si nous voulons donner à notre pyramide une forme gracieuse, il est nécessaire, chaque fois que nous établissons une série de branches latérales, que chacune d'elles soit baguettée ; ensuite, à l'aide d'osier et d'arcs-boutants, nous leur donnons l'inclinaison qu'elles doivent conserver définitivement.

Faisons, en passant, ressortir les avantages de la pyramide. Cette forme est gracieuse, ne nécessite aucune charpente pour sa formation et donne beaucoup de fruits. Aux mois d'août et septembre, un carré de pyramides bien espacées forme un ensemble des plus flatteurs, surtout quand elles sont bien formées et chargées de fruits.

D'un autre côté, nous devons aussi signaler les inconvénients qu'elle présente.

Plantée dans un endroit élevé, lorsque les fruits sont déjà gros, au moindre coup de vent ils se détachent de l'arbre, tombent à terre, se meurtrissent ; et il est à remarquer que, dans ce cas, ce sont toujours les plus beaux fruits qui tombent avant l'époque de la maturité.

Dans les endroits exposés aux grands vents, pour éviter ce grave inconvénient, il vaudra mieux ne planter en pyramide que des variétés de fruits d'été et d'automne, et réserver les fruits d'hiver pour le contre-espalier.

La pyramide, atteignant une certaine élévation et tenant une assez grande place, sera réservée tout particulièrement pour les jardins de grande étendue.

De la pyramide ailée

Il est une autre forme de pyramide, sur laquelle nous allons dire quelques mots : c'est la pyramide ailée ; comme nous le voyons (fig. 52), elle a beaucoup de grâce : l'air et la lumière pénètrent facilement dans l'intérieur de l'arbre, les fruits ne sont pas assujettis à tomber comme sur la pyramide ordinaire.

Elle diffère de la pyramide ordinaire en ce sens

que toutes les branches sont disposées symétriquement et sur un plan vertical, les unes au-dessus

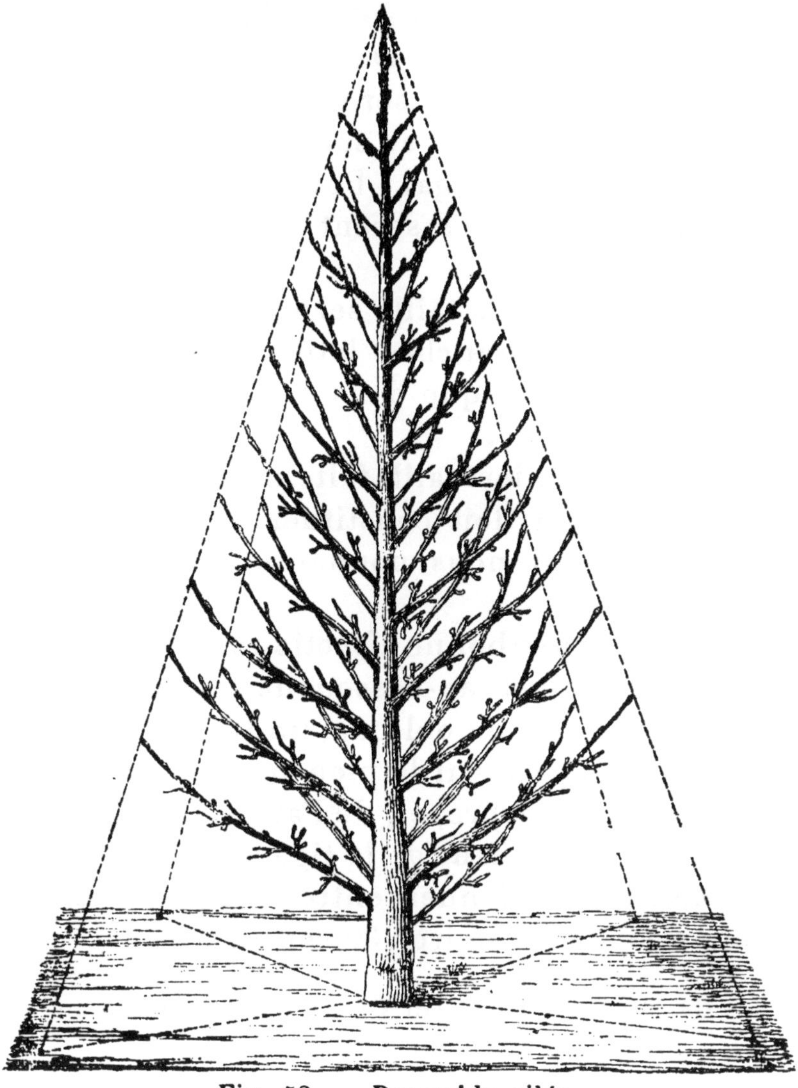

Fig. 52. — Pyramide ailée.

des autres, sur 4, 5 ou 6 rangs, selon le nombre d'ailes qu'aura la pyramide.

Parlons ici de la pyramide à 4 ailes. Pour la dresser, il sera nécessaire de fixer, au pied de l'arbre, un pieu en fer, ayant au moins 4 mètres de hauteurs. On attachera, au sommet de ce pieu, 4 fils de fer n° 16 qui seront fixés au sol à l'aide de pieux très solides en bois ou en fer. De l'extrémité où ils sont attachés, ces fils de fer seront tendus dans une direction oblique et fixés au sol en conservant entre chacun un intervalle égal. Pour une hauteur de 4 mètres, les fils de fer seront fixés dans le sol à 1 m. 33 de la tige.

Les principes de la taille seront les mêmes pour l'obtention des branches latérales et pour les branches fruitières que dans la formation de la pyramide ordinaire.

Aussitôt la première taille faite, nous ferons choix du bourgeon qui doit constituer la flèche, et de 4 bourgeons qui nous donneront les branches latérales.

Pour assurer une bonne direction à ces dernières, nous placerons, juste au-dessous de chacune d'elles et dans une direction oblique, un tuteur qui sera attaché, d'une part, sur le pieu qui sert à maintenir la tige de l'arbre, et, de l'autre, au fil de fer correspondant du haut de la tige au sol.

La distance à donner entre chaque branche superposée sera d'environ 30 centimètres.

De la restauration et des soins à donner aux vieux arbres

Selon la nature du terrain où il est planté et le sujet sur lequel il est greffé, le poirier peut vivre plus ou moins longtemps ; il arrive cependant un moment où il devient improductif, ne donne presque plus de bois et de petits fruits, quoique étant encore assez vigoureux.

Les meilleurs moyens pour lui redonner de la vigueur sont les engrais solides et liquides.

Comme engrais solides, on fait choix de fumiers très décomposés. Pour les employer, on enlève un peu de terre au-dessus des racines sans les découvrir complètement, de 0,05 à 0,10 d'épaisseur au plus ; on met une bonne couche de fumier en évitant de le placer en contact avec les racines et on le recouvre ensuite avec la terre enlevée précédemment.

Un autre procédé excellent pour rétablir un arbre, c'est d'enlever jusque sur les grosses racines, avec beaucoup de précautions, et le plus loin possible de la tige, les terres qui sont usées et de les remplacer par de nouvelles, riches en humus.

Les époques les plus favorables pour faire ce travail sont les mois d'octobre, novembre et décembre. Le fumier étant légèrement recouvert, les pluies et la neige fondue, en s'infiltrant dans le sol, entraînent avec elles et jusque sur les racines de l'arbre les éléments nutritifs contenus dans le fumier.

Les meilleurs engrais liquides sont les purins, additionnés de 15 parties d'eau, les débris de cornes râpées, les fientes de pigeon, etc. On les emploie au début et pendant la végétation, c'est-à-dire de mars à mai.

Voici la manière de les employer : on enlève au pied de l'arbre, sur un diamètre de 1 m. 50 à 2 mètres selon la force du sujet, une épaisseur de 4 à 6 centimètres de terre, laquelle sera placée autour de la tige et en ados sur les bords extérieurs du trou. On verse ensuite l'engrais liquide qui s'infiltre directement dans la terre au profit des jeunes racines.

Si l'arbre est greffé sur franc et qu'il se trouve dans une terre complètement usée, il sera impossible de renouveler le sol entre ses racines pivotantes, les meilleurs engrais ne serviront à rien; il vaudra mieux arracher l'arbre et le remplacer par un autre, mais après avoir changé la terre.

Un des meilleurs moyens pour la restauration des arbres languissants ou âgés, lorsqu'ils sont dans un bon terrain, c'est d'avoir recours soit au rajeunissement, soit au recepage, soit à la greffe en couronne : de la sorte, en très peu de temps on refait une nouvelle charpente, et les arbres, se trouvant rajeunis, donnent du fruit et peuvent vivre encore très longtemps.

De la formation du fuseau

Le *fuseau* convient particulièrement au poirier. Cette forme est employée de préférence pour les jardins de petite étendue : jardins de ville par exemple. Elle est avantageuse pour multiplier les variétés sur un espace retreint, car elle tient peu de place et par conséquent donne peu d'ombrage.

Le fuseau est surtout employé dans les terrains de moyenne qualité où des grandes formes ne pourraient croître à leur aise, faute de nourriture.

On lui réservera de préférence les plates-bandes qui bordent les allées ; il réussit très bien aussi planté par carré, et y offre un coup d'œil splendide.

Dans un bon terrain, on le choisira de préférence greffé sur cognassier. Sur les plates-bandes bordant les allées ou entourant les carrés de légumes, les arbres pour fuseaux seront plantés à une distance de 1 m. 75 à 2 mètres. En culture en carré, les lignes devront être espacées de 2 mètres, les arbres seront plantés en quinconce à 2 mètres sur la ligne.

Pour former un fuseau, on fait choix d'un arbre

soit d'un an de greffe (fig. 53) ou de plusieurs années (fig. 54), autant que possible constitué en faux rameaux et de variété fertile.

Fig. 53.
Scion simple pour fuseau.

Fig. 54.
Sujet ramifié de plusieurs années.

L'arbre ne sera rabattu que la seconde année de plantation ; s'il n'est pas muni de faux rameaux, il sera rabattu à 60 centimètres du sol, comme l'indique notre scion simple en A (fig. 53).

Pour un sujet de deux ou trois ans de greffe, on commence l'établissement de la charpente à environ 30 centimètres du sol, en supprimant les faux rameaux au-dessous de cette hauteur; ceux à environ 30 centimètres seront taillés à 3 ou 4 yeux et ceux au-dessus d'autant plus court qu'ils sont rapprochés du sommet.

On supprime le quart de la partie supérieure de la tige (fig. 54), en taillant sur un œil opposé à la greffe. Les 2 ou 3 yeux qui avoisinent celui qui doit produire la flèche seront éborgnés et les 3 ou 4 de la base devant former les premières branches seront incisés; malgré cela, si certains d'entre eux ne se développaient pas, on aurait recours aux entailles.

A la deuxième taille, si la flèche a poussé de 80 centimètres à 1 mètre, on la coupera à environ 45 ou 50 centimètres de longueur sur un œil opposé à la taille précédente; on procédera de la même façon qu'il a été prescrit plus haut pour faciliter le départ des yeux sur la flèche. On taille ensuite les rameaux de prolongement qui se sont développés dans le courant de l'année précédente.

Du point de naissance des branches charpentières de la base, si l'arbre a 1 mètre de haut, longueur mesurée de l'extrémité de la flèche taillée, à la naissance des premières branches latérales, celles-ci seront taillées à 20 centimètres et celles de la partie supérieure d'autant plus courtes qu'elles se rapprochent de l'extrémité de la flèche.

Si les dernières avoisinant la flèche sont par trop fortes, elles seront supprimées sur les yeux stipulaires.

On procède de la même nanière pour la *troisième taille* et les suivantes jusqu'à l'entière formation du fuseau. D'après la nature du sol, notre fuseau pourra atteindre une hauteur de 3 m. 50 à 5 mètres.

Les soins à lui donner pendant l'été consistent à attacher le bourgeon terminal sur l'onglet que l'on aura laissé à ce sujet, ou bien sur un tuteur qui aura été attaché le long de la tige. Ce travail est important pour avoir une flèche aussi droite que possible.

Les 3 ou 4 bourgeons qui avoisinent la flèche seront pincés à 10 centimètres de long quand ils auront atteint 12 à 15 centimètres. A la suite de ce pincement, la sève étant refoulée vers les yeux de la partie basse, ces derniers auront plus de facilité à se développer.

On peut employer un dard pour obtenir une branche latérale sur le fuseau, tandis que dans la pyramide on emploie la végétation stipulaire.

Les bourgeons qui se développent sur les branches latérales seront pincés d'une manière générale à 3 bonnes feuilles. Pendant la végétation, les bourgeons terminaux des mêmes branches seront pincés à environ 45 centimètres lorsqu'ils auront 50 centimètres de long. Les branches latérales du fuseau étant très rapprochées, à l'aide de ce pincement, les productions fruitières auront une tendance à se mettre à fruit beaucoup plus vite. En principe général, les branches latérales du fuseau seront taillées en raison de l'allongement de la tige, de manière à ne jamais dépasser le cinquième de la hauteur.

Lorsque le fuseau est entièrement formé, il nécessite très peu de taille sur la branche fruitière.

On fera surtout attention de ne pas lui laisser donner trop de fruits, dans la crainte de le voir s'épuiser trop vite. Pour y remédier, on ferait suppression d'une grande partie des fruits lorsqu'ils sont petits ; de cette façon, on provoque la sortie des rameaux à bois, et on arrive à renouveler partiellement les branches de charpente,

La figure 55 nous représente un fuseau de dix à douze ans entièrement formé. Pour empêcher les vents de secouer les arbres et de faire tomber les fruits, on placera sur la ligne des fuseaux, tous les 4 ou 5 mètres, des tuteurs entre les arbres. On fixera sur ces tuteurs, selon la hauteur des arbres, 2 ou 3 rangs de fils de fer, sur lesquels seront attachés les poiriers. Il va sans dire que tous ces fils seront tendus à l'aide de raidisseurs.

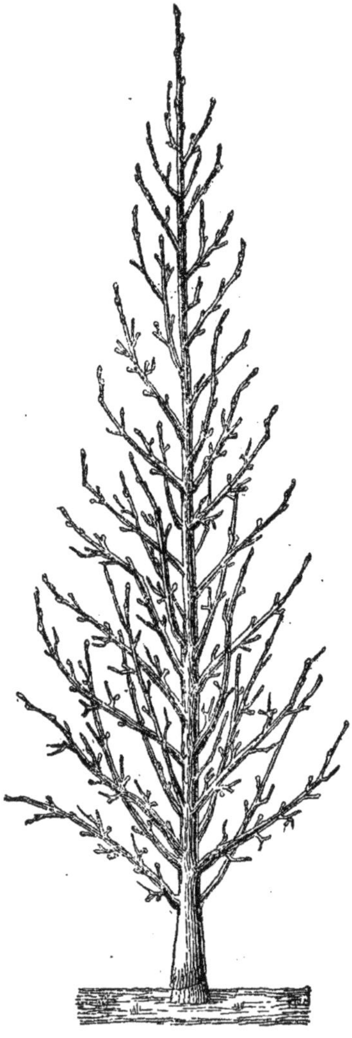

Fig. 55. — Fuseau à son entière formation.

En attachant les poiriers on placera autour de la tige, à l'endroit où doit passer le fil de fer, un morceau de cuir, ou des petits bottillons de paille; de cette manière, la tige de l'arbre ne sera pas écorchée par le fil.

Le fuseau ne demandant que très peu de temps à établir comparativement aux autres formes, et ayant beaucoup plus de branches latérales, la sève se trouve répartie d'une manière plus égale, et la mise à fruit est beaucoup plus prompte. On pourra avoir quelques fruits de bonne heure; malgré cela, il ne faut compter sur des récoltes abondantes que vers la sixième ou septième année.

DES DIVERSES FORMES DU POIRIER CULTIVABLES EN ESPALIER OU EN CONTRE-ESPALIER.

On cultive non seulement le poirier en pyramide et en fuseau, mais aussi, et avec beaucoup de succès, en espalier ou en contre-espalier.

Au long du mur, on cultivera les variétés de poires qui réclament beaucoup de chaleur et dont les fruits n'acquièrent leur qualité qu'autant qu'ils sont abrités. Parmi celles-ci nous citerons : *Doyenné d'hiver*, *Bergamote Crassane*, *Beurré d'Hardenpont*, *Saint-Germain d'hiver*, etc., variétés réclamant absolument le mur.

Le poirier se cultive en espalier où contre-espalier sous des formes bien différentes : en *cordon vertical simple*, en *cordon oblique*, en *U*, en *candélabre à 3 branches et autres*, en *U double*, en *U encadré ou palmette à 4 branches*, en *U double et triple encadrés*, en *U quadruple* et en *U quadruple encadrés*, en *palmette Verrier simple et double*; nous allons parler successivement de ces différentes formes.

Dans la formation des arbres en espalier, le mur nécessite un treillage. Les fils seront supportés à l'aide de fers à T percés de trous, de pitons scellés au mur ou de clous en fer galvanisé dits queue de cochon. Les fils seront tendus horizontalement à l'aide de raidisseurs à 30 centimètres les uns des autres, le premier à 15 ou 20 centimètres du sol; ils serviront à palisser les branches latérales. Sur ces fils de fer on placera dans une direction verticale des tringlettes en laissant entre elles un écartement de 30 centimètres ; elles serviront à maintenir les branches de charpente dans la direction verticale.

De la formation du cordon vertical

Les arbres étant plantés le long du mur d'après les principes donnés pour la plantation, nous allons maintenant étudier la formation du *cordon vertical simple* (fig. 56). Cette forme offre un seul avantage : celui d'avoir dans un espace restreint beaucoup de variétés de poiriers; mais à côté de cela elle procure d'elle-même une série de difficultés qui la condamnent à l'avance.

On plante les sujets à 35 ou 40 centimètres de distance. Au bout de trois ou quatre ans, les racines s'entrelacent et épuisent complètement le sol. Si l'arbre est de bonne vigueur et très poussant, il ne donne aucun fruit, si au contraire il est peu vigoureux, il se couvre de productions fruitières, ne donne que de petits fruits sans aucun sucre, et finit par périr. Il faut, en ce cas, avoir recours au remplacement qu'il est impossible de faire sans détruire les racines des arbres avoisinants, et il en résulte que l'on a un espalier toujours irrégulier et très défectueux. De plus, la plantation exige une grande quantité d'arbres. Si l'on se trouve en présence d'un bon terrain, on fera choix de variétés fertiles greffées sur cognassier, ce dernier sujet ayant moins de vigueur. Par cette combinaison, les arbres se mettront à fruit très vite, et rapporteront pendant quelques années avant d'être complètement épuisés.

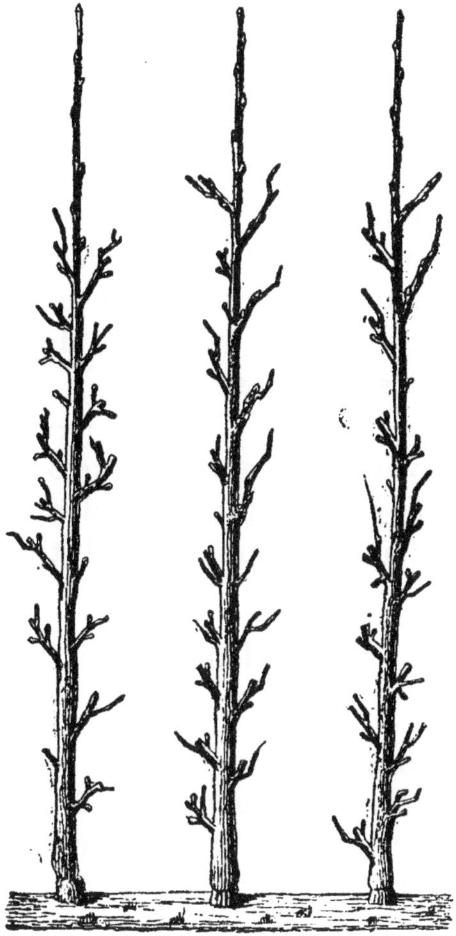

Fig. 56. — Cordons verticaux simples.

A la plantation, on fait choix de scions ramifiés autant que possible, on les taille la deuxième année à 50 centimètres du sol et sur un œil en avant. Les faux rameaux seront taillés à 3 yeux. On pratiquera des incisions ou des entailles sur les yeux qui se développent difficilement.

Pendant le courant de la végétation, le bourgeon terminal sera attaché sur la tringlette; lorsqu'il aura atteint 45 à 50 centimètres de long, on le pincera à 40 centimètres pour faire grossir les yeux de la base : les bourgeons qui sont au-dessous et qui l'avoisinent seront pincés à 10 centimètres ; de cette façon, ceux qui sont au-dessous seront favorisés.

A la deuxième taille, on allongera la flèche de 45 à 50 centimètres, selon sa force, et on opérera de la même manière que l'année précédente pour la formation du cordon. Il en sera de même chaque année jusqu'à son achèvement.

La meilleure hauteur d'un mur destiné à recevoir des cordons verticaux est celle de 3 à 4 mètres ; elle permet d'avoir un plus grand développement de branches fruitières pour l'évolution de la sève.

Du cordon oblique

Dans la plantation d'un mur de *cordons obliques* (fig. 57), les arbres seront distancés de 40 à 45 centimètres ; on les rabat à 50 centimètres du sol. Pour les former, on leur donne les mêmes soins qu'aux cordons verticaux. Dans le courant de la végétation on palissera la flèche presque dans la direction verticale et, à la deuxième taille, on l'attachera définitivement dans une inclinaison de 45 degrés, obliquité qu'elle devra toujours conserver. On continuera de lui donner les mêmes soins jusqu'à la formation complète du sujet.

On peut aussi former des cordons obliques doubles. Pour cette forme, on plante les sujets soit à 80, soit à 90 centimètres, distance nécessaire pour

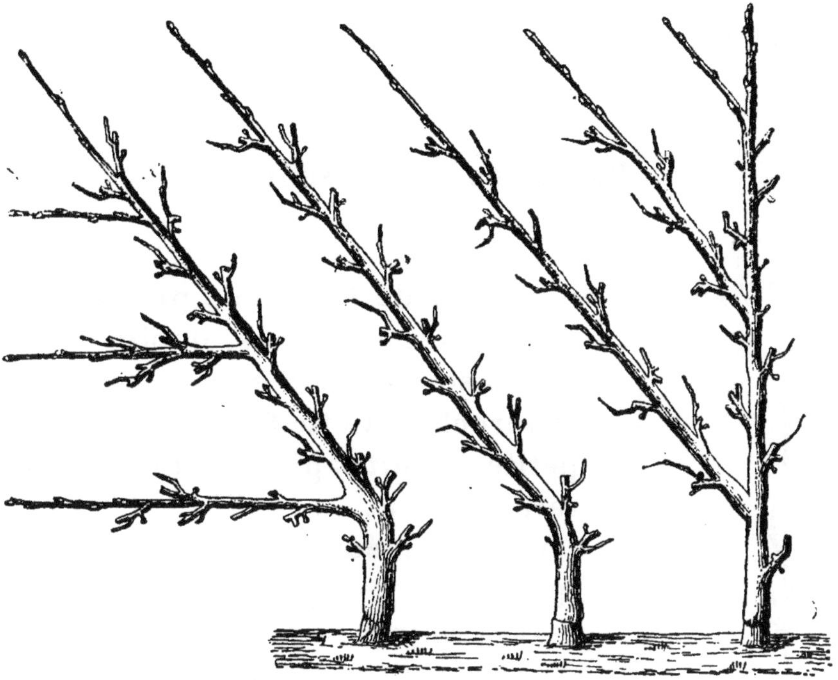

Fig. 57. — Cordons obliques.

les deux cordons; et, la deuxième année, on rabat les arbres à 40 centimètres du sol pour obtenir à 30 centimètres deux bourgeons latéraux qui doivent former les deux branches de charpente ou cordons.

Le cordon oblique ne diffère du cordon vertical, que parce qu'il faut plus de surveillance sur la végétation supérieure, qui prend un grand accroissement aux dépens de l'inférieure : si l'on n'y prend garde, la sève s'emporte vers les branches fruitières du dessus et celles de la partie inférieure périssent à bref délai. Cette forme n'est pas plus recommandable que la précédente. Si le sol dans lequel l'on veut établir ce genre d'espalier est en pente, on dirige l'extrémité des arbres vers le point le plus élevé.

Formation de l'U simple

L'*U simple* (fig. 58) est de beaucoup préférable aux deux formes décrites ci-dessus, quoique les sujets se trouvent encore un peu rapprochés. Cette forme, bien que petite, garnit rapidement une muraille et peut être utilisée dans un terrain de médiocre ou de moyenne qualité.

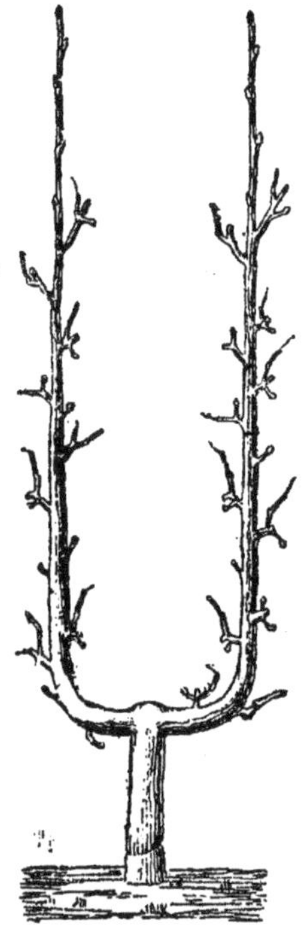

Fig. 58. — Formation de l'U simple.

Les sujets seront plantés à 60 centimètres les uns des autres, et l'année suivante rabattus à 40 centimètres. A la hauteur d'environ 30 centimètres du sol, on fera choix de deux bourgeons alternés s'ils proviennent d'yeux normaux, et opposés s'ils proviennent d'écussons. Ces bourgeons seront d'abord palissés horizontalement sur une baguette et relevés ensuite en forme d'U, dans la direction verticale; l'écartement entre les deux bourgeons sera de 30 centimètres. Pendant le courant de la végétation, on surveillera attentivement le développement des deux bourgeons, d'après les principes prescrits pour l'équilibre de la sève.

A la deuxième taille, les deux prolongements seront taillées à 45 ou 50 centimètres de long, selon leur force, et sur un œil en avant autant que possible ; pendant le courant de la végétation, le traitement sera le même que pour l'année précédente, et il en sera ainsi chaque année jusqu'à la formation complète du sujet.

Comme les deux précédentes, cette forme convient principalement aux murs élevés.

Du candélabre à 3 branches et autres

Cette forme, telle que nous la représente la *figure* 59, a un grand défaut, à cause de la difficulté que l'on éprouve à maintenir l'équilibre entre les trois branches de charpente. On remarque dans cette forme que la branche du milieu, formant axe central, tend toujours à absorber la sève au détriment des deux autres. On pourra s'en rendre maître d'abord à la taille d'hiver, en taillant celle du milieu beaucoup plus courte que les deux autres ; pendant le courant de la végétation, on veillera à l'équilibre de la sève au moyen du pincement.

Malgré tout, cette forme est utile dans certains cas, lorsqu'il s'agit de combler un vide ou pour terminer la plantation d'un mur. Dans un mur de poiriers entièrement soumis à cette forme, les sujets sont plantés sur la ligne à une distance de 90 centimètres les uns des autres ; et l'année suivante, on les rabat à 240 centimètres du sol ;

à 30 centimètres on fait choix de 3 bourgeons dont un à droite, un autre à gauche, et le troisième en avant au-dessus des deux premiers. On dirige le bourgeon du milieu verticalement, les deux autres sont palissés horizontalement, à droite et à gauche, jusqu'à la distance de 30 centimètres de celui du milieu ; arrivée à ce point l'extrémité de chaque bourgeon sera relevée et palissée dans la direction verticale. Nous estimons que les formes candélabres à 4, 6 et 8 branches, très en vogue anciennement, doivent être abandonnées maintenant, la sève ayant toujours une tendance à s'amasser vers les branches avoisinant le tronc au détriment de celles qui forment la charpente extérieure. Elles seront remplacées très avantageusement par l'*U double*, l'*U encadré ou palmette à 4 branches*, les *palmettes Verrier*, les *U double et triple encadrés*, etc.

Fig. 59.
Candélabre à 3 branches.

De l'U double

L'*U double*, comme l'indique la figure 60, est de toutes les formes verticales une des plus gracieuses et des plus agréables à l'œil; elle est facile à faire et arrive à garnir très promptement un mur. Nous la considérons comme une des meilleures. La disposition de ses quatre branches de charpente donne à la sève un plus grand parcours que dans un cordon simple ou dans un U et la mise à fruit est plus prompte.

Pour l'obtenir, il faut planter les sujets à 1 m. 20 les uns des autres. On choisira de préférence un scion simple. On rabattra le sujet à 35 centimètres du sol, sur 2 yeux combinés qui seront pris à 30 centimètres et fourniront 2 bourgeons, l'un à droite, l'autre à gauche.

On laissera développer ces deux bourgeons qui doivent former la charpente de l'arbre, jusqu'à ce qu'ils aient atteint 35 centimètres de long. A ce moment, on les palissera horizontalement sur une baguette placée à cet effet, jusqu'à une distance de 30 centimètres du pied de l'arbre, et on redressera ensuite les extrémités verticalement. On les laisse se développer dans cette position jusqu'à une hauteur de 20 à 25 centimètres. A cette hauteur, on palisse la pointe de chaque bourgeon sur le côté intérieur ou extérieur du rotin formant l'U et placé à cet effet à 15 centimètres au-dessus des branches principales A (fig. 60), mais de façon que sur le coude du bourgeon il se trouve un œil en dessus, au point B, même figure, et on pince ce bourgeon sur un œil en dessous. Par suite de cette opération, une branche de l'U sera fournie par l'œil placé sur le coude du bourgeon palissé et l'autre par l'œil d'extrémité avoisinant le pincement. Si malgré ce travail, seul, l'œil d'extrémité du bourgeon pincé se développe au détriment de celui placé sur le coude, il y aura lieu en ce cas de pratiquer une taille en vert à la longueur de 0,05 à 0,08 sur le bourgeon déjà incliné et sur un œil en dessous ; à la suite de cette opération, les 2 yeux se développeront simultanément et formeront un U bien régulier. On procédera en même temps à un travail analogue sur l'autre côté pour former l'U double. Une fois ce dernier obtenu, on surveillera

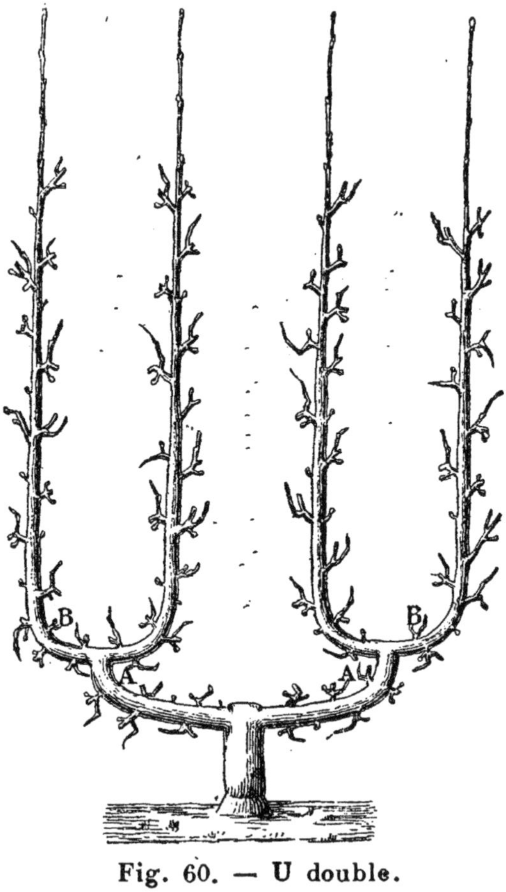

Fig. 60. — U double.

très attentivement la végétation des 4 bourgeons qui sont appelés à former les branches charpentières de l'U double.

Pour la seconde année de taille, si notre U double est bien formé, on taillera les 4 branches charpentières sur un œil en avant, à 20 centimètres au-dessus du point de naissance de l'U dans la direction verticale.

Si, au contraire, on n'a pu obtenir la formation de l'U double la première année, les 2 branches charpentières appelées à le former seront taillées chacune au point où l'on veut l'obtenir, sur 2 yeux de côté qui se développeront en bourgeons et constitueront l'U dans le courant de l'année. Chaque année, les branches charpentières seront allongées de 30 à 40 centimètres et plus, selon la vigueur du sujet.

De la palmette Verrier à 4 branches

Comme l'U double, la *palmette Verrier à 4 branches* représentée par la *figure* 61 est on ne peut plus recommandable pour garnir les murs ou les contre-espaliers de 2 m. 50 à 3 mètres d'élévation. Pour les variétés commerciales et de moyenne vigueur, telles *Doyenné d'hiver* et *Passe-Crassane*, ces deux formes sont en toute assurance les meilleures à employer.

Pour obtenir celle que nous décrivons ici, les arbres seront distancés de 1 m. 20 les uns des autres. On fera choix autant que possible de scions simples ou de palmettes à une série. S'il s'agit d'un scion simple, au printemps qui suivra après une année de plantation, le sujet sera taillé à environ 45 centimètres au-dessus du sol, dans le but d'obtenir à 30 centimètres deux bourgeons bien placés : un à droite et l'autre à gauche, qui fourniront les deux branches extérieures de la palmette ; le troisième bourgeon, devant constituer l'axe central, sera pris autant que possible en avant à 8 ou 10 centimètres au-dessus.

Les deux bourgeons latéraux seront palissés sur une baguette ou rotin, placé en demi-cercle comme il est prescrit plus loin (page 162) pour la palmette Verrier simple (fig. 67), en veillant pendant le cours de la végétation à leur développement régulier ; le

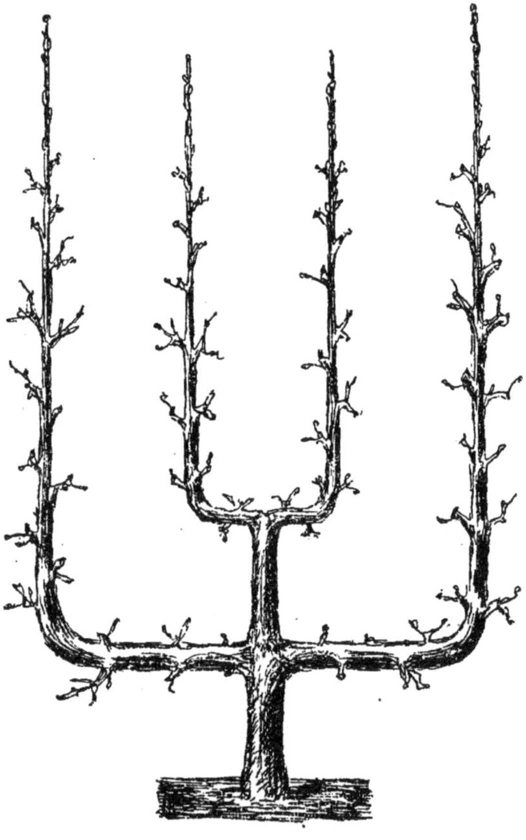

Fig. 61. — De la palmette Verrier à 4 branches.

supérieur, destiné à former l'U plus tard, sera attaché verticalement sur une tringle placée à ce sujet ; s'il pousse trop vigoureusement comparativement aux deux autres, il y aura lieu de le modérer par un pincement herbacé à environ 40 centimètres.

Pour la deuxième taille, si les deux rameaux de la base atteignent la longueur de 70 à 75 centimètres, ils seront taillés à 60 centimètres, et, au départ de la sève (mars-avril), abaissés horizontalement sur la baguette, leur extrémité redressée verticalement sur les baguettes extérieures. Si au contraire ils ne sont développés que d'environ 40 à 45 centimètres ils seront, pour cette seconde végétation, conservés sur le rotin en demi-cercle (1).

Dans un cas comme dans l'autre, l'axe central sera taillé à 40 centimètres au-dessus des premières branches, et l'on s'abstiendra bien de prendre la seconde série ; mais si, dans le cours du printemps, des bourgeons se montrent à hauteur de 30 centimètres, ils seront pincés à la longueur de 15 centimètres ; s'ils font défaut, au mois d'août, l'on se préoccupera de placer sur cet axe et à cette hauteur de 30 centimètres, deux écussons, l'un à droite et l'autre à gauche, comme il est indiqué figure 104 (p. 241), qui pour l'année suivante fourniront l'U ou mieux termineront la palmette.

A la troisième taille, selon le développement acquis pendant l'année précédente, les prolongements des branches extérieures seront allongés de 35 à 50, et au départ de cette végétation l'on obtiendra les bourgeons devant constituer la deuxième série. De cette façon, il n'existera sur l'axe central qu'une seule taille entre le premier et le second étage et la formation de la dite palmette sera terminée.

(1) Nous recommandons, une fois pour toutes, de tenir compte, lors de la taille d'un prolongement de branche charpentière passant de la ligne horizontale à la ligne verticale, de faire cette taille de 10 à 15 centimètres en avant de la courbe à décrire, ou bien à 15 ou 20 centimètres au-dessus de la courbe décrite, soit alors dans la ligne verticale.

L'équilibre des prolongements sera obtenu à l'aide de pincements herbacés sur les plus vigoureux, si toutefois il y a nécessité.

De l'U double encadré

Nous ne venons pas critiquer ici la palmette Verrier simple, qui incontestablement, par la disposition de ses branches à la fois horizontales et verticales, par la répartition de la sève entre toutes ses branches de charpente, est une des meilleures. Son emploi nous donne toute satisfaction tant pour la fructification que pour la garniture des murs et contre-espaliers. Cependant, nous nous permettons d'appeler la bienveillante attention des arboriculteurs et amateurs d'arbres fruitiers sur les quatre formes ou autres pouvant avoir de la similitude avec celles que nous allons décrire ci-dessous.

Si nous plaidons ici la cause de ces nouvelles formes, c'est parce que, contrairement à la palmette Verrier simple, elles ne possèdent pas, une fois terminées, d'axe central. La disposition des branches intérieures, nous donnant une série plus ou moins nombreuse d'U encadrés par les branches extérieures, offre, en même temps que la beauté, l'élégance ; d'autre part, une juste répartition de la sève, qui n'a aucune tendance à être entraînée vers le centre, favorise la fructification.

L'essai de ces formes, tenté au Jardin fruitier du Luxembourg depuis vingt-quatre ans, nous a démontré qu'elles ne sont pas plus longues à établir qu'une palmette, et qu'elles nous donnent d'excellents résultats, au point de vue équilibre et fructification.

Pour la formation de l'*U double encadré* (fig. 62), les sujets seront plantés à 1 m. 80 de distance. Il est indispensable de faire choix d'un beau scion simple ou ramifié, lequel, après une année de plantation, sera taillé à 45 centimètres au-dessus du sol,

Fig. 62. — U double encadré.

pour fournir à 30 centimètres les deux branches d'encadrement, et à 8 ou 10 centimètres, au-dessus, le bourgeon de l'axe central, lequel sera pris en avant, et plus tard servira à établir l'U double intérieur.

Au préalable, cette forme sera dessinée à l'aide

d'un rotin placé en demi-cercle, pour le palissage des branches extérieures, et d'une autre série de rotins placés à 30 centimètres au-dessus, qui serviront à former l'U double.

En tenant compte d'une bonne végétation, les branches d'encadrement A, élevées d'après les prescriptions énumérées pour la palmette Verrier à 4 branches, ne seront abaissées définitivement et leur extrémité redressée verticalement en B, qu'après deux années de formation, c'est-à-dire au printemps qui suivra la troisième taille, lorsqu'elles atteindront la longueur de 1 m. 15 à 1 m. 20.

Egalement pendant le cours de la deuxième végétation, courant d'août, deux écussons placés sur l'axe central C, à 30 centimètres au-dessus de la 1re série, assureront pour le printemps suivant (3e taille) le développement des deux branches qui devront former l'U double, lequel sera établi d'après les indications prescrites à la figure 60 (p. 146).

A seule fin de donner à tous ces *U et U doubles encadrés* un aspect à la fois régulier et gracieux, comme dans la palmette Verrier simple du reste, nous recommandons, pendant le courant de leur formation, de toujours tenir les branches extérieures de 40 à 50 centimètres plus longues que celles de l'intérieur.

De l'U triple encadré

Pour obtenir *l'U triple encadré* (fig. 63), il est nécessaire de faire choix d'une variété assez vigoureuse et d'un fort scion simple ou ramifié. Les sujets seront distancés de 2 m. 40 les uns des autres.

La forme dessinée par les rotins placés à l'avance

et l'arbre taillé à 45 centimètres, il sera fait choix, comme il est dit pour les deux figures précédentes, des trois bourgeons indispensables, le supérieur pour l'axe central, les deux latéraux H pour les branches extérieures dites d'encadrement.

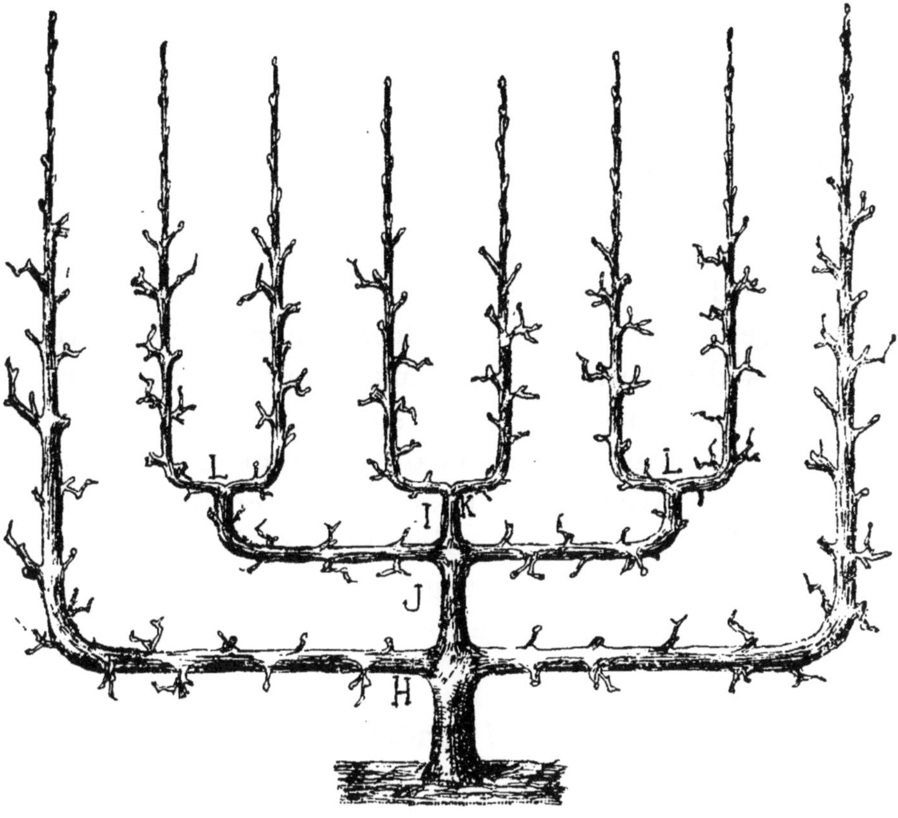

Fig. 63. — U triple encadré.

Ce n'est guère qu'au printemps qui suivra la 3e taille et même la 4e, lorsqu'elles seront longues de 1 m. 45 à 1 m. 50, qu'elles seront abaissées et leurs extrémités redressées d'après les prescriptions déjà énumérées. Après s'être préoccupé également, en J, des deux yeux disposés ou écussonnés pour nous donner la seconde série à 30 centimètres au-dessus de la première, et en I du choix de l'œil avec lequel nous établirons plus tard l'U du centre, l'on surveillera, au départ de la 3e ou 4e végétation, le développement des bourgeons avec lesquels nous établirons les deux U extérieurs de cette forme.

A cet effet, ils seront abaissés progressivement et palissés sur le rotin jusqu'à la longueur de 60 centimètres, leur extrême pointe toujours libre.

Ces bourgeons, à la longueur de 80 à 85 centimètres, seront redressés verticalement et traités simultanément comme il est dit pour la formation de l'U double (fig. 60, p. 146).

Quand, pendant le cours de la végétation, les bourgeons de ces U atteindront environ 40 centimètres de hauteur, on écussonnera ou l'on fera choix, en août-septembre, sur l'axe central K, à 15 centimètres au-dessus de la seconde série de branches (niveau de la base des U extérieurs L), de deux yeux qui, l'année suivante, lors de leur développement et après palissage, nous fourniront le dernier U. De la sorte, cette forme sera ainsi terminée.

De l'U quadruple

Cette forme, très esthétique dans son genre, offre une régularité parfaite dans la répartition de la sève; en outre, l'absence des branches d'encadrement la fait différencier assez des formes précédentes. La conformation de sa base lui fait bien perdre un peu de surface d'espalier; mais l'admirable disposition de ses nombreuses branches verticales, comparativement au développement peu étendu des branches horizontales, récupère amplementla surface perdue, et fait qu'elle nous procure toute satisfaction au point de vue fructification.

Avant de donner les explications concernant l'ap-

Fig. 64. — U quadruple.

plication de l'*U quadruple* (*fig.* 64), nous recommandons de placer les baguettes ou rotins devant le simuler, de même que, pour ne laisser aucun doute dans l'esprit de nos lecteurs, nous croyons utile de les informer que la hauteur entre les branches A, A, prises à 20 centimètres au-dessus du sol, et les branches C, C, résultats de la première bifurcation, doit être de 15 centimètres, de même que l'écartement entre ces dernières et les branches D, D, base des U, est également de 15 centimètres.

Ceci dit, abordons la formation; les arbres, choisis parmi de forts scions simples ou ramifiés et plantés à la distance de 2 m. 40, recevront dans l'année de plantation, en août-septembre, juste à 20 centimètres au-dessus du sol en A, A, deux écussons. Au printemps suivant, la taille, exécutée à 25 centimètres du sol, facilitera le départ des deux bourgeons (mêmes lettres), lesquels, longs de 65 centimètres, seront palissés simultanément et horizontalement sur les rotins. A la longueur de 80 à 85, ils seront redressés verticalement et courbés ensuite à 15 au-dessus pour obtenir, d'après les descriptions déjà données plusieurs fois, la première bifurcation en B.

Ce n'est qu'à la fin de la 2e végétation, et dans certains cas à la fin de la 3e, que les bourgeons C, C se dessineront. Or, donc, ces derniers poussant avec régularité des deux côtés, seront, pendant le cours de la 3e ou 4e végétation, courbés au point D, toujours d'après les prescriptions énumérées pour la formation de l'*U double* (*fig.* 60). Enfin dans le courant de la 5e année, l'établissement des huit branches E, E formant l'U quadruple sera terminé. Dans les années qui succéderont, il n'y aura plus qu'à tailler les prolongements des branches de charpente dans la direction verticale sur une longueur variant de 30 à 40 centimètres. Cette taille sera modifiable d'après la plus ou moins forte croissance de l'arbre.

De l'U quadruple encadré

Cette figure a beaucoup de ressemblance avec l'U double encadré, avec cette petite et seule différence, que les quatre U seront formés par deux

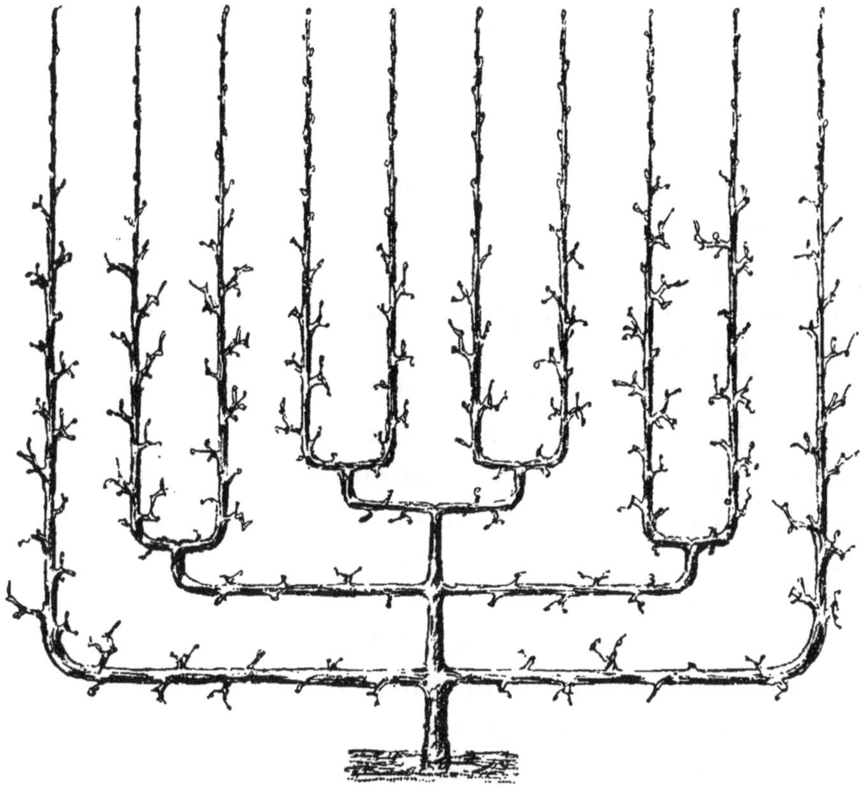

Fig. 65. — U quadruple encadré.

séries de branches horizontales bien opposées (voir « Greffe en écusson sur l'axe central ») et distantes entre elles de 30 centimètres.

Le choix de variétés vigoureuses, telles que : *Louise bonne d'Avranches*, *Doyenné du Comice*, *Beurré Hardy*, *Beurré d'Arenberg*, *Bergamotte Espéren*, etc., est indispensable pour cette forme possédant 10 branches une fois terminée.

Le choix de beaux sujets, forts scions simples ou ramifiés d'un ou de deux ans, s'impose également. Ils seront, lors de la plantation, distancés de 3 mètres les uns des autres. Il est certain que, pour cette forme représentée par la *figure* 65, ou pour toutes autres analogues, un laps de temps plus long sera indispensable à leur établissement.

De la palmette Verrier simple

La *palmette Verrier simple* est une des meilleures formes ; l'aspect de toutes les branches charpentières, ayant au départ une direction horizontale et verticale ensuite, forme un ensemble des plus harmonieux.

Nous remarquons aussi dans cette forme que la muraille se trouve complètement garnie, depuis le bas jusqu'en haut, il n'y a aucun espace de mur de perdu ; nous ne saurions trop la recommander aussi bien pour son équilibre que pour la fructification.

Elle peut se composer de 4, 5, 6, 7 et même 8 étages, selon la nature du sol, l'espace que l'on veut garnir et la hauteur du mur ; la distance entre chaque branche de charpente sera de 30 centimètres.

La figure 66 nous représente une palmette Verrier simple âgée de plus de 55 ans (*Louise bonne d'Avranches*) existant actuellement au jardin du Luxembourg et possédant 9 étages et la flèche (1).

(1) Cet arbre, planté en 1867 par M. Auguste Rivière qui fut jardinier en chef du Luxembourg de 1859 à 1877, forme un immense quadrilatère de 5 mètres 20 de longueur sur 5 mètres de hauteur. La longueur totale de ses 19 branches charpentières est de 96 mètres. Les 2 branches qui forment l'enveloppe extérieure de la palmette mesurent, à elles seules en 1919, quinze mètres de développement. En 1917, il a été récolté sur cet arbre plus de mille fruits, pesant 100 kilogrammes.

La récolte de fruits sur cette palmette en 1894 était d'environ un mille.

1re *année de taille.* — Pour obtenir cette forme,

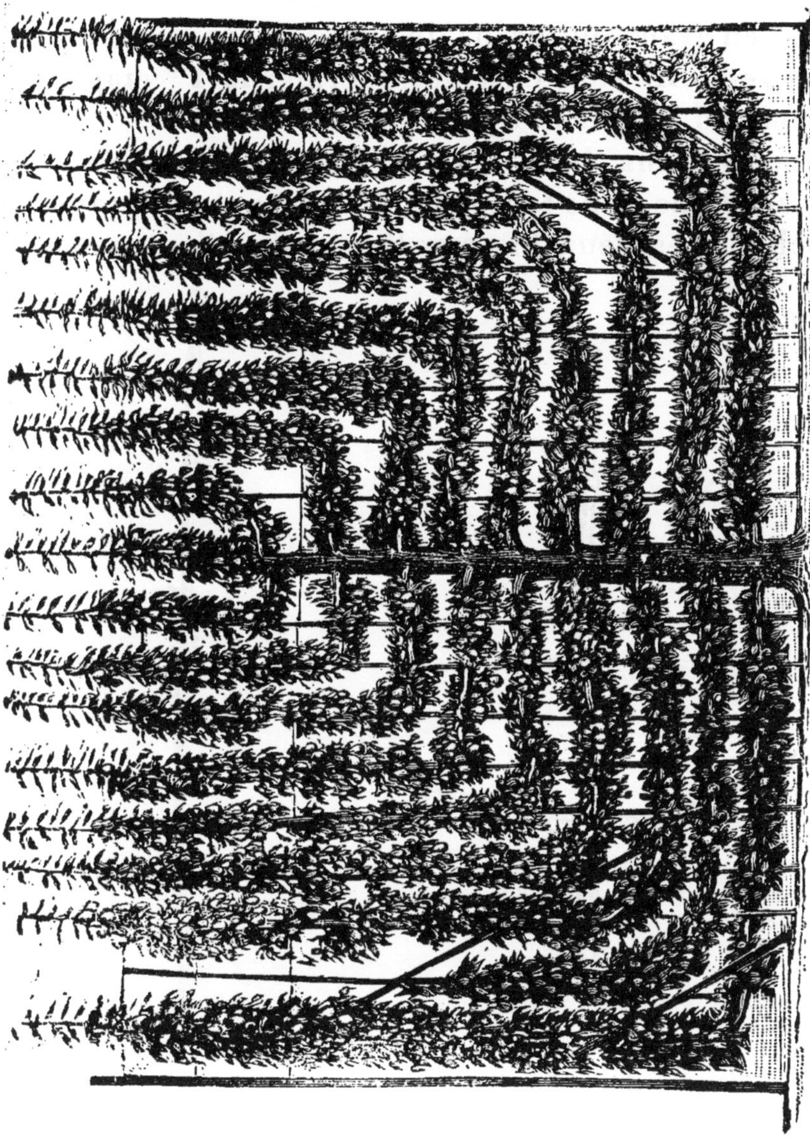

Fig. 66. — Palmette Verrier âgée de plus de 55 ans, existant au Luxembourg en 1920.

on fait choix d'un scion simple d'un an bien constitué (fig. 67).

Ce scion ne sera taillé que l'année qui suit la plantation environ à 40 centimètres en A. — A une distance de 30 centimètres au-dessus du sol, on choisira trois yeux : un à droite, un à gauche et le troisième en avant au-dessus de ces deux derniers. Les deux yeux BB′ sont destinés à former le 1er étage, et l'œil *c* à former la tige de la palmette.

Nous faisons choix de deux baguettes de même grosseur que nous taillons en biseau ; et nous rapprochons ces deux biseaux l'un contre l'autre en

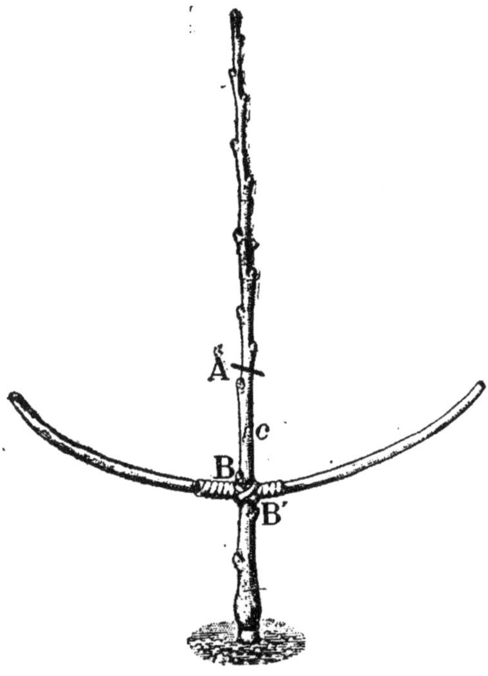

Fig. 67.
Scion simple, choix des yeux pour la formation de la palmette.

Fig. 68. — Baguette pour la formation de la palmette.

les attachant avec un osier fendu, de manière à ne former qu'une seule baguette (fig. 68). Un rotin est bien préférable.

Ceci fait, nous plaçons cette baguette sur une ligne horizontale à un demi-centimètre au-dessous des deux yeux de côté, le point de ligature touchant au tronc de l'arbre, et nous relevons ensuite les extrémités de notre baguette en forme de demi-cercle (fig. 67).

Au développement des trois bourgeons, le supérieur destiné à continuer la tige sera palissé contre le treillage, et les deux autres contre les baguettes. Quand ces deux derniers auront acquis une longueur de 20 à 25 centimètres, s'il s'en trouve un qui pousse plus vigoureusement, il sera palissé très sévèrement, et le plus faible sera laissé en liberté jusqu'à ce qu'il atteigne la même longueur que l'autre.

Cette précaution est nécessaire pour rétablir l'équilibre entre eux. Du reste, pendant tout le courant de la végétation, nous devrons surveiller très attentivement le développement de ces deux bourgeons afin de les avoir de même longueur à la fin de la saison. Si le bourgeon vertical prend un trop grand développement au détriment des deux autres, on le pincera quand il aura atteint la longueur de 40 centimètres.

Pour la régularité de la palmette Verrier, les étages seront établis à la même distance et de la manière suivante : si dans le 1er étage la branche charpentière de droite se trouve la plus basse, il devra en être de même pour toutes les autres séries, à seule fin d'éviter un écartement dans un endroit et un rapprochement dans un autre, ce qui serait très désagréable à la vue. Pour obvier à cet inconvénient, vers la fin de juin ou juillet, si la branche de droite du 1er étage se trouve la plus basse et que, sur le bourgeon terminal à la hauteur de 30 centimètres, point où nous devons établir le second étage, il se trouve que l'œil le plus bas soit celui de gauche, nous ferons subir une torsion au bourgeon pour obtenir, au moment de la taille suivante, le second étage dans la même position que le premier. On renouvellera cette opération chaque fois que le

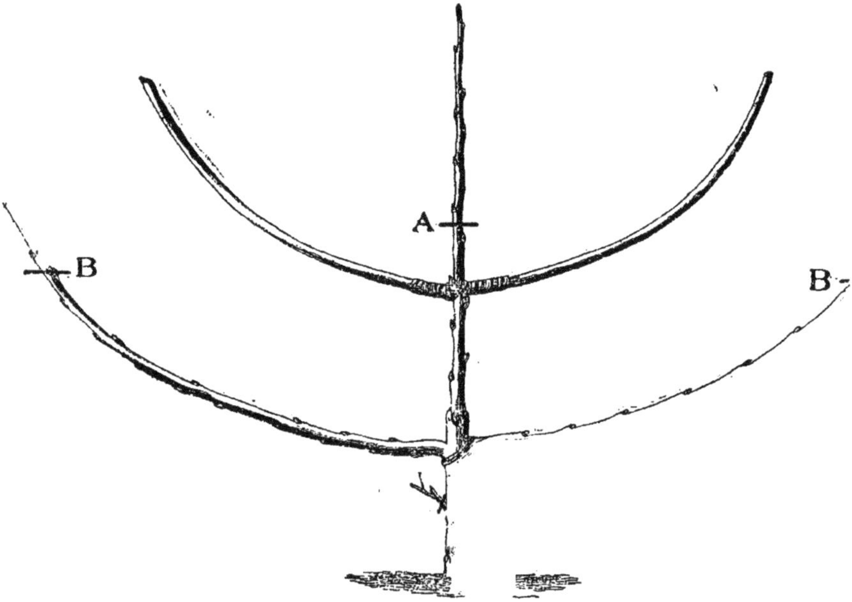

Fig. 69.
Formation de la palmette Verrier à sa 2e année de taille.

besoin s'en fera sentir, c'est un bon moyen d'arriver à former des arbres exemplaires.

Les bourgeons qui se développent sur la tige de l'arbre et au-dessous de ceux qui formeront le 1er étage, seront pincés à l'état herbacé à 3 ou 4 bonnes feuilles au-dessus de la rosette. Ces bourgeons, par la sève qu'ils attirent, favorisent la croissance de l'arbre.

2e *année de taille.* — L'axe central sera taillé en A à 40 centimètres au-dessus du 1er étage (fig. 69), sur 3 yeux choisis, l'un à droite, l'autre à gauche et le troisième au-dessus et en avant; ces 3 yeux serviront à la formation du 2ᵉ étage (1). Une baguette préparée et placée ensuite comme il a été dit plus haut servira à palisser les bourgeons de la 2ᵉ série.

On taillera l'extrémité des deux premières branches de charpente du quart de leur longueur en B (fig. 69) sur un œil de devant ou de dessous, mais jamais sur un œil en dessus ; de la sorte l'on évitera un coude aussi désagréable à la vue que nuisible à l'équilibre des branches de charpente.

Si une branche de charpente se trouvait plus forte que l'autre, elle serait taillée vers la moitié de sa longueur et la faible resterait intacte; si ce moyen ne suffisait pas, on laisserait cette dernière en liberté, en l'éloignant même du mur au besoin, et en dernier terme de rigueur on pratiquerait une entaille à environ un demi-centimètre au-dessus de son empattement, et une incision longitudinale sur toute sa longueur.

Les rameaux laissés sur la tige de l'arbre, entre les branches de charpente de la 1ʳᵉ série et la greffe, seront supprimés sur leur empattement.

Les bourgeons qui doivent former la 2ᵉ série, seront palissés et dirigés d'après les mêmes principes que l'année précédente. Tous les bourgeons qui se sont développés sur les branches de charpente de la base, seront pincés à l'état herbacé et successivement sur 3 ou 4 bonnes feuilles au-dessus de la rosette. Le bourgeon qui avoisine le terminal sera coupé au-dessus de son empattement, pas trop jeune, seulement lorsqu'il aura une longueur de 10 centimètres environ.

(1) S'il s'agit de formation d'une palmette de grande envergure, l'on sera dans l'obligation de rester une ou deux années et plus sans prendre la 2ᵉ série.

Par suite de cette opération, la sève passe au profit du bourgeon terminal, les gourmands se trouvent évités, et l'on voit peu de temps après les yeux stipulaires se développer, et donner naissance à des organes beaucoup moins vigoureux et qui se transforment plus facilement à fruit.

On pratiquera le même travail sur les yeux qui se développent vigoureusement sur le dessus des branches de charpente.

3e *année de taille.* — On opère (fig.70) comme on l'a fait précédemment pour obtenir la 2e série. Les branches de charpente seront taillées en proportion d'autant plus courtes qu'elles sont plus élevées ; elles ne devront jamais dépasser celles de l'étage inférieur.

Les branches fruitières (ou coursonnes) nées sur les branches de charpente de la 1re série, sont taillées à 3 ou 4 yeux, selon la vigueur du sujet. Si nous rencontrons déjà quelques boutons à fruits sur certaines coursonnes qui ont été pincées à l'état herbacé l'année précédente, nous les conserverons très précieusement.

4e *année de taille.* — Nous procédons de la même façon pour l'obtention de la 4e série et pour la taille des branches de charpente. Nous redescendrons ensuite les 3 séries de branches charpentières dans la direction horizontale en redressant leur extrémité dans la direction verticale, comme il est prescrit figure 71.

Nous ne devons pas oublier qu'en élevant les branches en demi-circonférence, elles se développent beaucoup mieux que celles placées horizontalement. En effet, la sève tendant toujours à s'emporter vers le centre, l'équilibre des branches de charpente et de l'axe central de la palmette ne sera obtenu que si toutes les extrémités arrivent à la

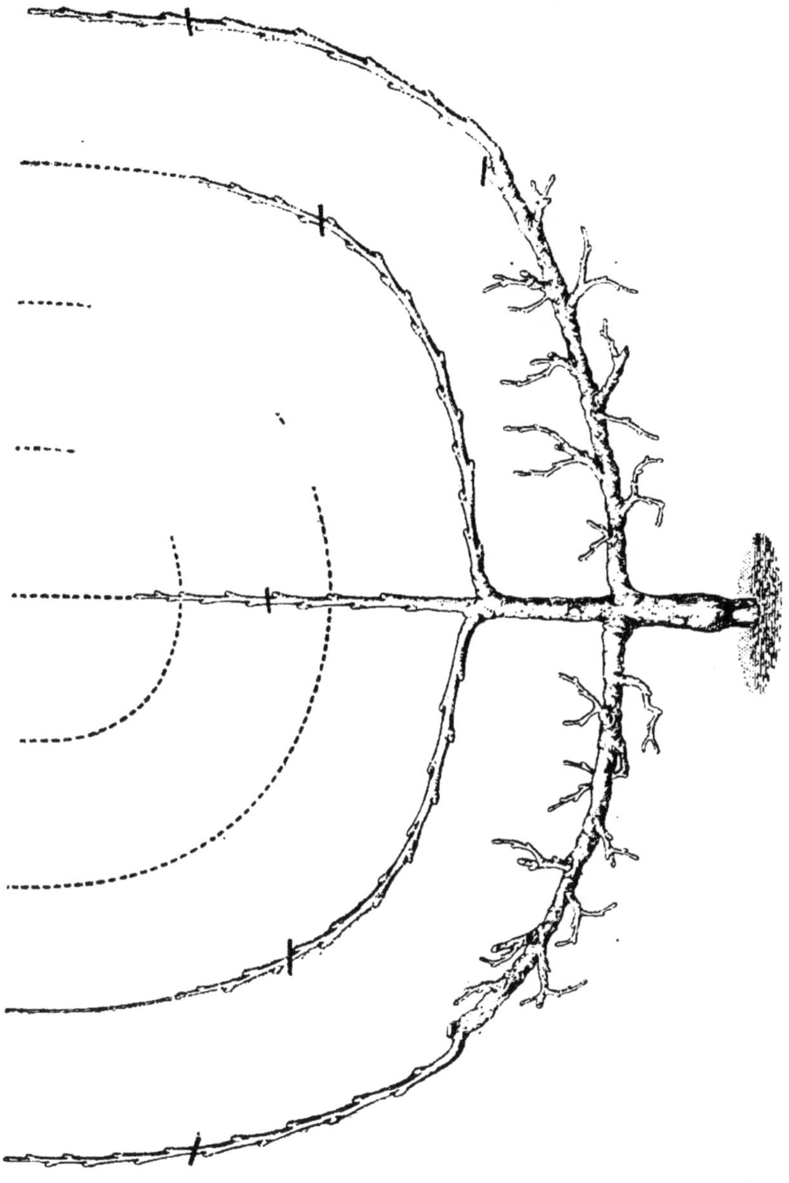

Fig. 70.— Formation de la palmette Verrier à sa 3e année de taille

même hauteur ; ce qui sera très difficile à obtenir dans la formation d'une palmette, si dans la première année on veut lui donner la forme Verrier.

Nous remarquons encore un autre avantage de la palmette Verrier élevée en demi-cercle ; c'est qu'en abaissant les branches dans la direction

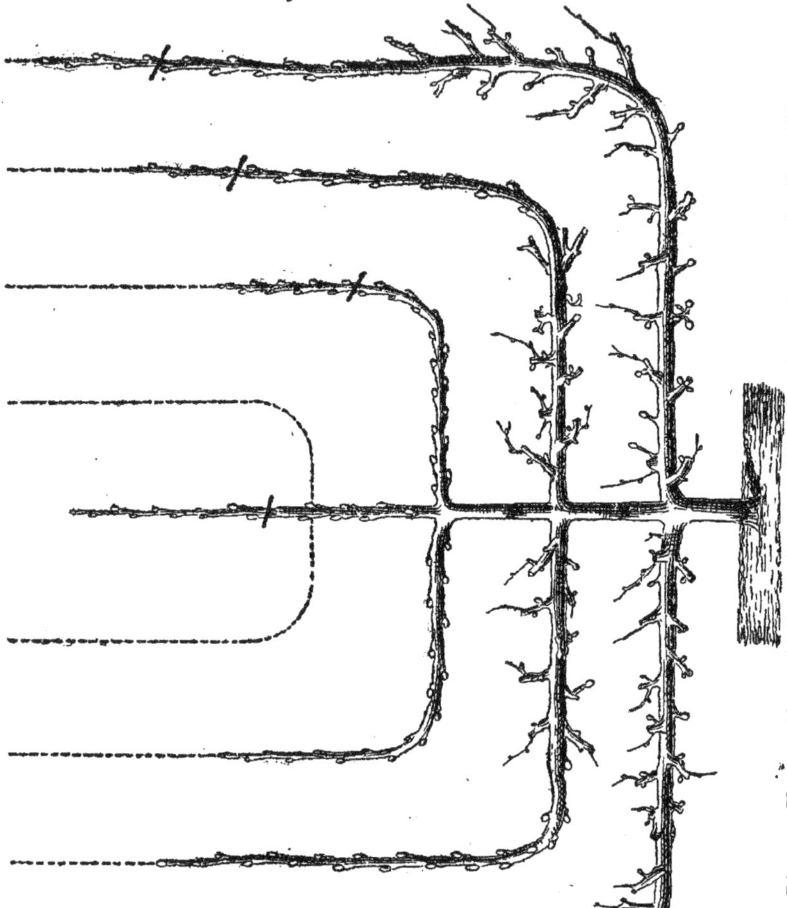

Fig. 71. — Formation de la palmette Verrier à sa 4ᵉ année de taille ; position définitive des branches.

horizontale, on risque beaucoup moins de les éclater que si elles avaient été élevées dans la direction oblique.

La meilleure manière pour obtenir les branches charpentières d'une palmette à la même hauteur, ainsi que les étages à la même distance, c'est de placer, au moyen de la greffe en écusson, deux yeux latéraux bien opposés (V. fig. 104, p. 241), l'été qui précède l'obtention de ces branches charpentières.

Dans un bon terrain, on pourra former des palmettes de 5, 6, 7 étages et même plus. Avec des murs de 3 mètres de hauteur et en présence d'un terrain de moyenne vigueur, il sera préférable d'établir des palmettes de 2 ou 3 séries au plus et sans axe central. Il est à remarquer, en effet, que sur une palmette de petite ou de moyenne forme, si l'on conserve l'axe, il attire toujours à lui la sève, au détriment des autres séries de branches charpentières qui constituent la palmette elle-même.

De la palmette Verrier double

Pour obtenir cette forme, on taille un jeune scion sur deux yeux latéraux à environ 35 centimètres du sol, en A (fig. 72). On place ensuite, comme pour la palmette Verrier simple, à 0,30 du sol, une baguette dont les extrémités sont relevées en demi-cercle, et on palisse dessus les bourgeons qui doivent servir à former la 1re série de branches charpentières.

Ces branches seront dirigées pendant deux ou trois ans sur une baguette ; au bout de ce temps elles seront redescendues dans la direction horizontale et leur extrémité relevée verticalement.

Si à la fin de la seconde végétation, ces branches charpentières sont assez fortes, au départ de la troisième végétation, on fera choix, sur le dessus de chacune d'elles et à une distance de 15 centimètres de l'axe central supprimé, de deux bourgeons qui seront élevés dans une direction verticale, comme il est indiqué en BB′ (fig. 73).

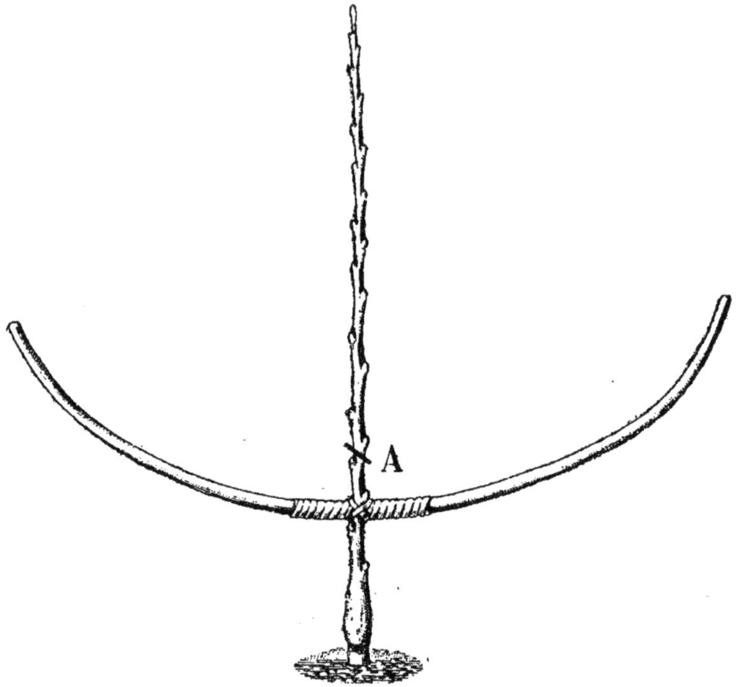

Fig. 72.
Scion simple pour la formation de la palmette Verrier double.

L'année suivante, ces deux branches verticales seront taillées à 35 centimètres au-dessus de la 1re série, sur deux yeux CC : le premier, au-dessus et en avant, sera destiné à continuer la tige, le second, sur le côté au-dessous du premier, servira à établir la seconde série.

Il en sera de même chaque année jusqu'à la formation complète de la palmette, si les branches charpentières sont assez fortes ; dans le cas contraire on devra s'abstenir de prendre une nouvelle série chaque année.

Dans la formation de la palmette Verrier double, il est une seconde manière d'obtenir les étages supérieurs : c'est au moyen de la courbure. Au point où

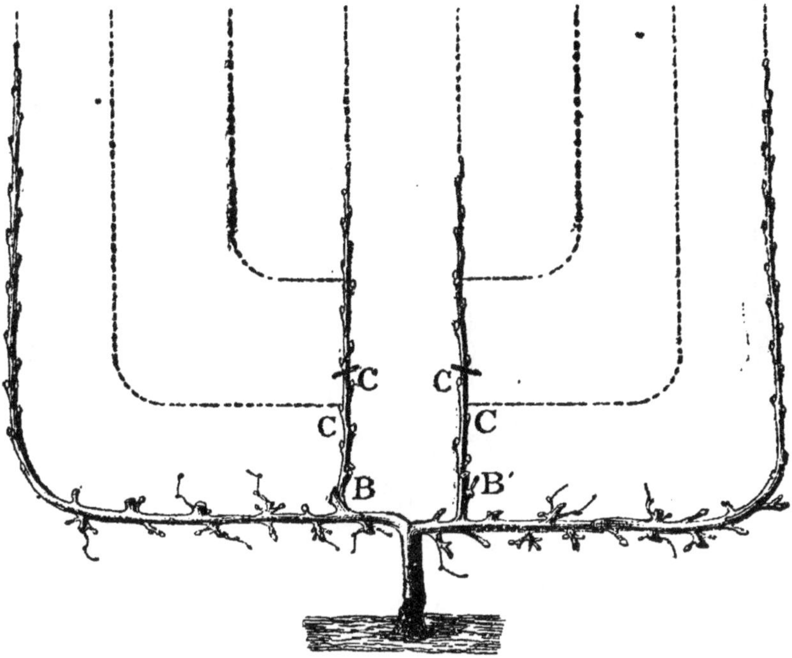

Fig. 73. — Obtention de la seconde série par la taille. 1er procédé.

l'on veut obtenir une autre série, on incline horizontalement le rameau qui a été élevé dans la direction verticale, en relevant son extrémité en demi-cercle (fig. 74), mais en ayant soin qu'il se trouve, au point où on incline le rameau, un œil placé juste sur le coude, en A, même figure. Cet œil est destiné à fournir, pour l'année suivante, le bourgeon vertical qui doit continuer la formation de la charpente.

Si le rameau incliné est faible, son extrémité ne sera pas taillée, dans la crainte de voir l'œil placé sur le coude se développer trop vigoureusement et absorber toute la sève.

Si, au contraire, le rameau incliné est d'une bonne

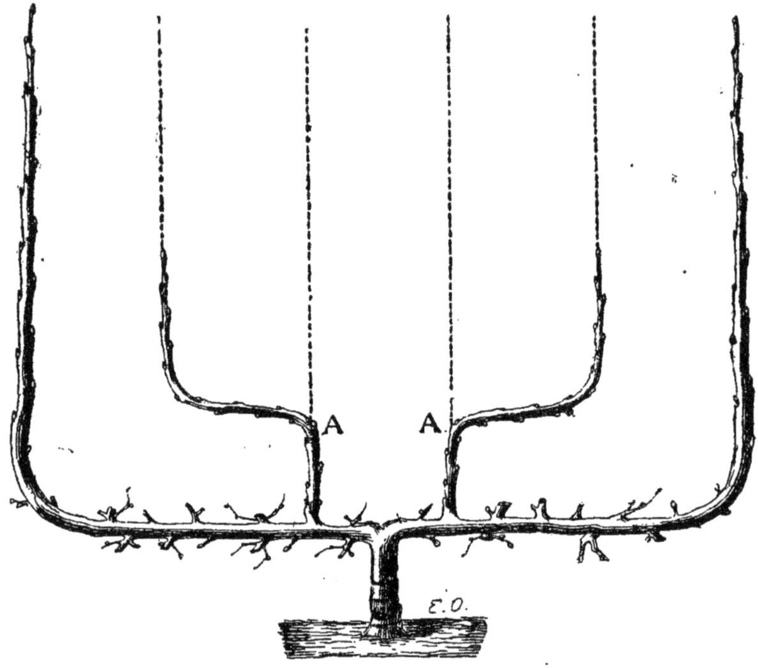

Fig. 74. — Obtention de la seconde série par la courbure. 2e procédé.

constitution, il sera taillé au-dessus des 2/3 de sa longueur et sur un œil en dessous ou de côté, mais jamais sur un œil en dessus.

Formation de la palmette Cossonnet

Cette forme était une des plus utilisées, il y a quarante à quarante-cinq ans.

Elle était employée de préférence lorsqu'il s'agissait de garnir très promptement un mur.

La *figure* 75 nous représente une palmette dont les branches sont palissées horizontalement et gar-

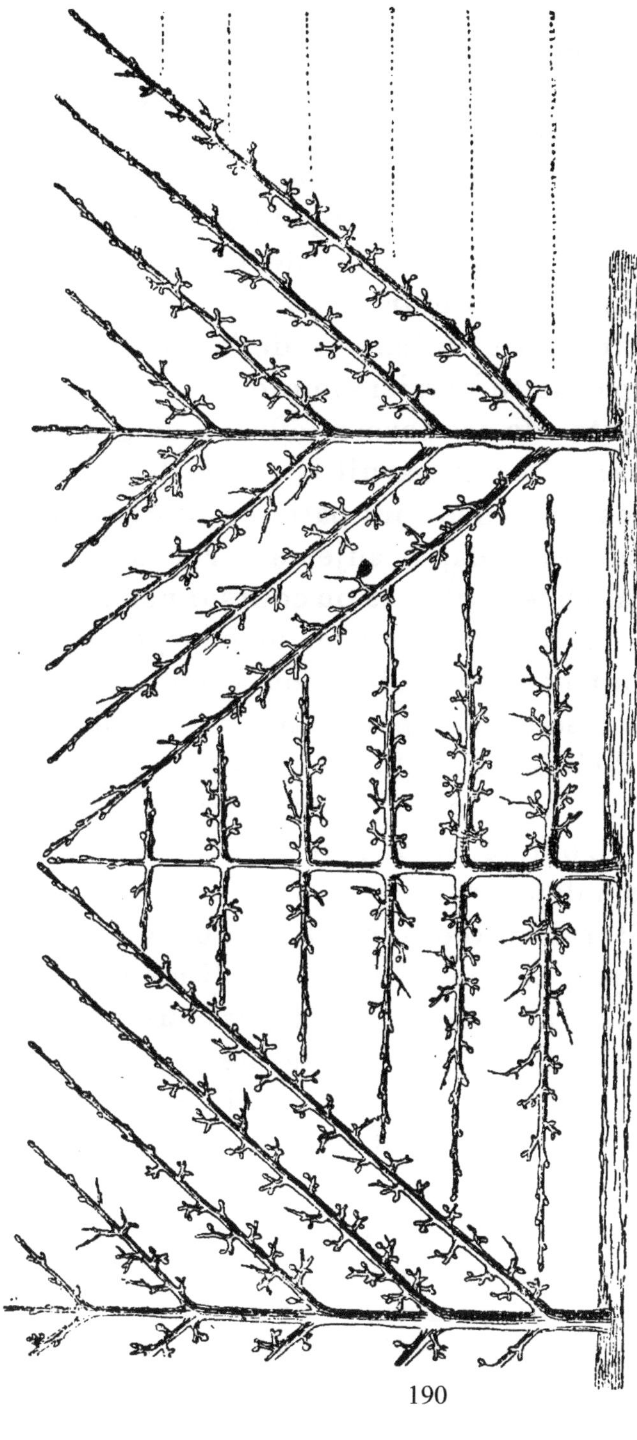

Palmettes Cossonnet

Fig. 75. à branches horizontales

Fig. 76. à branches obliques.

nissent la moitié inférieure du mur ; seul l'axe central de cette palmette arrive à la partie supérieure du mur entre les branches inférieures des deux palmettes formées dans la direction oblique.

La *figure* 76 nous représente une palmette dont les branches sont palissées obliquement sur un angle de 45 degrés ; cette forme est destinée à garnir entièrement le haut du mur.

Ces deux formes s'obtiennent de la même manière que la palmette Verrier simple.

L'une et l'autre de ces formes offrent de graves inconvénients : celle qui garnit la partie basse du mur et dont les branches sont palissées horizontalement est couverte par le sujet se trouvant au-dessus; les branches fruitières ou coursonnes, étant situées sur le dessus des branches de charpente, et par conséquent dans une direction verticale, ont une tendance à se développer à bois et sont beaucoup plus difficiles à transformer à fruit.

Les rameaux terminaux de ces branches de charpente horizontale, étant privés de lumière, ne tarderont pas à dépérir.

Quant à la forme qui couvre le haut du mur, nous remarquons que, par la direction oblique de ses branches, la sève abandonne toutes les coursonnes qui se trouvent sous les branches de charpente, pour affluer dans celles de dessus ; il en résulte que l'arbre ne donne du fruit que vers l'extrémité supérieure de chaque branche seulement.

Comme nous venons de l'expliquer, ces deux formes offrent beaucoup de difficultés pour la végétation, il est donc préférable de ne former que des palmettes Verrier dont l'extrémité est relevée verticalement.

Formation de la palmette sur tige

Cette palmette est très utile lorsqu'il s'agit de garnir la partie supérieure d'un mur élevé dont la base est déjà pourvue d'arbres fruitiers. On peut l'employer aussi très avantageusement à l'ornementation des façades et des pignons de nos habitations rurales. Le coup d'œil en est très agréable et de plus le propriétaire y trouvera son profit par la récolte des fruits.

On établit cette palmette sur des tiges de hauteurs variables.

Ce genre de plantation se fait dans beaucoup de régions, notamment en Seine-et-Marne.

Chaque fois que l'occasion se présentera, nous garnirons ces beaux murs laissés trop souvent improductifs dans nos campagnes, à l'aide d'arbres fruitiers que l'on élèvera en palmettes sur tiges.

Cette forme convient principalement au poirier, au cerisier, mais moins bien à l'abricotier et au prunier.

Aux expositions du sud, de l'est, de l'ouest, du sud-est et du sud-ouest, nous planterons des poiriers ; à celles du nord, nord-est, nord-ouest, des cerisiers.

Comme ces arbres sont appelés à nous fournir une grande charpente, nous devrons planter dans un terrain substantiel, profond, reposant sur un bon sous-sol.

Pour ce genre de plantation, nous ferons choix de poiriers greffés sur franc, sauf dans des conditions excellentes comme qualité de sol; dans ce cas, on adopterait le cognassier.

Les conditions pour avoir une tige solide sont de l'établir non pas sur le franc lui-même, mais avec des variétés intermédiaires vigoureuses, s'accordant parfaitement avec le sujet.

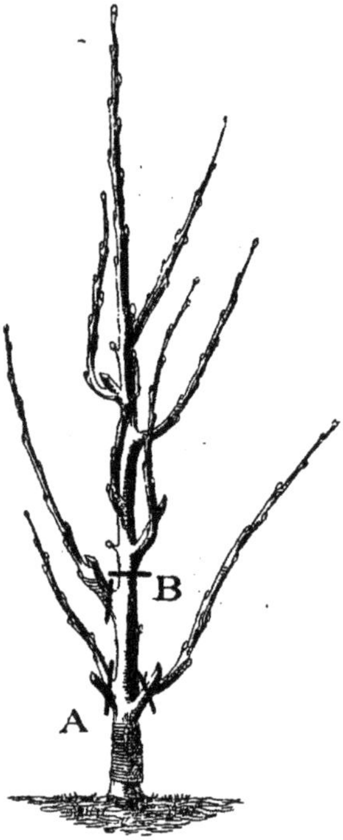

Fig. 77. — Formation de la palmette sur tige, écussonnage du sujet.

Le poirier *Egrin Couturier* est surtout employé dans les pépinières pour ce genre de surgreffage ; on peut également faire choix d'autres variétés à couteau, très vigoureuses et donnant des tiges très droites, telles que *Beurré Hardy*, *Jaminette*, *Bergamotte Sageret;* et sur ces intermédiaires on surgreffe les variétés que l'on veut avoir en tige.

Il est un fait certain que ce surgreffage ne sera nécessaire que si les variétés choisies ne sont pas assez vigoureuses pour nous donner une bonne tige.

Dans ces variétés, nous citerons : le *Saint-Germain d'hiver*, *Beurré Clairgeau*, *Doyenné d'hiver*, *Passe Crassane*, *Bon Chrétien William.*

Pour les variétés : *Louise bonne d'Avranches*, *Doyenné d'Alençon*, *Olivier de Serres*, *Doyenné du Comice*, *Beurré magnifique*, ce surgreffage est inutile.

Dès la première année de plantation du poirier franc, s'il possède une bonne vigueur ou, dans le cas contraire, la seconde année, on greffera le sujet en écusson à œil dormant, à la fin du mois de juillet à environ 10 centimètres au-dessus du sol, en A (fig. 77), à l'aide d'une variété intermédiaire et vigoureuse, ou d'une variété destinée elle-même à former la tige et à établir la palmette.

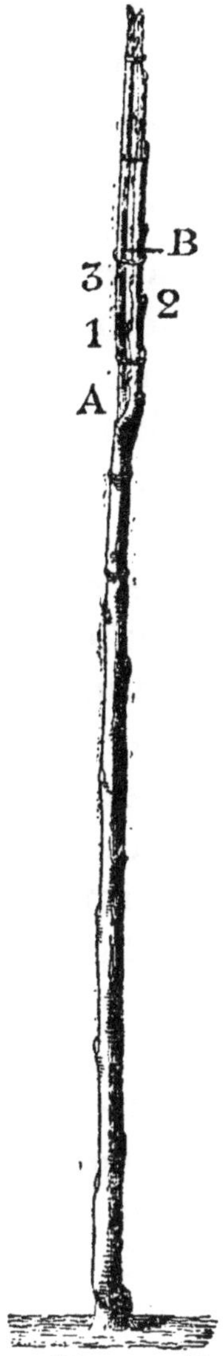

Fig. 78. — Formation de la palmette sur tige, écussonnage du sujet en tête et obtention de la 1re série.

Au mois de mars de l'année suivante, le sujet sera rabattu de 10 à 12 centimètres au-dessus de l'écusson, en B (même figure). Pendant le courant de la végétation, on surveillera le développement du jeune bourgeon greffé, qui sera palissé d'abord sur l'onglet, ensuite sur un tuteur; les bourgeons qui pousseront sur le sujet au-dessous de la greffe et au-dessus seront pincés à une longueur de 10 à 15 centimètres, à seule fin de faciliter le développement de l'écusson et le grossissement de la tige.

Pour arriver à la hauteur de 2 mètres à 2 m. 30, il nous faut compter trois années; pendant ce temps, les bourgeons qui poussent le long de la tige seront pincés comme il a été dit plus haut, et non supprimés sur leur empattement.

L'hiver qui suivra la troisième végétation du sujet greffé, l'arbre sera déplanté et replanté, ce que nous appelons une transplantation; la reprise du sujet sera toujours plus certaine par la suite, lors de sa mise en place au long du mur.

Si l'on veut surgreffer le sujet, on procédera à cette opération vers la fin de juillet qui suivra la transplantation. — L'écusson sera placé à la hauteur voulue et du côté opposé à celui de la base, en A (fig. 78).

L'année suivante et pendant le courant de l'été, on donnera à cet écusson les mêmes soins que ceux qui ont été donnés antérieurement au rameau intermédiaire, de manière à favoriser son développement.

Comme nous le voyons, d'après les explications données ci-dessus, ce n'est que vers la cinquième ou sixième année de plantation de notre sujet greffé sur franc que l'on peut dans la pépinière commencer à établir la palmette sur tige.

A cet effet, pour obtenir la première série, le rameau sera rabattu à 30 centimètres au-dessus du point où il a été surgreffé, sur 3 yeux combinés en B (fig. 78), dont un à droite, l'autre à gauche, aussi opposés que possible, pour constituer la première série de branches de charpente ; le troisième œil, au-dessus des deux premiers et en avant, servira à continuer l'axe central de la palmette.

Si, la seconde année de taille, les branches de la première série sont trop faibles, l'on restera une seconde année sans prendre de série ; de la sorte, les branches de la base seront mieux constituées.

La troisième année de taille, on prendra la seconde série à 30 centimètres au-dessus de la première et ainsi de suite chaque année. En ce qui concerne les soins à donner au sujet pendant le courant de la végétation, ainsi que la manière d'équilibrer la sève, nous nous reporterons aux explications données pour la formation de la palmette Verrier simple (p. 165). Nous recommandons tout particulièrement la forme palmette Verrier simple, elle est d'un aspect très élégant par son équilibre, et très pratique par sa fertilité.

Les meilleures variétés de poiriers à destiner à cette forme sont : *Beurré Diel*, *Doyenné du Comice*, *Duchesse d'Angoulême*, *Doyenné d'Alençon*, *Olivier de Serres*, *Saint-Germain d'hiver*, *Bergamotte Espéren*, *Beurré d'Hardenpont*, *Doyenné d'hiver*. Parmi toutes ces variétés, les deux dernières sont très recommandables pour leur qualité, mais à une condition, c'est que nous leur réserverons les murs à l'exposition du sud et de l'est.

Le *contre-espalier* est de beaucoup préférable à la pyramide pour la culture du poirier. Il prend peu de place, les fruits sont moins secoués par les vents et la charpente de l'arbre est plus facile à établir. Les branches charpentières étant espacées plus régulièrement, les productions fruitières recevant plus d'air et de lumière, se trouvent mieux nourries et produisent des fruits plus beaux et plus savoureux. Il est très facile aussi de préserver ces arbres des gelées printanières ; une simple toile tendue au-dessus du contre-espalier suffit Toutes les variétés qui réussissent bien en pyramides ou en fuseaux sont cultivables en contre-espalier.

Le contre-espalier (fig. 79) nécessite une charpente. On l'établira solidement au moyen de deux poteaux en fer à T qui seront placés à chaque extrémité du contre-espalier. Ces poteaux seront maintenus à l'aide de jambes de force placées en arc-boutant et enterrées dans le sol.

Sur la même ligne, on placera d'autres poteaux en laissant entre eux un intervalle de 4 à 5 mètres selon la longueur du contre-espalier. Ces poteaux seront fixés sur une platine en fer ou en tôle qui sert à les maintenir dans le sol. On ouvre une tranchée de 70 à 80 centimètres de profondeur, on y place les poteaux et on recomble la tranchée en foulant bien la terre surtout dans le fond.

Tous ces poteaux seront percés de trous, dans lesquels on fera passer des fils de fer galvanisés n°16, ces fils seront tendus à l'aide de raidisseurs et espacés de 30 centimètres les uns des autres, le premier à 15 ou 20 centimètres du sol, le dernier à 15 centimètres de l'extrémité du poteau. On place ensuite

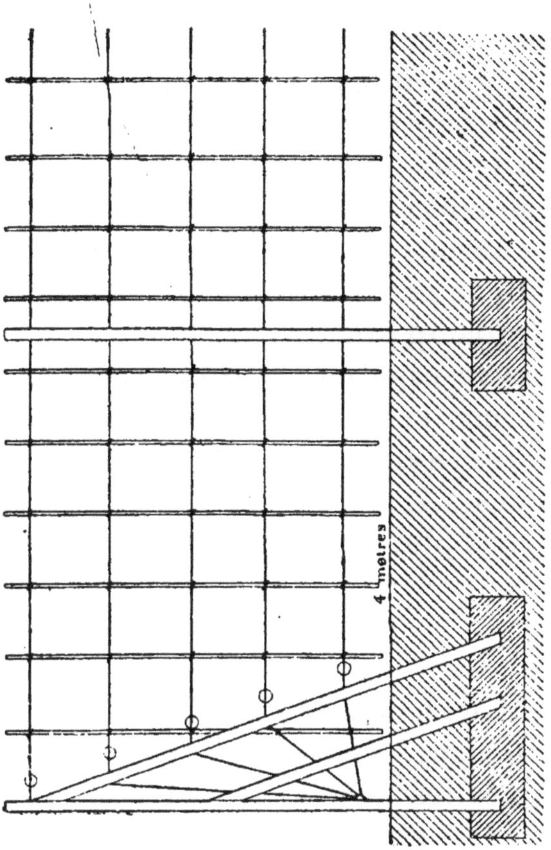

Fig. 79. — Etablissement d'un contre-espalier.

sur le contre-espalier, et dans une direction verticale, des tringlettes en bois qui serviront à palisser les branches charpentières. Ces tringlettes seront distancées de 30 centimètres. Elles devront être en sapin, auront 15 millimètres au carré et seront peintes à deux couches, soit en gris, soit en vert.

L'on peut aussi établir des contre-espaliers en bois, qui coûteront moins cher à installer ; mais ils auront moins d'aspect, offriront moins de solidité, ne dureront pas aussi longtemps et par le fait reviendront plus coûteux, puisque l'on devra recommencer plus souvent.

Nous pouvons donner aux arbres élevés en contre-espalier absolument les mêmes formes que le long d'un mur. Si nous établissons un contre-espalier simple, nous le disposerons de l'est à l'ouest ; il en sera différemment pour un contre-espalier double, nous lui donnerons une direction s'étendant du nord au midi, ce dernier occupant moins de place et offrant beaucoup plus de solidité.

Sur un contre-espalier, nous pouvons donner au poirier les formes suivantes : *U simple*, *U double*, *U double encadré* et autres, *palmettes à 6 ou 8 branches*, etc. Les formes à 4, 6 et 8 branches, étant plus grandes, seront plus avantageuses ; la sève ayant plus de parcours, les arbres seront moins difficiles à mettre à fruit, et il en résultera une économie de sujets.

En formant des cordons simples, les arbres se trouvent tellement rapprochés que les racines se gênent les unes les autres, le sol se trouve plus vite épuisé et les arbres durent beaucoup moins longtemps.

Pour la plantation d'un contre-espalier de cordons verticaux simples en terrain de bonne qualité, on se conformera, pour le choix des sujets, à ce qui a été dit pour la même plantation en espalier.

Sur un contre-espalier double, nous pourrons planter les sujets sur deux lignes parallèles s'étendant du nord au midi ; ou bien au milieu des deux contre-espaliers, comme le prescrit le Frère Henri. On laissera entre les deux contre-espaliers une distance de 60 à 70 centimètres, afin que l'air et la lumière puissent circuler facilement.

Fig. 80. — Contre-espalier double (Frère Henri).

Contre-espalier double (Frère Henri) à 4 cordons

Dans cette plantation, les sujets sont disposés au milieu du contre-espalier et à 60 centimètres de distance les uns des autres. On rabat les sujets à 40 centimètres et on choisit, à 30 centimètres du sol, deux bourgeons que l'on conduit à l'aide de baguettes horizontales jusqu'à la charpente du contre-espalier; à ce point, on relève l'extrémité de chaque bourgeon dans la direction verticale et on leur fait subir une taille en vert pour faire émettre à chacun deux nouveaux bourgeons auxquels on donnera la forme en U avec un écartement de 30 centimètres. Ce mode de plantation (fig. 80), décrit par le Frère Henri, est très pratique, très ingénieusement combiné. Nous remarquons d'abord qu'avec le seul rang d'arbres planté au milieu, la terre sera moins épuisée que par une plantation de deux rangs de cordons verticaux simples ou doubles, et en plus, lorsque les arbres sont complètement établis, nous possédons deux contre-espaliers réunis en un seul et d'une solidité à toute épreuve.

Poiriers en cordons horizontaux

Ces formes conviennent tout particulièrement au pommier ; cependant on peut y soumettre certaines variétés de poiriers, si l'on a le soin de choisir des variétés de faible vigueur, comme *Bon Chrétien William*, *Passe Crassane*, *Joséphine de Malines*, *Beurré Clairgeau*, etc. Il va de soi que toutes les variétés soumises à cette forme seront greffées sur cognassier. On peut élever le poirier sous les formes suivantes: en *cordon horizontal à branches opposées*, en *cordon horizontal unilatéral* et en *cordon horizontal superposé*.

Ces diverses formes peuvent servir avec grand avantage à border les allées qu'elles embellissent au printemps par leurs fleurs, en été et à l'automne par leurs fruits.

On installe d'abord la charpente, à l'aide de montants en fer ou en bois sur lesquels on place deux ou trois rangs de fils de fer, selon le nombre d'étages que l'on veut obtenir.

Le premier cordon devra être placé à 40 centimètres au-dessus du sol ; de cette manière, les fleurs au printemps reçoivent moins d'humidité du sol et sont moins assujetties à être gelées, les fruits ne sont pas aussi exposés à être couverts de terre par la pluie lorsqu'elle tombe avec force ; l'on a aussi plus de facilité pour donner les binages et les ratissages. Le deuxième cordon sera placé à 30 centimètres au-dessus du premier, et si l'on en établit un troisième, il sera élevé de 30 centimètres au-dessus du second.

La distance entre chaque arbre variera de 1 mètre à 3 ou 4 mètres, selon la nature du sol et selon le nombre de cordons que l'on veut établir.

Si l'on ne forme qu'un seul cordon, les sujets seront plantés à 3 ou 4 mètres les uns des autres, selon la nature du sol ; si l'on en veut établir plusieurs, on les distancera seulement de 1 m. 50 à 2 mètres.

Du cordon horizontal à branches opposées

Pour cette forme, comme pour les deux suivantes, on plante à 3 ou 4 mètres de distance, avec des scions simples d'un an de greffe. Pour obtenir les deux branches bien opposées, au printemps qui suit la première année de plantation, on supprime le tiers de la partie supérieure du sujet. Une tringlette de $0{,}015 \times 0{,}015$, enfoncée verticalement dans le sol au pied de l'arbre, sera attachée dans sa partie supérieure au fil de fer qui doit supporter le cordon. Cette tringlette servira à palisser le sujet dont on commencera la courbure à environ 5 centimètres au-dessous du fil de fer pour l'amener très doucement dessus en ayant soin de choisir sur le coude et à sa partie basse, en A (fig. 81), un œil bien placé pour constituer la branche opposée; de même que l'œil terminal du rameau incliné sera toujours choisi en dessous (B, même figure).

En procédant à la courbure du rameau, il faudra

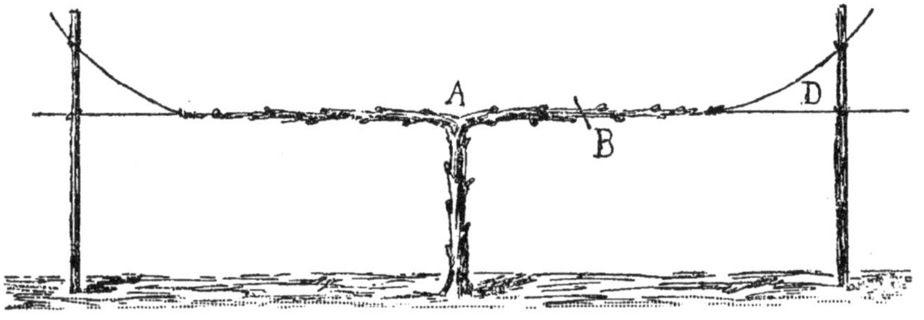

Fig. 81. — Formation du cordon horizontal à branches opposées ou bi-latéral.

agir avec beaucoup de précaution dans la crainte de l'éclater.

Il est préférable de courber le sujet au moment où la sève est en pleine activité, par une belle et chaude journée de printemps. Un meilleur procédé pour établir cette forme, c'est de rabattre le sujet à 10 centimètres au-dessus du fil de fer; puis entre 3 et 5 centimètres au-dessous de celui-ci, de choisir deux yeux latéraux aussi opposés que possible pour constituer la charpente.

Pendant le courant de la végétation, on fera suppression sur empattement des bourgeons qui se développent sur la tige entre la greffe et le fil de fer à l'exception de 2 ou 3 que l'on pincera à la longueur de 10 à 12 centimètres. Il en sera de même de ceux qui poussent verticalement sur le dessus du rameau incliné, exception faite pour les productions fruitières naturellement ; ceux qui naissent de chaque côté du rameau seront pincés à 3 bonnes feuilles.

Par ce travail, la sève refoulée des bourgeons latéraux se porte vers les deux terminaux et active leur végétation. A la longueur de 15 à 20 centimètres, on les palisse sur deux baguettes placées en demi-cercle, dont la base est attachée au fil de fer et l'extrémité D sur un tuteur enfoncé verticalement dans le sol (fig. 81).

Ces deux bourgeons devant former les deux branches opposées seront palissés dans une direction plus ou moins verticale, ou tout au moins inclinée en raison de leur développement.

Chaque année ils seront palissés horizontalement et leur extrémité sera redressée verticalement pour faciliter l'ascension de la sève. Il est un troisième moyen d'établir le cordon horizontal à branches opposées, c'est à l'aide de deux yeux (écussons) placés en août de l'année précédente à 40 centimètres, hauteur du fil de fer au-dessus du sol.

Cordon horizontal unilatéral

La figure 82 nous représente une série de *cordons horizontaux, unilatéraux* ou à une seule branche. La distance entre chaque sujet sera la même que pour la forme précédente.

Cette dernière forme est de beaucoup préférable à établir, attendu que, le cordon se trouvant d'un seul côté, il n'y a pas lieu de faire bifurquer la tige pour obtenir une branche de charpente opposée ; par conséquent, l'équilibre du sujet sera toujours régulier avec cette forme. Quand les arbres se rejoignent, on peut les greffer par approche, les uns sur les autres, au point A (fig. 82).

Il y a souvent un grave inconvénient provenant de cette greffe ; si les arbres sont plantés dans un bon terrain, cette greffe les oblige à conserver dans toute la longueur la position horizontale ; la sève, ne trouvant plus sa libre circulation vers l'extrémité de chaque sujet, se trouve refoulée avec abondance sur les branches fruitières, les force à se développer en gourmands et la fructification de l'arbre se trouve gravement compromise ; il est de beaucoup préférable de palisser leur extrémité sur un fil de fer qui sera tendu horizontalement à 30 centimètres au-dessus du premier.

Du cordon horizontal superposé

Si l'on veut établir un *cordon horizontal superposé*, comme nous l'indique la figure 83, on plantera les sujets à 1 m. 50 pour deux cordons, et à 1 mètre pour 3 cordons, afin que les arbres aient toujours la même distance à parcourir.

On taille l'extrémité du sujet comme il a été dit précédemment, ensuite on l'incline sur le fil de fer en conservant au point de courbure un œil en dessus, qui formera la tige de prolongement en A, même figure. On veillera bien à l'équilibre de ces deux bourgeons pendant la végétation, on modérera la pousse du bourgeon placé sur le dessus en l'inclinant pendant un certain laps de temps au besoin, et on facilitera l'inférieur en redressant son extrémité verticalement.

On ne courbera le rameau devant établir le deuxième cordon que lorsque celui de la base aura atteint une longueur d'au moins 70 centimètres. Si

Fig. 82. — Série de cordons horizontaux unilatéraux.

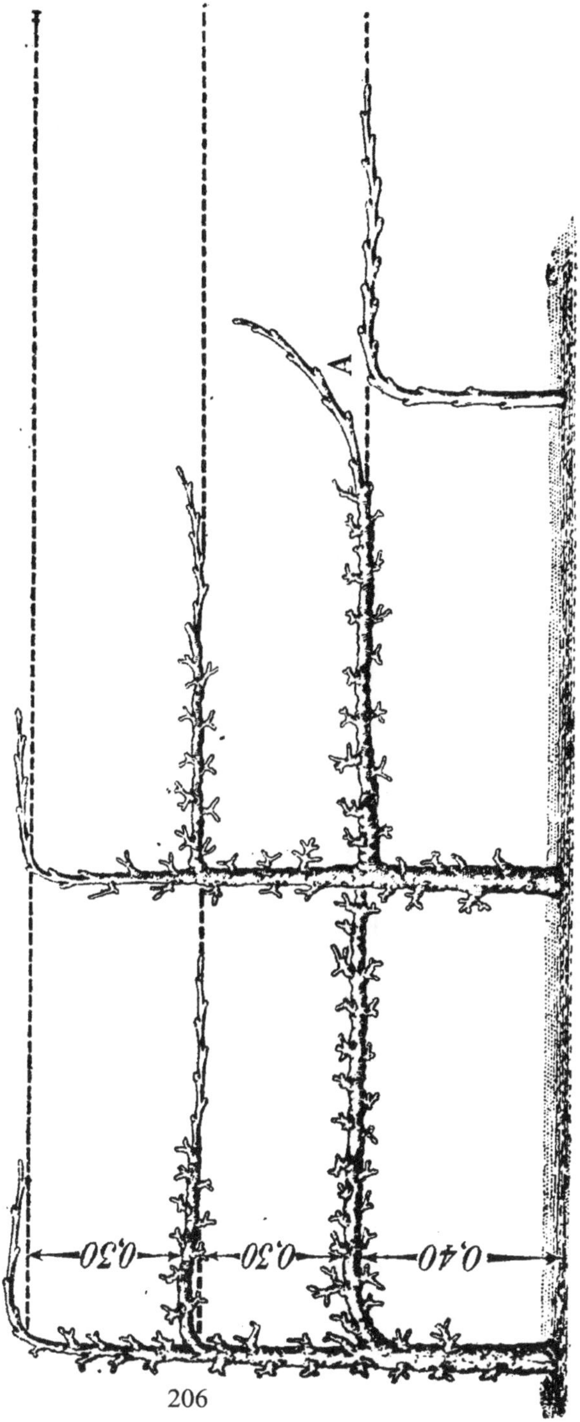

Fig. 83. — Série de cordons horizontaux superposés.

l'on veut établir un troisième cordon, on donnera au second les mêmes soins qu'au premier.

Il est plus avantageux de ne tailler que peu les prolongements, on aura toujours beaucoup plus de fruits ; cependant il existe des variétés dont les yeux se développent difficilement à la base du rameau, et qu'il est préférable de tailler, sans quoi on serait exposé à voir une partie de charpente complètement nue, ce qui serait très désagréable à l'œil et nuisible à la fructification.

Nous ne saurions trop recommander pour le cordon horizontal d'avoir le soin de relever l'extrémité herbacée du bourgeon et de le palisser sur un petit tuteur. En laissant les cordons placés horizontalement dans toute leur longueur, la sève, ne se trouvant pas attirée vers l'extrémité, se porte sur les branches fruitières qui se transforment en tête de saule, et la fructification se trouve gravement compromise.

Sur un sol en pente, on dirigera l'extrémité des cordons vers la partie élevée pour faciliter la montée de la sève ; sauf cette condition, on les tournera vers le midi ou le levant.

Du poirier en vase

Le *vase*, considéré comme une forme de fantaisie, ne se rencontre guère que dans les jardins d'amateurs où il tend à devenir de plus en plus rare. Le reproche qui lui est fait d'exiger trop de place à mesure qu'il se développe est, à notre avis, peu fondé.

En effet, le vase à 6 branches n'est qu'un genre de candélabre à 3 branches, ou mieux un U triple, dont les 6 branches sont régulièrement distancées à 30 centimètres les unes des autres, sur le pourtour d'une circonférence fournie par un diamètre de 60 centimètres. Cette forme, dans son apparence plutôt restreinte, nous procure le même développement qu'une palmette à trois séries de branches qui occupe 1 m. 80.

Une série de vases de cette dimension plantés et distancés de 1 m. 75 à 2 mètres au plus, sur les plates-bandes qui entourent le jardin potager, seront d'un aspect régulier en même temps que très agréable. S'ils sont plantés, alternés avec des fuseaux, la diversité n'en sera que plus sensible et attrayante; dans ce cas, les sujets seront plantés à 2 mètres de distance.

A vrai dire, les vases à 6 ou 8 branches occupent bien moins de place qu'une pyramide; leur installation, se composant de quelques pieux et tringlettes en bois et de deux cercles en bois ou gros fil de fer galvanisé, est peu coûteuse et offre toute garantie de solidité. L'air et la lumière pénètrent très facilement dans l'intérieur des arbres, les fruits en profitent à leur grand avantage et sont, de plus, fort bien abrités des vents. Aussi ne recommanderons-nous jamais assez les formes vases, celles à 6 et à 8 branches, ces dernières surtout, aussi bien pour leur beauté que pour la répartition de la sève qui assure la fructification.

Formation du vase à 6 branches

Pour n'importe quel vase, on fera choix de poiriers scions d'un an ou de deux ans de greffe au plus. Le vase à 6 branches, dont nous allons donner la description, est le plus simple à obtenir; il convient principalement aux jardins de petite étendue ; il n'a qu'un diamètre de 60 centimètres.

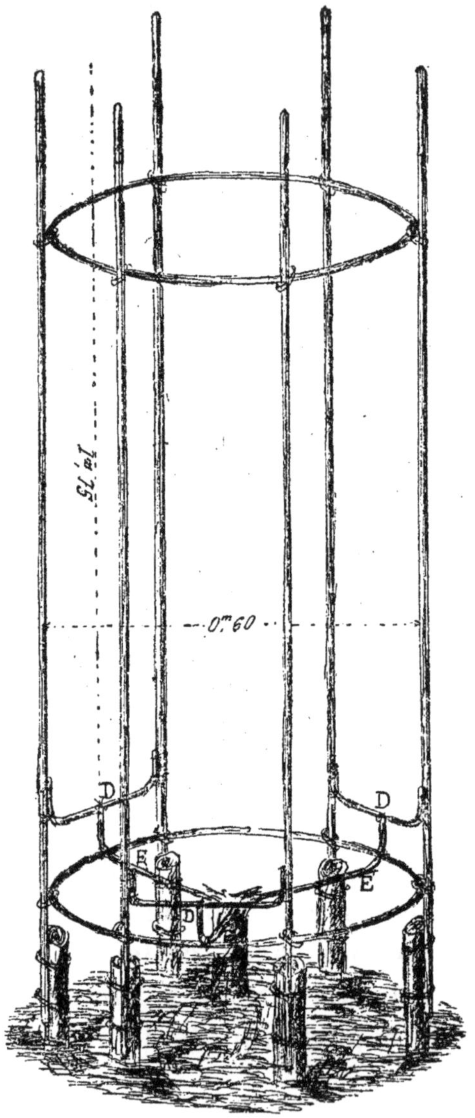

Fig. 84. — Etablissement de la charpente du vase à 6 branches.

Pour sa régularité et sa solidité, on établit une charpente qui se compose de deux cercles en bois ou en fer rond étamé ou galvanisé, de 6 millimètres d'épaisseur et de 60 centimètres de diamètre. Le premier cercle sera attaché à 30 centimètres du sol, et le second à 1 m.30 au-dessus du premier sur 6 tringles en bois, lesquelles seront fixées au ras du sol sur 6 pieux, répartis à égale distance sur la circonférence et enfoncés en terre d'au moins 60 centimètres (fig. 84).

Selon la nature du terrain et la vigueur des sujets

plantés, les tringles dépasseront de 50 à 60 centimètres le cercle de la partie supérieure.

L'on dispose et attache ensuite à 15 centimètres au-dessus du cercle de la base, sur les tringlettes placées verticalement et destinées à palisser plus tard les branches de charpentes, en D (fig. 84), trois rotins en forme d'U. En outre, et pour terminer ce dessin, en E même figure, trois autres rotins, dont la base de chacun sera fixée sur le pied de l'arbre, seront placés horizontalement et attachés sur le bord intérieur du cercle, l'extrémité relevée verticalement, et fixée à l'aide d'une encoche sur le dehors du rotin horizontal en son milieu D.

Ils serviront à palisser les 3 bourgeons qui doivent, par leur bifurcation en D, former les 6 branches charpentières du vase.

Le sujet planté, l'année qui suit la plantation, il sera rabattu à 40 centimètres de hauteur. Au départ de la végétation, on fera choix, à environ 30 centimètres du sol, de 3 bourgeons qui seront palissés simultanément d'une manière très lâche sur les rotins conducteurs.

Lorsque ces bourgeons auront atteint 35 centimètres de long, on les inclinera définitivement sur les baguettes, en redressant leur extrémité dans la direction verticale et sur la partie extérieure du rotin ; lorsqu'ils dépasseront d'environ 15 centimètres les rotins indiqués en D, ils seront courbés sur ces derniers, afin d'obtenir les bifurcations prescrites pour la formation de l'U double (fig. 60). On veillera ensuite au développement des 6 bourgeons, qui doit se faire régulièrement, sinon, on y remédiera au moyen d'un pincement sur les plus forts sans toucher aux faibles. 210

Les U ainsi formés, au printemps suivant, les 6 branches qui les constituent seront taillées dans la direction verticale à 25 ou 30 centimètres, longueur prise de leur point de bifurcation. Si, par hasard, une d'entre elles se trouve moins longue, elle ne sera pas taillée et les autres seront rabattues à la même hauteur.

Chaque année, sauf en cas d'accident, les branches seront allongées de 35 à 40 centimètres, mais en ayant soin de pratiquer sur le prolongement de chacune d'elles, dans la dernière quinzaine de juin, un pincement herbacé à environ 40 centimètres de longueur. Cette opération a pour but de refouler la sève vers la partie basse du prolongement, de fortifier les yeux latéraux inférieurs et de faciliter leur développement pour l'année suivante.

On pourra sans inconvénient laisser les branches de charpente dépasser le cercle supérieur de 50 à 60 centimètres et plus, ce qui donnera à chacune d'elles une longueur de 2 m. 20, longueur prise du départ du pied de l'arbre, et 1 m. 75 seulement, longueur prise du point de formation de l'U.

La *figure* 85 nous représente un vase à 6 branches entièrement formé après la 5e année de taille.

Si, au bout d'une douzaine d'années de formation, les branches de charpente deviennent par trop fortes et que par leur accroissement les branches à fruits nées sur elles marquent une tendance à devenir trop vigoureuses, cela au détriment de la fructification, on procédera simultanément, au printemps, à la suppression des extrémités des 6 branches charpentières, par un rapprochement qui sera exécuté à hauteur du dernier cercle et même à 10 centimètres au-dessous. Il sera fait suppression, également sur empattement, des branches fruitières avoisinant ces coupes, sur une longueur de 12 à 15 centimètres. Au départ de la sève, on fera choix, sur chaque branche, du bourgeon le plus bas et le mieux placé, qui sera palissé sur l'onglet pour en obtenir le prolongement ; ceux qui se trouvent sur cet onglet et qui voudront se développer seront supprimés avec la serpette, exception faite pour un ou deux qui seront pincés à la longueur de 12 à 15 centimètres. Au mois d'août ou au printemps de l'année suivante, cet onglet sera supprimé sur la base du rameau qui doit donner la continuation de la branche de charpente. Par ce moyen, l'extrémité du sujet se trouve rajeunie et l'on récolte de plus beaux

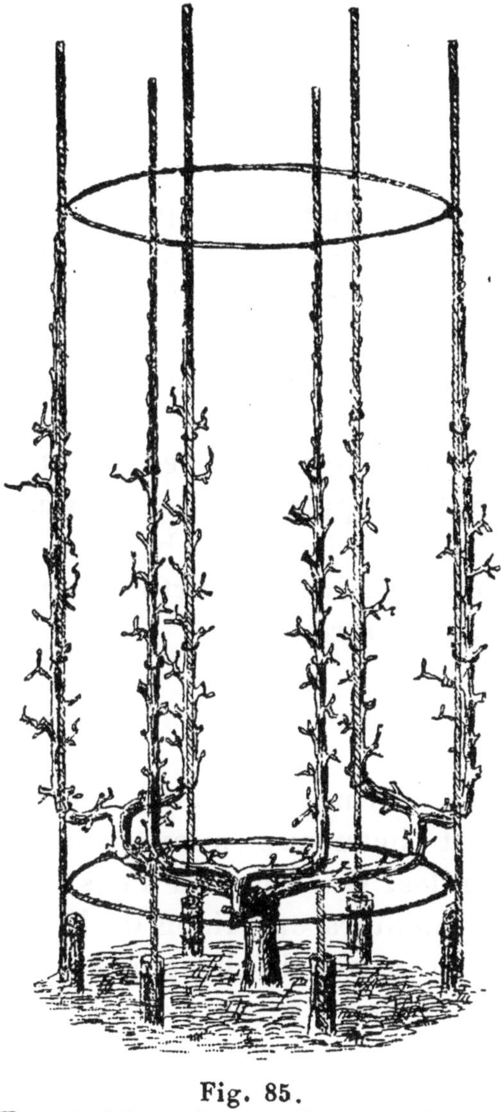

Fig. 85.
Vase à 6 branches entièrement formé.

fruits. Cette opération ne sera pratiquée que sur des arbres d'assez bonne vigueur et plantés dans un bon terrain.

Formation du vase à 8 branches

Le *vase à 8 branches*, aussi remarquable par son élégance que celui qui précède, sera établi de la même façon, avec cette petite différence que le diamètre de la circonférence sera de 80 centimètres et que l'on prendra 4 bourgeons au départ, lesquels seront ensuite bifurqués comme il a été dit plus haut.

Cette forme, qui représente comme développement une palmette à 8 branches, sera utilisée de préférence à celle à 6 branches dans les terrains de bonne qualité, et surtout pour les variétés un peu plus vigoureuses.

Formation des vases à 10 et 12 branches

Ces formes sont assez courantes, elles conviennent beaucoup mieux pour les larges plates-bandes. On donnera à ces vases un diamètre qui augmentera en raison de la plus grande quantité de branches de charpente.

Ce diamètre sera de 1 mètre pour un vase à 10 branches, de 1 m. 20 pour un vase à 12 branches.

La charpente se compose pour chaque vase de deux cercles en bois ou en fer, et de tringles en bois d'un nombre égal à celui des branches de charpente que l'on veut obtenir. Elle sera établie comme il est dit *figure* 86.

Pour chaque vase, le premier cercle sera toujours

attaché sur les tringles à 30 centimètres au-dessus du sol, le second à une hauteur qui variera d'après la grandeur du vase. Ainsi, par exemple, pour un vase à 10 branches, le second cercle sera attaché à 1 m. 10 au-dessus du premier, et pour un à douze branches à 1 mètre.

On placera ensuite sur une direction horizontale

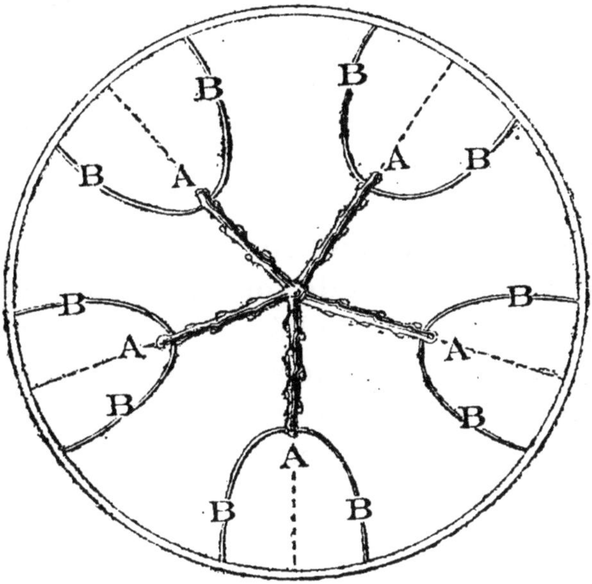

Fig. 86. — Formation du vase à 10 branches. Obtention des branches de charpente. Vue de plan.

des baguettes attachées, d'une part sur la tige et de l'autre sur le bord intérieur du cercle de la base; ces baguettes sont destinées à palisser les bourgeons devant produire les branches de charpente.

Ceci fait, comme précédemment, on taille le sujet à 40 centimètres pour obtenir, à 30 centimètres du sol, les bourgeons nécessaires à la formation du vase.

Comme on fait ici bifurquer chaque branche à une distance de 20 à 30 centimètres de la tige (fig. 86) on fera choix de 5 bourgeons pour un vase à 10 branches et de 6 pour un vase à 12 branches.

Pour faire bifurquer, lorsqu'ils auront atteint une longueur de 30 à 45 centimètres, on pratiquera sur chacun d'eux, soit un pincement, soit une taille en vert à 20 ou 30 centimètres de la tige selon le diamètre du vase que l'on veut obtenir (1). Tous ces bourgeons obtenus, par suite de la taille pratiquée aux points A (fig. 86), seront palissés avec beaucoup d'aisance sur des baguettes B, attachées d'une part au point de bifurcation et de l'autre sur le cercle de la base en face de chaque tringle.

Pendant l'été, on surveillera avec grande attention le développement de tous ces bourgeons, et, s'il y a lieu, on rétablira l'équilibre entre eux, soit en palissant momentanément et sévèrement un bourgeon trop vigoureux, et en laissant en liberté, ou en redressant l'extrémité de celui qui est faible, soit encore à l'aide d'un pincement sur le plus vigoureux. C'est le seul moyen d'arriver à équilibrer la sève et d'avoir, à la fin de la saison, des branches de charpente à peu près d'égale force.

Au printemps suivant, si les branches dépassent le cercle de la base, chacune d'elles sera taillée dans la direction verticale, à 10 centimètres environ au-dessus et sur un œil de côté ou en avant autant que possible.

(1) Par suite de nombreuses expériences de formation d'arbres fruitiers à pépins, nous recommandons de ne procéder à l'obtention de bifurcation des branches qu'après *une année de végétation*, par la taille en sec faite au printemps sur 2 yeux latéraux, ou sur 2 yeux qui auront été écussonnés. Ce procédé est de beaucoup préférable au pincement ou à la taille en vert.

Chaque année, les prolongements des branches de charpente seront allongés de 35 à 40 centimètres, sauf en cas d'accident : alors elle seraient rapprochées à la même hauteur que la plus faible. Nous remarquons en général que sur une branche charpentière allongée trop rapidement, les yeux latéraux sont mal conformés, ne se développent pas et produisent de grands vides, ce qui est très défectueux dans l'ensemble du sujet. Ces inconvénients seront évités par une taille faite en raison de la vigueur de l'arbre.

Comme dans les formes précédentes et dans celles qui suivent, on laissera dépasser les branches de charpente de 50 centimètres et plus au-dessus du cercle de la partie supérieure.

Il existe une autre manière, et bien plus recommandable, de former un vase à 12 branches : c'est de ne prendre au départ de la végétation que 3 bourgeons au lieu de 6 ; pour la mettre en pratique, on se reportera aux explications données pour la formation du vase à 16 branches.

Formation du vase à 16 branches

Pour la formation du *vase* à 16 *branches*, il est nécessaire de prendre des variétés vigoureuses telles que : *Triomphe de Jodoigne*, *Beurré d'Amanlis*, *Louise bonne d'Avranches*, etc. En donnant à ce vase un diamètre de 1 m. 40, les branches de charpente seront distancées de 28 centimètres les unes des autres.

On fait choix d'un beau scion simple greffé sur franc que l'on rabat à 40 centimètres de hauteur ; l'on établit ensuite la charpente, qui se compose de deux cercles en bois ou en fer et de 16 tringles réparties à égale distance sur la circonférence; pour les vases à 16 et à 20 branches, le premier cercle sera toujours attaché à 30 centimètres au-dessus du sol et le second à 1 mètre du premier.

On placera ensuite, comme pour les autres for-

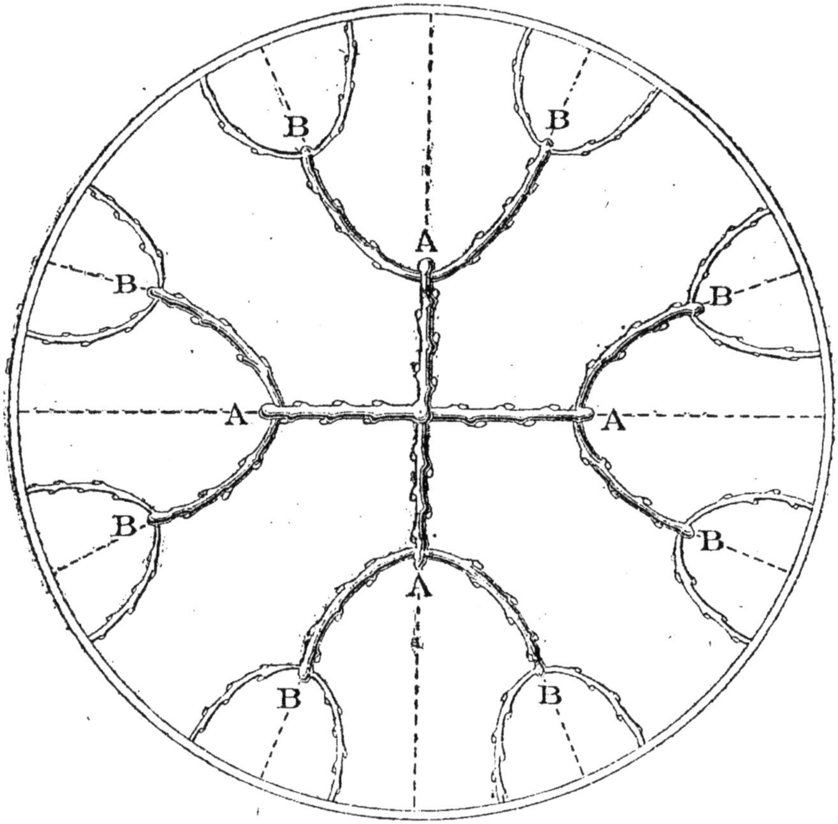

Fig. 87. — Formation du vase à 16 branches. Obtention des branches de charpente. Vue de plan.

mes, quatre baguettes destinées à palisser les bourgeons qui deviendront branches de charpente.

Les bourgeons ayant une longueur de 35 à 45 centimètres, on pratiquera sur eux une taille en vert ou un pincement à une distance de 25 centimètres de la tige, en A (fig. 87). On obtiendra ainsi 8 bourgeons que l'on laissera développer avec beaucoup de liberté en surveillant l'équilibre de la sève.

L'année suivante, à la taille en sec, ces 8 rameaux

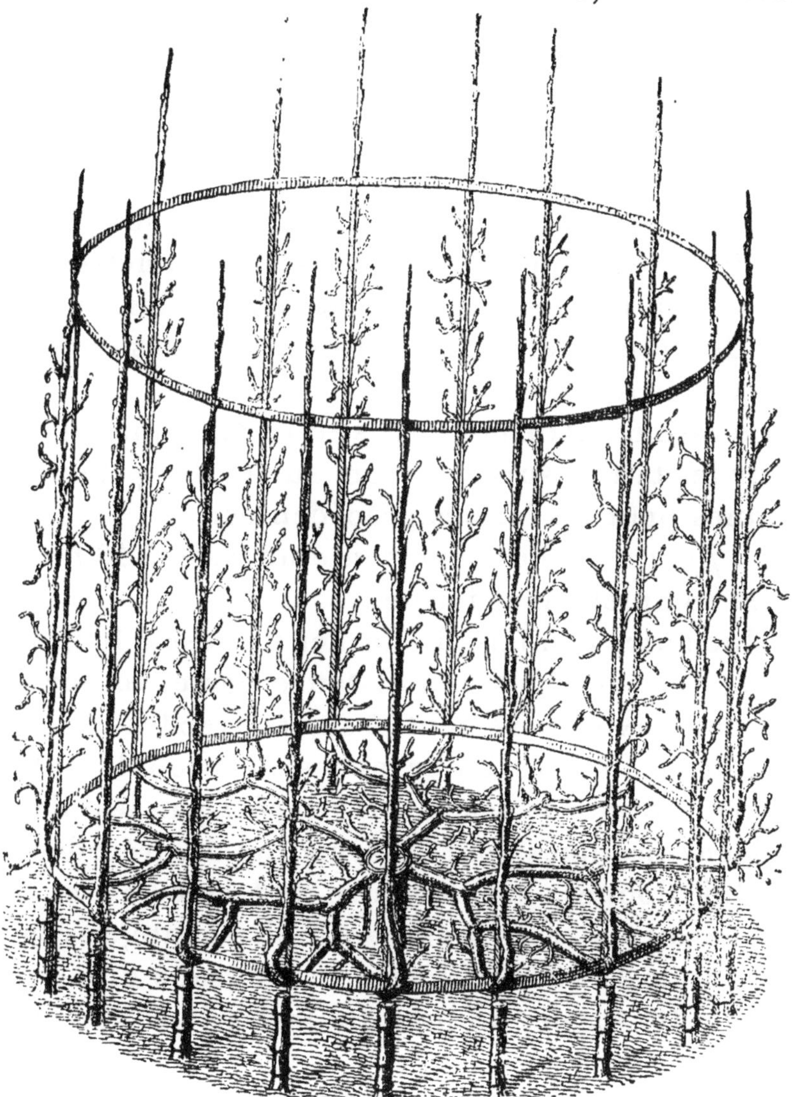

Fig. 88. — Vase à 16 branches entièrement formé.

seront taillés sur 2 yeux de côté, l'un à droite, l'autre à gauche, à 30 centimètres de la première bifurcation, aux points B, même figure ; à l'aide de cette taille, nous obtiendrons 16 bourgeons. A la longueur de 20 centimètres, ces bourgeons seront palissés dans la direction horizontale et leur extrémité sera relevée verticalement sur les tringles destinées à les recevoir. Il va sans dire que la distance entre chaque bourgeon dans la direction horizontale sera la même que dans la ligne verticale, sauf aux points de bifurcation.

A la troisième taille, tous ces rameaux ayant atteint une longueur d'au moins 20 centimètres au-dessus du cercle de la base, seront taillés, sur un œil de côté ou en avant, à 10 centimètres environ au-dessus de ce cercle.

Le vase étant formé, pour sa direction annuelle et pour les tailles suivantes on suivra les principes donnés pour les formes précédentes.

La *figure* 88 nous représente un vase à 16 branches complètement formé.

Une autre manière de former un vase à 16 branches, c'est de planter, à distance égale, autour du cercle et extérieurement, 4 sujets avec lesquels on fera des palmettes à 4 branches ou U doubles. On pourra former le vase à 20 *branches* par les deux moyens indiqués pour la formation du précédent ; on lui donnera un diamètre de 1 m. 60 à 1 m. 70 pour avoir, entre les branches de charpente, un écartement de 25 à 27 centimètres. Il va sans dire que, pour cette forme, on prendra les variétés les plus vigoureuses.

DE LA CULTURE DU POIRIER A HAUTE TIGE AU VERGER

Le *verger* est un endroit affecté spécialement à la culture du poirier et des arbres fruitiers à haute tige et en plein vent.

Nous allons donner quelques explications sur l'emplacement du terrain et sur l'établissement du verger, mais nous ne parlerons que de la culture du poirier au plein vent, en citant les meilleures variétés de poires (fruits de table) que l'on peut y cultiver.

Pour établir le verger, on fera choix d'un terrain en bonne exposition et abrité des vents du nord et du nord-est.

Les meilleurs emplacements sont une pente douce au midi ou à l'est, au pied d'une colline, dans une plaine abritée naturellement ou artificiellement par des conifères (1). On évitera les sols marécageux, humides, ainsi que le voisinage des cours d'eau trop exposés aux gelées printanières et à l'influence des brouillards.

Nous ne reviendrons pas ici sur la nature des sols qui conviennent le mieux au poirier.

Pendant un bon nombre d'années, avant que les arbres du verger n'aient pris une grande extension, on pourra utiliser avec avantage le terrain en y cultivant des légumes ou en y semant des céréales telles que : *blé*, *avoine*, *orge*, etc. Sur chaque ligne, entre chaque sujet à haute tige, on pourra même planter des poiriers forme fuseau qui disparaîtront au bout d'une quinzaine d'années.

(1) Le Thuya de la Chine (ou *Biota Orientalis*) est le plus généralement employé pour ces genres d'abris.

Si le verger est établi dans une prairie, voire même un pâturage, on cultivera chaque année le pied des arbres en donnant, au printemps, un labour avec une fourche à quatre dents et deux ou trois binages, pendant le courant de la saison.

La surface labourée au pied de chaque arbre s'étendra sur un diamètre de 2 mètres. Tous les deux ou trois ans, en donnant ce labour, on pourra y enterrer une couche de fumier consommé de 10 centimètres d'épaisseur.

Par ce travail, la terre qui est autour de l'arbre n'étant pas épuisée par la croissance et le développement des mauvaises herbes, sera toujours meuble et fraîche et les racines pourront y puiser les matières organiques nécessaires à la vie du sujet.

Plantation du poirier au verger

Dans un terrain de moyenne qualité, il sera nécessaire de faire des trous de 2 mètres de côté sur 0 m. 50 à 1 mètre de profondeur. La profondeur de ces trous sera subordonnée à la nature du sol. En aucun cas, un sous-sol mauvais, qu'il soit pierreux, argileux, calcaire ou fortement siliceux, ne devra être attaqué, quand même les mauvaises terres extraites seraient remplacées par un sol meilleur. Il en résulterait que les extrémités des racines, attirées dans le fond du trou par les bonnes terres, se trouveraient, à un moment donné, en contact avec le mauvais terrain qui forme les parois du trou.

En résumé, si, lors d'un défoncement partiel ou général, l'on estime que la couche arable ne soit pas suffisamment épaisse pour assurer l'existence des arbres, mieux vaut ne pas attaquer le mauvais sol et partant, planter sur butte. L'apport de nouvelles terres amendées fait plus tardivement apportera autour de ces buttes la nourriture manquante et assurera l'avenir des arbres.

Il sera indispensable d'opérer de même en terrain marécageux ou trop humide dans lequel l'on craint la stagnation des eaux pendant un trop grand laps de temps.

Si l'on n'opère le défoncement que par trous, ces derniers devront être creusés et remplis au moins trois ou quatre mois à l'avance, de manière que le tassement du sol puisse se faire avant la plantation.

Dans un terrain sablonneux, il est préférable de planter les arbres pendant les mois de novembre et décembre ; dans un terrain humide et argileux, cette plantation devra se faire aux mois de février-mars (1).

Nos poiriers seront plantés en ligne et en quinconce, éloignés les uns des autres ; de cette façon, l'air et la lumière circulent de toutes parts. On a malheureusement trop souvent le défaut de planter trop rapproché ; il en résulte que les branches se touchent d'un arbre à l'autre, toutes les parties en contact restent improductives et les fruits sont moins nombreux et moins beaux ; les parties élevées seules nous donnent une récolte satisfaisante.

La distance à observer dépend de la nature du

(1) Au moment de la plantation, pour le trou d'un arbre de 2 mètres de côté, on mélangera au sol qui a été défoncé 1 kilo à 1 k. 500 de scories à 16 0/0 d'acide phosphorique et autant de sel de potasse à 30 0/0, ou 1 kilo de chlorure de potassium. — Au printemps suivant, on répandra sur la surface du sol 250 à 500 grammes de nitrate de soude, le tout pour chaque arbre planté.

sol et de celle de l'arbre. Pour le poirier, cette distance sera de 10 à 12 mètres en tous sens. Si nous plantons en bordure d'un champ, le long d'un chemin ou d'une avenue, nous les distancerons de 8 à 10 mètres les uns des autres ; ils recevront l'air de tous côtés et se développeront beaucoup mieux qu'au verger.

Choix des poiriers

On choisira des essences vigoureuses et autant que possible à rameaux droits. Les sujets greffés rez terre et sur franc seront toujours préférables pour la vigueur de l'arbre, ils prendront un plus grand accroissement et vivront plus longtemps, leurs racines pivotantes leur permettront de résister beaucoup mieux aux bourrasques et aux grands vents.

Les variétés à petits bois ou de vigueur moyenne sont souvent regreffées en tête sur des variétés intermédiaires, telles que : *Beurré Hardy*, *Jaminette*, *Bergamotte Sageret*, c'est-à-dire sur des variétés poussant bien droit et vigoureuses. Un intermédiaire pour le surgreffage des poiriers en plein vent et à cidre, très employé maintenant dans les pépinières, poussant bien et formant des tiges bien droites, est le poirier *Egrin Couturier*.

Ces arbres seront formés en pépinière; on choisira des tiges de 10 à 15 centimètres de circonférence, droites, à écorces lisses et claires, les premières branches prendront naissance à la hauteur de 1 m. 80 à 2 m. 10 du sol (distance nécessaire pour ne pas gêner la circulation et pour préserver ces arbres des atteintes des animaux). La préservation de la tige se fera, soit au moyen de branches d'épines, soit à l'aide de corsets en bois ou en fer.

A l'habillage, on coupera le tiers de la partie supérieure des rameaux qui doivent plus tard former la tête de l'arbre.

Manière de planter

En plantant, l'on tiendra compte du tassement du sol, qui est d'environ 15 à 20 centimètres par mètre de profondeur.

Les grosses racines prenant naissance près du collet seront recouvertes de 10 à 12 centimètres de terre.

Manière de protéger l'arbre

Aussitôt l'arbre mis en place, avant de recouvrir ses racines de terre, on lui donnera un tuteur pour le maintenir droit et l'empêcher d'être ébranlé par le vent, ce qui nuirait beaucoup à sa reprise.

Ce tuteur sera placé à environ 10 centimètres du pied de l'arbre, enfoncé en terre de 60 à 70 centimètres entre les racines et un peu en arc-boutant; on laissera dépasser son extrémité de 10 centimètres dans la tête du sujet.

On recouvre ensuite les racines de terre fine, sans jamais la fouler avec les pieds, ce qui est une très mauvaise chose dans un sol compact et humide. La plantation étant terminée, on fixera le tuteur au sujet. Pour éviter d'écorcher l'arbre, on placera autour et à l'endroit où sera faite la ligature un tampon de paille ou de mousse. On fera cette ligature avec de l'osier ou du fil de fer.

Si l'arbre est fort, pour plus de solidité on lui donnera trois tuteurs qui seront placés en triangle et reliés ensemble à leur extrémité.

Si la plantation est faite tardivement, on arrosera les arbres en les plantant, ce qui facilitera l'adhérence de la terre sur les racines et empêchera l'air d'y pénétrer.

Formation et taille du poirier à haute tige

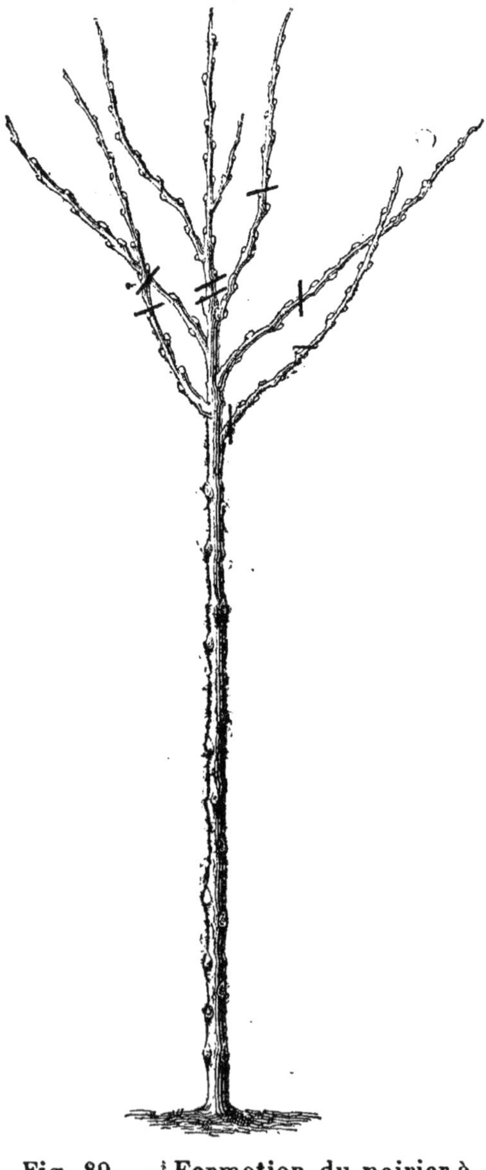

Fig. 89. — Formation du poirier à haute tige en forme ronde, 1re taille.

Nous pouvons former le poirier en haute tige de deux manières, soit en forme ronde, soit en pyramide ; cette dernière est de beaucoup préférable, surtout si le poirier est planté le long des routes.

L'arbre ne sera toujours taillé que la seconde année de plantation. Pour l'établir en forme ronde, à la première taille, on fera choix, de 1 m. 80 à 2 m. 10 au-dessus du sol, de quatre branches bien opposées ou tout au moins les mieux placées pour obtenir 8 bourgeons.

Ces branches seront taillées à 25 centimètres de la

tige sur deux yeux de côté, comme l'indique la

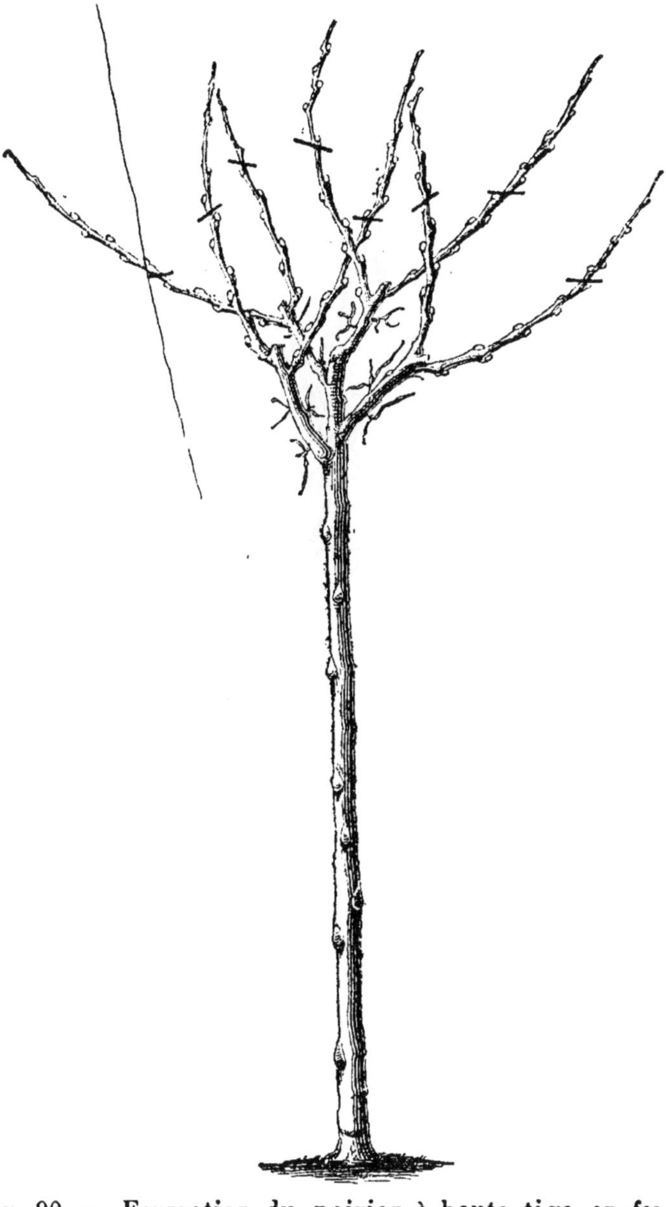

Fig. 90. — Formation du poirier à haute tige en forme ronde, 2e taille.

figure 89, les autres branches seront supprimées.

La seconde année, on se trouvera en présence de

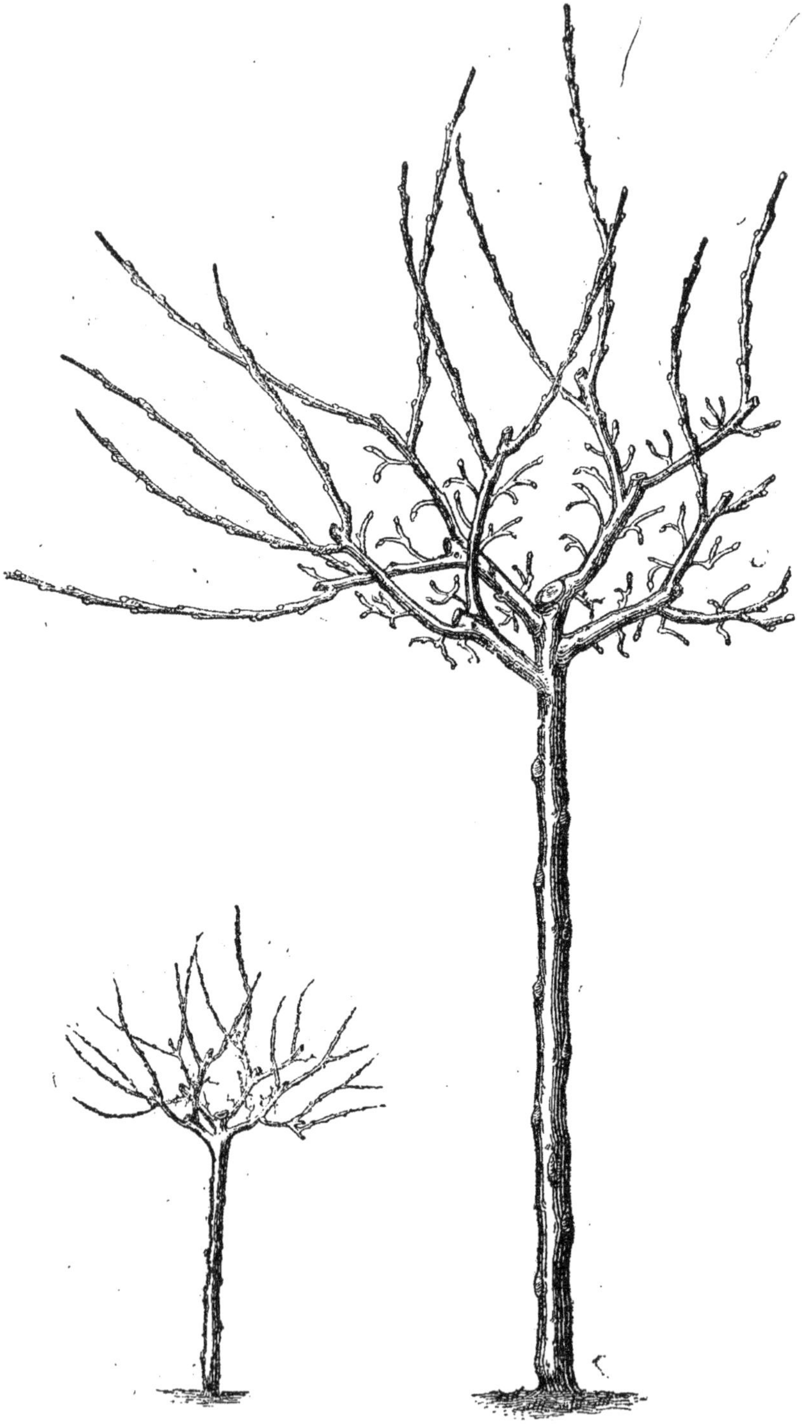

Fig. 91. — Poirier à haute tige entièrement formé.

8 branches, qui seront taillées chacune à 30 ou 40 centimètres de leur point de naissance, comme l'indique la figure 90. Chacune de ces branches nous donnera deux bourgeons : de cette manière, à la fin de l'année, notre arbre aura 16 branches, comme l'indique la figure 91. Il sera formé et n'aura plus besoin d'être taillé.

D'après les règles que nous venons de donner, par la suite l'on n'aura qu'à veiller à l'équilibre de la sève entre toutes les branches.

Si quelquefois une d'entre elles vient à pousser trop vigoureusement, au point de perdre la forme de l'arbre, on arrêtera son développement soit à l'aide d'un pincement ou plutôt d'une taille en vert pratiquée pendant le courant de la végétation.

Du poirier en forme pyramide

Si l'on veut lui donner la forme pyramide, on choisit autant que possible des sujets possédant une flèche ramifiée.

Elle sera taillée à 60 centimètres au-dessus des premières branches latérales, qui seront prises de 2 mètres à 2 m. 25 au-dessus du sol et taillées à 25 ou 30 centimètres de longueur, et les autres de plus en plus petites jusque vers le haut.

La seconde année, la flèche sera taillée à 60 centimètres au-dessus de la première taille et sur un œil opposé. On choisira dans le courant de la végétation 4 ou 5 bourgeons qui formeront la deuxième série.

Les branches latérales de la première série seront un peu raccourcies pour éviter qu'elles ne s'emportent démesurément par rapport à la flèche.

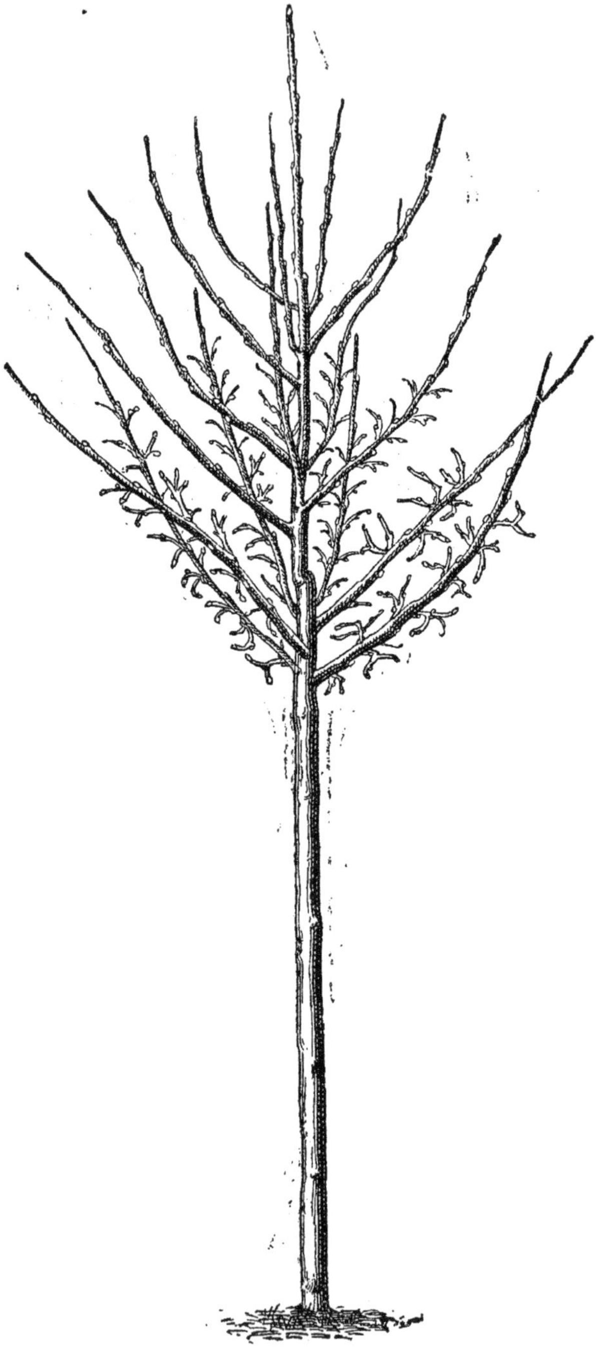

Fig. 92. — Poirier à haute tige en forme pyramide.

Les troisième, quatrième, cinquième et sixième tailles seront faites de la même manière. Au bout de ce temps, notre poirier se trouvera formé et abandonné à lui-même.

La *figure* 92 représente un poirer haute tige pyramide en formation.

Tous les quatre ou cinq ans, nous élaguerons dans l'intérieur de nos arbres, pour y laisser pénétrer la lumière, en supprimant les branches qui forment confusion, se croisent, dépérissent et finissent par mourir. A l'aide de ce moyen, la sève qui était absorbée par ces branches inutiles nous fournira du jeune bois et nous verrons nos arbres reprendre une nouvelle vigueur et redevenir plus productifs.

Restauration des poiriers au plein vent

Dans la culture du poirier au plein vent ou au verger, lorsque nos arbres deviennent âgés et que nous voyons la végétation se ralentir, les fruits devenir de plus en plus petits, nous donnons le conseil de les rapprocher.

Ce travail consiste à couper toutes les grosses branches du sujet à une hauteur de 80 centimètres à 1 mètre du tronc. En opérant ainsi ce rapprochement, on conservera sur ces branches de petits appelle-sève qui faciliteront le départ d'une quantité de nouveaux bourgeons.

L'année du rapprochement, on laissera se développer un nombre de rameaux plus que suffisant.

L'année suivante, on enlèvera tous les appelle-sève, on choisira sur chaque branche de notre arbre rapproché les rameaux les plus forts et les mieux placés pour reconstituer la charpente.

On fera en même temps suppression des autres rameaux jugés inutiles, dans la crainte de les voir absorber la sève au détriment de ceux qui ont été conservés.

Tous les deux ou trois ans, à mesure que la nouvelle charpente prendra de l'extension, on enlèvera les branches qui forment confusion dans l'intérieur de l'arbre.

En faisant le rapprochement, il est utile d'enlever les mousses qui envahissent le sujet, ainsi que les vieilles écorces, à l'aide d'un gratte-mousse.

Toutes les plaies faites à la suite du rapprochement seront parées à la serpe et recouvertes aussitôt de mastic à greffer.

Par ce rapprochement, on arrive en quelques années à avoir des sujets possédant une charpente nouvelle, d'un aspect superbe, aussi bien par leur végétation que par leur forme, et nous donnant de beaux fruits.

Si notre verger est établi dans une forte pente ou dans un terrain ne nous donnant qu'une faible végétation, nous choisirons de préférence des sujets demi-tige. Avec cette forme, le développement à donner aux arbres étant beaucoup moindre, il se trouvera plus en rapport avec la nature du sol; d'un autre côté, dans un terrain en pente, les arbres étant moins élevés, la récolte se fera plus facilement.

Nous donnons plus loin et par ordre de maturité le choix des meilleures variétés de poiriers à cultiver en haute tige, et qui comprend : 1° les variétés pour fruits de table, p. 319; 2° les variétés à cidre, p. 217; 3° les variétés locales, p. 318.

De la culture du poirier à cidre sur les routes ou en bordure des champs

Le 27 février 1894, nous avons été appelé à faire une conférence au personnel des ponts et chaussées sur la plantation, la direction, le choix des variétés des arbres fruitiers à cidre (poiriers et pommiers), plantés ou à planter sur les avenues ou sur les routes du département de Seine-et-Marne.

Cette conférence a eu lieu au pied même des arbres plantés, sur la route de Chevry-Cossigny.

Elle était présidée par M. Mancel, ingénieur en chef, accompagné d'ingénieurs et d'un grand nombre de conducteurs et d'agents voyers du département. M. Camille Bernardin, conseiller général et président de la commission voyère du canton, assistait aussi à cette conférence.

Nous en donnons ici le résumé publié par le *Nouvelliste de Seine-et-Marne*, le 4 mars 1894.

Les plantations de poiriers et pommiers à cidre tendent à prendre de plus en plus d'extension, et on se préoccupe avec raison de la qualité des variétés plantées en vue de produire du cidre.

Les routes offrent un terrain tout disposé aux plantations fruitières ; l'air, la lumière ne manqueront pas.

Les arbres seront plantés près des fossés, sur les bas côtés de la route ou près de la lisière des champs riverains.

Ces arbres auront l'avantage de ne pas détruire les cultures avoisinantes, comme le *peuplier*, le *frêne*, l'*orme*, l'*érable*, etc. L'on constate sur les propriétés riveraines des routes plantées avec ces essences les dégâts causés par les racines et l'ombrage de ces arbres d'ornement.

Ces plantations offrent aussi cet avantage de fournir moins d'insectes que la culture des essences forestières et ornementales.

Quant à la surveillance de ces arbres fruitiers, les cantonniers en sont les gardiens tout désignés. D'un autre côté, en choisissant pour ces plantations des fruits amers, très bons pour faire du cidre, un voyageur, s'il y goûte, sera peu disposé à en manger de nouveau ; les moutons et les bestiaux n'y toucheront pas non plus.

Lorsque le public aura l'habitude de ces arbres fruitiers et quand les fruits joncheront les bas côtés des routes, on n'y touchera pas plus qu'aux raisins des vignes plantées sur le bord des chemins.

Dans certaines régions où il n'y a pas de vignoble et où l'on ne récolte que peu de fruits, cette culture sera un bien-être pour les habitants qui seront chaque année dans l'attente d'une récolte future dans leur contrée.

Certains de nos départements de l'Est nous offrent l'exemple de routes fruitières; la vente des fruits peut se faire par lots, l'acheteur peut faire surveiller son lot lui-même.

L'administration des *Ponts et Chaussées* y trouverait un bénéfice annuel, pas comparable au produit de la vente des tontes et élagages des plantations forestières.

Les poiriers sont aussi très résistants aux gelées les plus rigoureuses; il est facile de remarquer qu'ils n'ont presque pas souffert de nos derniers grands hivers.

En outre, si l'on est obligé de remplacer les arbres forestiers tous les trente ans environ, il n'en sera pas de même pour les poiriers, dont la longévité est très grande, puisqu'ils deviennent souvent centenaires. Les plantations fruitières seraient donc moins dispendieuses que les plantations d'ornement.

Pour tout ce qui concerne la plantation et la formation des poiriers sur les avenues, le long des routes et en bordure des champs, on se conformera aux principes donnés à ce sujet pour sa culture à haute tige au verger (p. 203).

Comme pour le poirier au verger, tous les deux ou trois ans et pendant une douzaine d'années seulement, on coupera l'extrémité des branches qui auraient tendance à s'allonger horizontalement sur la route, ce qui gênerait la circulation des voitures. La coupe de ces branches se fera avant qu'elles ne soient fortes et à la jonction d'une branche ayant une direction verticale.

De plus, pour éviter cet inconvénient, on fera le choix de variétés de poiriers à cidre à rameaux droits tels que : *Cirole* (*Brie*), *Carisi* et *Gros Sauger*. Au verger, en outre des variétés énumérées ci-dessus, nous pourrons planter les variétés de *Croixmare*, de *Navet*, de *Souris*, de *Crapaud*, de *Huchet*, *Maude* et *Catillac*. Les poiriers seront toujours greffés rez terre.

Nous devons aussi attacher une grande importance pour la récolte des fruits au verger et sur les routes.

On cueillera à la main autant que possible les fruits de table. Ceux qui se trouvent aux extrémités et que l'on ne pourra avoir, seront secoués ; il en sera de même pour les fruits à cidre tendres, ainsi que pour les fruits tardifs.

On ne se servira de la gaule que pour faire tomber ceux qui sont rebelles aux dernières secousses; encore ne faudra-t-il l'employer qu'avec beaucoup de ménagement pour ne pas meurtrir les fruits et éviter de faire tomber les productions fruitières, ce qui compromettrait les récoltes futures.

Le poirier se greffe sur *franc* ou *aigrin*, sur *cognassier* et sur le *Cratægus oxyacantha* (aubépine indigène).

Le poirier greffé sur franc pousse plus vigoureusement, dure plus longtemps que s'il est greffé sur cognassier ou sur aubépine ; mais il donne des fruits plus petits et d'une qualité beaucoup moindre. On emploie le franc pour les poiriers à haute tige et dans les terrains desséchants et de moindre qualité. Le poirier franc ou sauvageon, au bout de deux ans de semis, sera planté en pépinière à distance voulue et écussonné l'année même de la plantation, s'il est assez fort.

Dans la crainte de voir la sève s'arrêter, il sera toujours écussonné de très bonne heure. On prendra, pour la formation du poirier à haute tige, des variétés vigoureuses que l'on greffera de préférence rez terre. Seuls les sauvageons forts, droits et de bonne végétation, pourront être greffés en tête à la hauteur des branches.

Lorsqu'il s'agira d'élever à haute tige des variétés délicates ou de moyenne vigueur, on pratiquera le greffage en pied, en ayant recours, pour former la tige, à des variétés intermédiaires telles que : *Curé, Beurré Hardy*, *Jaminette*, *Egrin Couturier*, etc. ; cette tige ne sera greffée en tête que lorsqu'elle sera assez forte pour supporter l'écusson ou la greffe en fente.

Le poirier greffé sur cognassier pousse moins

vigoureusement, fructifie beaucoup plus vite, donne des fruits plus beaux et de meilleure qualité.

Dans les terrains frais ayant une épaisseur d'environ 70 centimètres de bonne terre, avec un bon sous-sol, on le plantera de préférence greffé sur cognassier, il donnera toujours de meilleurs résultats.

On élève ordinairement le cognassier en buisson ; il se multiplie par bouture et par marcotte en cépée. Les pépiniéristes ont adopté divers types qui sont le *Cog. d'Angers* et le *Cog. de Fontenay*. Ce dernier se multiplie le plus souvent par le marcottage en cépée, tandis que le *Cog. d'Angers* se bouture parfaitement.

La greffe du poirier sur cognassier se fait pendant le courant du mois d'août. On choisit de préférence des jeunes sujets et on les écussonne près du sol : sur de vieux sujets, l'écusson de poirier se soude beaucoup plus difficilement. Beaucoup de variétés, telles que : *Beurré Clairgeau*, *Doyenné de Juillet*, *Souvenir du Congrès*, de l'*Assomption*, *Prince Napoléon*, etc., vivent mal avec le cognassier. Pour les obtenir, on greffera sur le cognassier des variétés intermédiaires vigoureuses, telles que : *Curé*, *Beurré d'Amanlis*, *Beurré Hardy*, etc., et l'année suivante, les variétés délicates seront surgreffées sur l'intermédiaire. Par ce procédé, les arbres auront plus de vigueur et nous donneront de plus beaux fruits.

Le poirier greffé sur aubépine fructifie très promptement, mais pousse peu et s'épuise très vite.

Dans le Midi de la France, on en voit quelques-uns greffés sur aubépine, mais l'on n'en rencontre que très rarement dans les environs de Paris.

Du greffage, de son utilité et des conditions pouvant assurer sa reprise

Le greffage est une opération qui consiste à prendre soit un œil, soit une portion de rameau ou un rameau dans son entier, et à le placer sur un autre végétal, qui lui fournira les aliments nécessaires à son développement.

On donne le nom de greffe ou greffon à l'œil ou à la portion de bois détachée que l'on place sur le sujet à greffer.

On donne le nom de sujet ou sauvageon, à l'arbre qui doit recevoir la greffe. C'est un végétal plus ou moins complet, portant tige, branches et racines. Il est incomplet dans la vigne qui en général est greffée sur rameau bouture non racinée. Il faut toujours une certaine analogie entre le sujet et la greffe. Pour assurer la reprise et qu'elle soit durable, il est de toute nécessité que les genres qui peuvent être rapprochés par la greffe appartiennent à la même famille, qu'ils soient de même vigueur, de même époque d'entrée en végétation ; s'il y a désaccord, il est préférable que le greffon soit plus tardif. Dans le cas contraire, il dépérirait très vite.

La greffe offre le moyen de conserver et de multiplier un grand nombre d'espèces et de variétés de poiriers et autres arbres fruitiers rares et utiles, en plaçant sur des sujets plus vigoureux et moins précieux certaines espèces que l'on ne pourrait reproduire par la multiplication. Elle procure encore d'autres avantages : elle augmente la beauté et la qualité des fruits, et dispose beaucoup plus promptement les arbres à la fructification.

Pour la fructification, en choisissant un greffon d'une espèce plus vigoureuse que le sujet, il se mettra plus vite à fruit; comme exemple, nous pouvons citer le poirier greffé sur cognassier.

Si sur un sujet faible nous plaçons un greffon d'une espèce délicate, nous n'aurons jamais qu'un arbre chétif.

Si, au contraire, l'on prend un sujet vigoureux pour y greffer une variété délicate, elle sera dans l'impossibilité d'absorber la sève du sujet, l'équilibre s'en trouvera complètement rompu.

Ces irrégularités dans la végétation peuvent être modifiées au moyen du surgreffage, mais, de toute manière, le sujet devra toujours être assez fort pour recevoir la greffe.

Dans n'importe quelle sorte de greffage, il est indispensable que le sujet et le greffon soient mis en contact par le liber et par l'aubier : c'est le seul moyen d'assurer la reprise de la greffe, de même qu'en agissant avec beaucoup de promptitude, on évitera que l'air ne vienne dessécher les plaies produites par l'action du greffage.

Les époques les plus favorables pour le greffage sont : le *printemps* à la montée de la sève, le courant de l'*été* et l'*automne* avant qu'elle ne s'arrête.

Des instruments nécessaires à la greffe

Les instruments nécessaires au greffage sont :

Le *sécateur* dont on se sert pour étêter le sujet et pour couper le greffon ;

La *scie à main* ou *égohine* pour couper soit la tige ou la tête du sujet que l'on ne peut couper au sécateur, ainsi que les grosses branches ;

La *serpette*, pour rafraîchir les plaies qui ont été faites par le sécateur et la scie à main ; de cette façon, la plaie se recouvrira bien plus facilement ;

Le *greffoir*, pour pratiquer les incisions et les entailles, pour couper les greffes et les tailler, pour soulever les écussons ; la *spatule en os ou en ivoire* sert à détacher et à soulever les écorces.

Le *couteau* et le *ciseau à greffer* sont aussi de toute utilité dans la greffe en fente, comme on le verra plus loin.

Des ligatures

La meilleure *ligature* à employer pour consolider les greffes est sans contredit la *laine filée :* elle est élastique et se prête facilement au grossissement de l'arbre, elle empêche par le fait tout étranglement de se produire. Le *coton filé* est aussi très bon, mais il n'a pas l'élasticité de la laine.

A défaut de laine ou de coton, on peut employer la *spargaine rameuse*, le *raphia*, le *liber de tilleul, d'orme, de saule, d'acacia*, etc., la *ficelle*, le *phormium* (1), même l'*osier*, mais ces derniers éléments ne se prêtent pas au développement du sujet, et, si l'on n'y veille, formeront étranglement et empêcheront la croissance du greffon.

Pour assurer la reprise du greffon sur le sujet, il est nécessaire, aussitôt la greffe ligaturée, de l'engluer ; ce travail consiste à recouvrir la plaie, les fentes et l'extrémité du greffon avec un mastic quelconque.

(1) Toutes ces ligatures trempées dans une solution de sulfate de cuivre à 2, 0/0 (2 kilos pour 100 litres d'eau) se conserveront très longuement240

A cet effet, les meilleurs mastics préparés à froid sont les mastics *Lhomme-Lefort*, *Costille-Debelfort*, *Fichet*, *Goussard*, *Routier*, etc. Ces mastics n'ont pas l'inconvénient de gercer sous l'action de la sécheresse, ni de fondre au soleil.

A défaut de mastic, on emploie l'onguent de *Saint-Fiacre* qui se compose de deux tiers de terre franche argileuse et d'un tiers de bouse de vache mélangés ; pour en augmenter la solidité, on pourra y ajouter un peu de mousse afin que le mélange soit plus consistant. Cette préparation sera placée sur la plaie et recouverte d'un linge qui sera maintenu au moyen d'un osier ou d'une ficelle.

Mastics chauds. Les pépiniéristes emploient de préférence des mastics chauds qu'ils préparent eux-mêmes.

Ces mastics sont composés dans les proportions suivantes : 5 kilos de résine, 3 kilos de poix blanche, 1 kilo de suif, 600 grammes de cire jaune, 1 kilo d'ocre rouge, 1 kilo de noir de charbon. On fait fondre la résine avec la poix blanche; ceci fait, on ajoute la cire jaune, puis le suif. Quand le tout est bien liquide, on verse l'ocre et le noir, doucement, en remuant tout. En versant ce mélange par petite quantité dans l'eau froide, on peut en faire des pains, que l'on forme ensuite avec les mains.

Des genres de greffes les plus usités pour la reproduction du poirier

Ces genres de greffes sont :

Les greffes par approche ;

Les greffes par œil ou en écusson ;

Les greffes par rameaux détachés.

Nous parlerons successivement de ces différentes greffes.

De la greffe par approche du poirier Principes généraux

Le greffage par approche est le plus ancien de tous et le plus simple; il consiste à souder ensemble soit deux arbres ou deux branches, ou bien encore à greffer une branche du sujet sur lui-même.

Ce genre de greffe peut être employé sur le poirier soit pour établir une branche de charpente, soit pour lui donner de la vigueur; à cet effet, il faut que les deux sujets soient très voisins, afin de pouvoir les rapprocher facilement. La greffe par approche est encore employée sur le poirier avec avantage, pour combler les vides existant sur les branches de charpente. En effet, sur une branche de charpente qui se développe avec beaucoup de vigueur, si l'on ne refoule pas la sève vers la base à l'aide de la taille, les yeux s'annulent et ne se développent jamais; il s'y produit de grands vides que l'on comblera facilement avec la greffe par approche. Ce genre de greffe a encore son utilité pour reconstituer de nouvelles branches fruitières en remplacement de celles qui sont usées par la fructification, ou de celles détruites par les insectes.

La greffe par approche se fait pendant tout le courant de la végétation, *de mai en septembre;* cependant le moment le plus favorable est le printemps, au moment de l'ascension de la sève.

De la greffe par approche ordinaire

Pour la pratiquer, on fait deux entailles d'égales dimensions, l'une sur le sujet, l'autre sur le rameau à greffer.

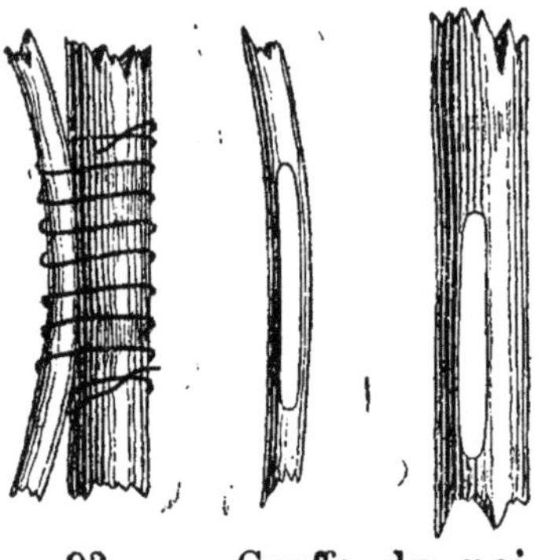

Fig. 93. — Greffe du poirier par approche ordinaire.

Ces entailles consistent à enlever une partie d'écorce et de bois de 4 à 6 centimètres de longueur et allant en épaisseur jusque dans l'aubier.

On rapproche aussitôt les deux éléments en mettant les libers en contact autant que possible (fig. 93); on ligature le point de rapprochement des deux rameaux à l'aide de laine ou de raphia pour faciliter la soudure. On surveille les ligatures qui pourraient former étranglement; s'il en est besoin, on les enlève en les remplaçant par d'autres moins serrées.

Le sevrage pourra se faire lorsque la reprise de la greffe sera complètement assurée, mais il est préférable d'attendre au printemps de l'année suivante; pour cela, on entaille le rameau greffé d'un tiers de son épaisseur au-dessous du point de soudure; quinze jours après, on continue l'entaille jusqu'aux deux tiers, et enfin, un peu plus tard, on sépare définitivement.

De la greffe par approche du poirier avec bourgeon herbacé en placage

Cette greffe se pratique principalement sur le pêcher et sur les vignes, mais on la fait aussi sur le poirier, en juin, juillet et août; elle est avantageuse pour combler les vides sur les branches de charpente.

Pour la faire, on se sert d'un bourgeon herbacé,

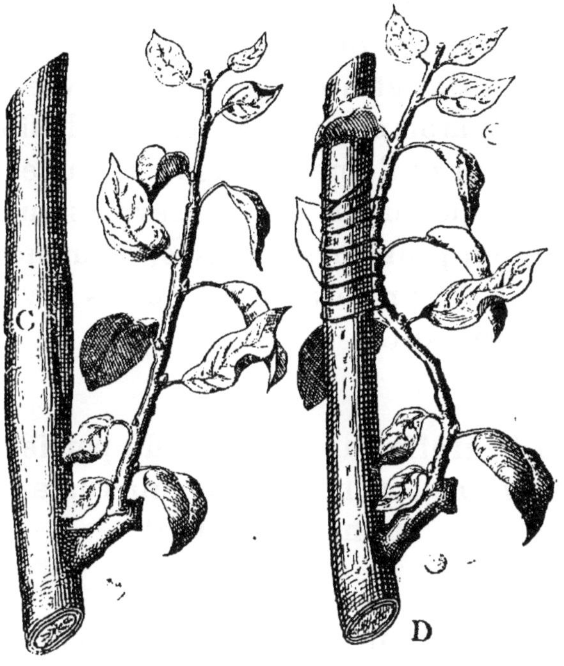

Fig. 94. — Greffe par approche du poirier avec bourgeon herbacé en placage.

ayant beaucoup de vigueur et passant déjà à l'état ligneux.

Voici la manière d'opérer: à l'endroit où se trouve le vide que l'on veut combler, on pratique sur la branche de charpente, en C (fig. 94), une entaille de 4 à 5 centimètres de longueur, large de 3 à 4 millimètres; on prend dans le voisinage un bourgeon de bonne consistance, sur lequel on pratique la même opération, en ayant soin de laisser, du côté opposé, un œil qui se trouvera au milieu de la partie entaillée.

On réunit le bourgeon à la branche de charpente en mettant les écorces en contact, et on ligature ensuite.

La figure 94, D, nous représente ce genre de greffe par approche. Nous avons fait des greffes par approches herbacées sur des poiriers à écorce très dure au mois de juin, et nous les avons sevrées en une seule fois un mois et demi après, vers la fin de juillet; elles n'ont nullement fatigué. D'autres, faites à la même époque, n'ont pu être sevrées que l'année suivante et en plusieurs reprises, d'où nous concluons qu'il est préférable de ne les sevrer qu'au printemps suivant.

De la greffe par approche du poirier avec bourgeon herbacé en incrustation et en arc-boutant

Avons-nous un poirier possédant des branches de charpente à écorce dure et deux vides rapprochés à combler sur la même branche, comme l'indique la figure 95; nous nous servirons pour cette opération d'un bourgeon vigoureux qui se trouve sur cette branche, un peu plus bas que le premier vide, même figure, avec lequel nous pratiquons la greffe par approche en incrustation au point A, et celle par approche en arc-boutant au point B (fig. 96).

Pour la greffe par approche en incrustation, on enlève en C (fig. 95), sur les deux faces du bourgeon et du côté opposé à l'œil qui doit se trouver dans le milieu de la plaie, une légère portion d'écorce ; on pratique sur la branche, au point D (fig. 95), une ouverture de forme angulaire longue de 5 à 6 centimètres, dans laquelle on placera la partie entaillée du bourgeon, en A (fig. 96).

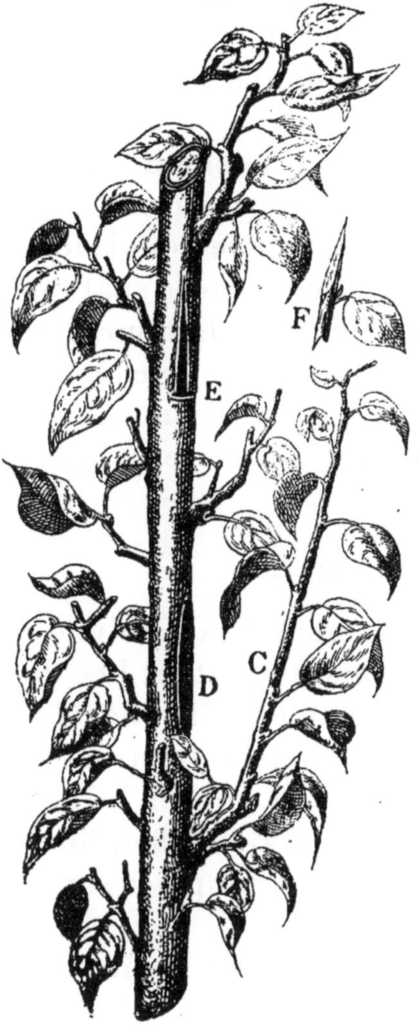

Fig. 95. — Greffe par appproche en incrustation et en arc-boutant. Sujet préparé pour la greffe.

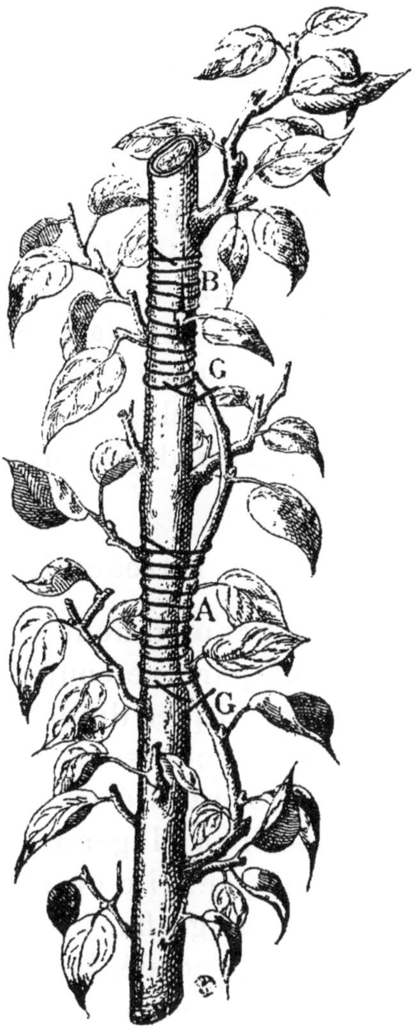

Fig. 96. — Le même sujet que le précédent, greffé et ligaturé.

Il est nécessaire que les parties avivées du bourgeon soient adhérentes à celles du sujet, pour faciliter la reprise de la greffe

Aussitôt le bourgeon placé, on ligature en laissant son extrémité libre. Si le bourgeon est assez ligneux et dépasse d'au moins 25 centimètres l'emplacement de la branche où l'on doit combler le second vide, on y procède de suite par la greffe en arc-boutant.

A cet effet, on pratique sur la branche de charpente, au point E, une double incision en forme de ⊥ (T renversé), l'une transversale, l'autre longitudinale ; on soulève les deux écorces avec la spatule du greffoir ; ceci fait, on rapproche le bourgeon du point entaillé en lui faisant décrire une légère courbe et en choisissant, à hauteur des incisions, un bon œil qui deviendra branche fruitière lorsqu'il sera soudé.

Introduction du greffon

Cet œil choisi, nous supprimons l'extrémité du bourgeon par une coupe en biseau plat dit bec de plume, pratiquée du côté opposé à l'œil F (fig. 95).

Nous introduisons immédiatement l'extrémité du bourgeon taillé sous l'écorce du sujet en lui faisant décrire un léger arc de cercle B (fig. 96). Nous ligaturons ensuite en ménageant l'œil placé sur le dessus de la greffe.

Par ce procédé, la sève, continuant à circuler dans le bourgeon, est attirée vers l'œil qui se trouve placé sous l'écorce du sujet, et la reprise est immédiate.

Nous pratiquons ce genre de greffe dans le jardin fruitier du Luxembourg, et nous en sommes satisfaits.

Si, au moment de la greffe en inscrustation, le bourgeon n'est ni assez long, ni assez ligneux pour pratiquer la greffe en arc-boutant, nous attendrons qu'il soit dans les conditions convenables pour l'opérer.

L'année suivante, au printemps, on opère en plusieurs fois le sevrage du rameau greffé au-dessous des deux ligatures aux points G, G (fig. 96), et l'on obtient ainsi deux branches fruitières de constitution robuste.

De la greffe par approche sur le poirier pour remplacer les branches manquantes

Avons-nous des vides à remplir sur des poiriers en pyramide, en espalier, contre-espalier, comme l'indique la figure 97 : la greffe par approche nous procure le moyen de les combler.

Au printemps, au moment où la sève se met en mouvement, on pratique sur le sujet, à l'endroit que l'on veut regarnir, une entaille de 5 à 7 centimètres de longueur ; une entaille identique et correspondante sera faite sur un rameau d'un an ou de deux ans que l'on aura conservé à cet effet ; on rapprochera les parties entaillées en mettant en contact les écorces ou tout au moins un côté et on ligature.

Pendant le courant de la végétation, on surveillera les ligatures pour éviter les étranglements ; l'année suivante, on procédera au sevrage du rameau greffon au-dessous de la soudure; l'extrémité supérieure nous fournira la branche devant combler le vide.

La lettre A (fig. 97) nous montre l'endroit où la greffe a été faite, B où le rameau greffon a été retranché, et C, la nouvelle branche obtenue par la greffe.

Dans l'établissement de la charpente d'un jeune sujet, il arrive quelquefois qu'au point où l'on veut obtenir une branche, l'œil s'annule ; on pourra re-

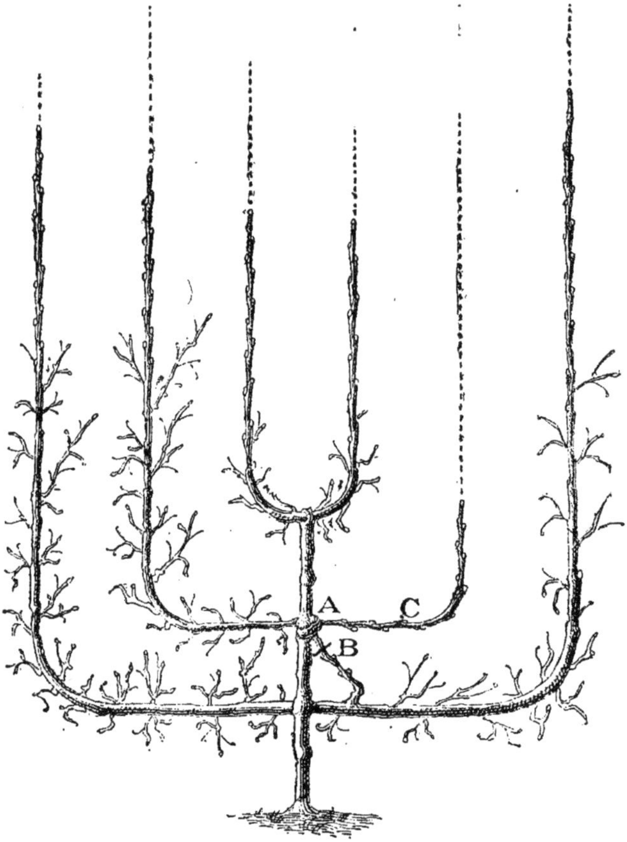

Fig. 97.
Restauration d'une palmette à l'aide de la greffe par approche.

médier à cet inconvénient à l'aide d'un bourgeon herbacé pris dans le voisinage, et qui sera greffé par approche au point où l'on veut obtenir la branche.

Du greffage du poirier par œil ou en écusson

La *greffe en écusson* consiste à prendre sur un rameau ligneux de poirier un œil bien constitué accompagné d'une mince portion d'écorce et à le placer sur le sujet, franc ou cognassier. Cet œil sera pris sur le rameau au moment même où l'on veut le greffer.

Cette méthode est très expéditive et très employée pour les petits sujets ; c'est le système de greffage le plus répandu pour tous les arbres fruitiers en général dans les pépinières et dans les jardins.

On peut écussonner le poirier à deux saisons différentes : 1° *à œil poussant*, au printemps au moment où la sève se met en mouvement ; 2° *à œil dormant*, au mois de juillet pour le franc et au mois d'août pour le cognassier.

De la greffe du poirier en écusson à œil poussant

Cette greffe, ne donnant que des résultats douteux et peu favorables, n'est presque pas usitée ; pour la faire, il est nécessaire de conserver vert et en non-végétation des rameaux de l'année précédente, sur lesquels on choisira les écussons.

Pour assurer la reprise de l'écusson, il faut que le sujet soit en pleine végétation et que l'écorce se soulève très facilement de l'aubier pour permettre l'introduction du greffon.

Dix ou douze jours après le greffage, lorsque la greffe est reprise, on supprime l'extrémité du sujet et l'on conserve un onglet de 8 à 10 centimètres, sur lequel on garde un bourgeon qui servira d'appel-sève, et qui sera traité d'après les procédés décrits plus loin, pour la greffe en écusson à œil dormant.

De la greffe du poirier en écusson à œil dormant

L'écussonnage à œil dormant est le plus pratique et le meilleur. L'œil écussonné reste au repos et ne doit végéter qu'au départ de la sève au printemps suivant.

Dans les pépinières, on greffe les jeunes arbres à œil dormant de 4 à 10 centimètres du sol ; quant aux hautes tiges, elles sont greffées à des hauteurs indéterminées.

Il n'y a pas d'époque fixe pour l'écussonnage à œil dormant; cette époque varie d'après la température de la saison et selon la sève du sujet.

On procédera en premier lieu au greffage des sujets âgés ; il en sera de même pour les variétés dont la végétation est susceptible d'un ralentissement immédiat ; on se réservera les sujets jeunes et vigoureux pour les greffer en dernière saison. Les sujets à haute tige seront aussi opérés avant ceux à basse tige.

Si l'on a beaucoup de sujets à greffer et dans la crainte que la sève ne se ralentisse avant que le greffage soit terminé, on prolongera leur végétation à l'aide des moyens suivants : 1° Par une taille en vert pratiquée sur les ramifications et l'extrémité du sujet, sept où huit jours avant le greffage. Cette taille consiste en la suppression du quart de la partie supérieure de chaque ramification ; même jusqu'au tiers.

2° A l'aide d'un arrosage copieux donné à chaque sujet trois ou quatre jours avant le greffage.

Dans le cas où la sève du sujet se trouve par trop

abondante, il est préférable de retarder l'écussonnage de quelques jours, dans la crainte, comme l'on dit, de noyer la greffe.

Si l'on attend que la sève soit par trop ralentie, les écorces se détachant moins facilement de l'aubier seront plus difficiles à soulever et l'on s'exposera à un insuccès complet.

De la préparation des greffons

Les rameaux ayant été choisis bien ligneux, on prendra de préférence les yeux situés vers le milieu du rameau, comme il est indiqué en A (fig.98), ces yeux sont toujours mieux constitués.

Fig. 98. — Choix du rameau pour la greffe en écusson.

On fera suppression, en B, de la base du rameau dont les yeux sont mal conformés, et en C, de ceux du sommet qui sont trop herbacés, trop mous. Les rameaux étant ainsi préparés, on coupe les feuilles en laissant le pétiole, à seule fin de ne pas altérer l'œil. On les place à l'ombre et au frais, au besoin l'extrémité basse du rameau piquée dans de la terre argileuse délayée à cet effet.

Les greffons qui doivent voyager seront préparés en coupant les feuilles comme il est dit ci-dessus ; on les enveloppe ensuite dans de la mousse bien humide recouverte de papier gris ou ciré. Si, au moment de greffer, on s'aperçoit que les rameaux sont ridés, on les plongera, pendant une journée, dans un vase d'eau fraîche, placé à la cave. Au bout de ce temps, ils seront remis pendant une dizaine d'heures dans la mousse humide, ou enterrés dans un sol frais en attendant le moment de les greffer.

De la manière de lever l'écusson

Pour lever l'écusson, on prend le rameau de la main gauche et le greffoir de la main droite ; on fait sur le rameau deux incisions transversales, une à 10 ou à 12 millimètres au-dessus de l'œil et l'autre à 12 ou 15 millimètres au-dessous. Ces deux incisions servent à détacher les écorces, comme il est indiqué figure 99 en AA.

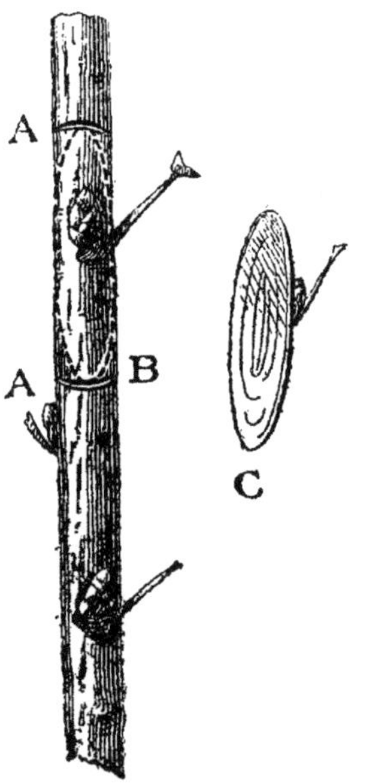

Fig. 99. — Manière de lever l'écusson.

On place ensuite l'index de la main gauche sous le rameau du côté opposé à l'œil à soulever et juste au-dessous, le pouce de la même main sur le rameau et à 3 centimètres au-dessous de l'œil. Avec la main droite, on place le tranchant de la lame du greffoir dans l'incision de la partie supérieure en inclinant presque le dos de la lame sur le rameau ; on la fait glisser entre l'écorce et l'aubier, en appuyant légèrement avec l'index de la main droite sur le manche du greffoir, jusqu'à ce que la lame arrive à l'incision de la partie basse comme le prescrit la ligne B (fig. 99).

Il est préférable, en soulevant l'écusson, d'enlever un peu d'aubier que d'oublier le moindre feuillet du liber. Comme l'indique C (fig. 99), s'il reste un peu trop d'aubier sous l'écorce, on pourra l'enlever en se servant de la pointe du greffoir. Pour cela, on détache en commençant par le haut de l'écusson, la partie d'aubier adhérente à l'écorce ; on opère le même travail sur la partie basse, en évitant d'enlever le germe qui constitue l'œil : ce dernier étant vidé, la réussite sera beaucoup moins certaine. Du reste, si notre sujet a beaucoup de sève, il n'y a aucun inconvénient à ce qu'il reste un peu d'aubier sous l'écorce, la soudure du greffon se fait tout aussi bien. Beaucoup de greffeurs lèvent les écussons très minces et n'enlèvent pas le peu d'aubier qui se trouve sous l'écorce, ils évitent ainsi de fatiguer l'œil et vont beaucoup plus vite ; cette manière d'opérer est préférable.

De l'incision du sujet et de l'introduction de l'écusson

L'écusson étant soulevé, on choisit sur la tige un endroit très uni sur lequel on fait deux incisions en forme de T ; ensuite, avec la spatule du greffoir, on soulève les écorces qui ont été incisées longitudinalement. Avec l'aide de la main gauche, on introduit aussitôt sous ces dernières, et de haut en bas, l'écusson que l'on tient par le pétiole.

On supprime l'extrémité supérieure de l'écusson à hauteur de l'incision transversale du sujet, s'il en est besoin, et on rapproche ensuite les écorces sur l'écusson.

Tout ce travail doit se faire avec beaucoup d'agilité, pour éviter le contact de l'air sur les parties qui viennent d'être opérées.

La ligature se fait immédiatement avec de la laine filée, autant que possible ; à défaut de laine, on emploiera du coton ou du raphia.

Pour éviter de faire remonter l'écusson, on commence la ligature par le haut, un peu au-dessus de l'incision transversale, et on la continue jusqu'à la partie basse de l'incision longitudinale.

Les points à serrer le plus fortement sont le haut et la base de l'incision, ainsi que la partie avoisinant l'œil. En ligaturant, il est nécessaire de bien rapprocher les écorces et de bien serrer le lien en continuant à le rouler par des spires rapprochées sur toute la partie incisée. En arrivant à la base de l'incision, l'extrémité de la ligature sera passée sous l'avant-dernier tour de lien et serrée assez fortement par crainte qu'elle ne se desserre.

Si l'on opère par un temps bien ensoleillé, on place une extrémité de rameau munie de 4 ou 5 feuilles, au-dessus de l'écusson pour le préserver du soleil.

Quinze jours ou trois semaines après le greffage, on visite les ligatures et on les desserre s'il se produit un étranglement. Si la soudure n'est pas achevée, on coupe la ligature du côté opposé à la greffe et l'on en remet une autre moins serrée.

La figure 100 nous représente en A l'incision transversale, en B l'incision longitudinale ; et en C le sujet greffé et ligaturé. Au printemps de l'année suivante, le greffon étant repris, on étête le sujet à 10 ou 12 centimètres au-dessus de la greffe, en A (fig. 101) ; cette partie conservée au-dessus de la greffe se nomme onglet.

Au moment du départ de la végétation, on supprime tous les bourgeons qui se développent entre le sol et la greffe, exception faite des tiges faibles où l'on pourrait en conserver quelques-uns et pincer leurs extrémités.

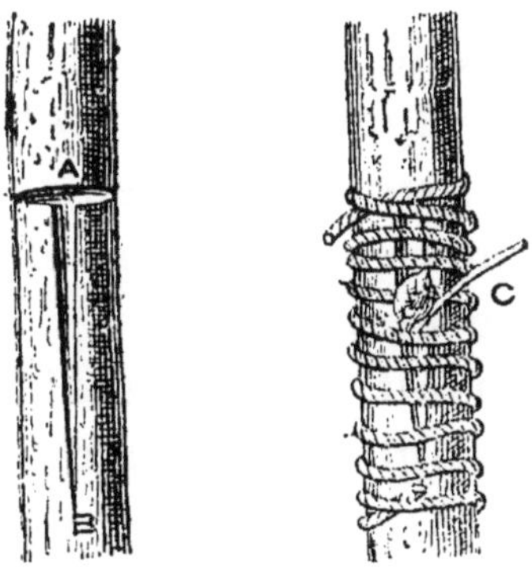

Fig. 100. — Incision du sujet et introduction de l'écusson.

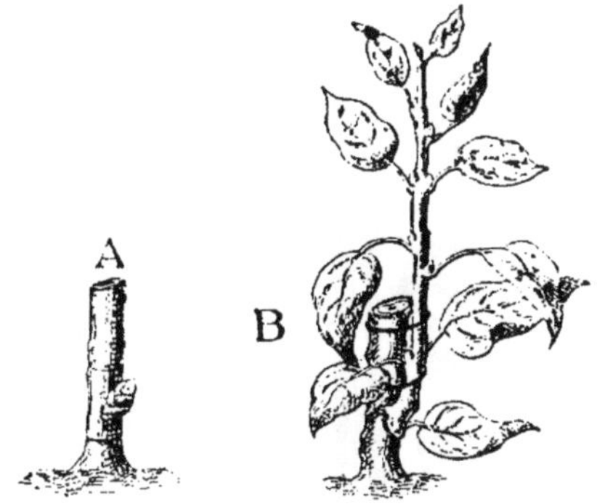

Fig. 101. — Etêtage du sujet et palissage du rameau sur l'onglet.

Quant aux bourgeons qui poussent sur l'onglet, c'est-à-dire au-dessus de la greffe, on en fera suppression, sauf un ou deux (C, fig. 102) qui seront conservés et pincés à la longueur de 12 à 15 centimètres. Ces bourgeons attirent la sève vers l'onglet et sont utiles au développement de la greffe.

Le développement de l'écusson sera surveillé très attentivement ; lorsqu'il aura atteint de 10 à 15 centimètres de longueur, il sera palissé sur l'onglet en B(fig. 101).

Pour les variétés vigoureuses, à bois tortueux, ainsi que pour celles dont la greffe est sujette à se décoller, on enfonce verticalement dans le sol et au pied du sujet un tuteur qui sera attaché au collet de l'arbre entre le sol et la greffe, comme l'indique la figure 102. La greffe est ensuite palissée sur le tuteur, à mesure qu'elle se développe.

Fig. 102. — Palissage du rameau sur le tuteur et suppression de l'onglet sur le sujet.

On fait la suppression de l'onglet qui se trouve au-dessus de la greffe, au bout d'une année de greffage, pendant le courant des mois d'août et de septembre. La coupe de l'onglet se fait dans une direction oblique, en C (fig. 102) ; aussitôt coupé, la plaie se cicatrise et le coude formé par la greffe disparaît beaucoup plus vite.

Il est de toute nécessité d'enlever cet onglet qui, s'il était laissé plus longtemps, parviendrait à gêner le développement de la greffe.

Dans la greffe du poirier sur cognassier, nous voyons très souvent qu'à la naissance de la greffe il se produit un très gros bourrelet défavorable à la circulation de la sève, en B (fig. 103). Nous pouvons remédier à cet inconvénient, au moyen d'incisions longitudinales commençant sur le bourrelet, comme il est indiqué en C, et se terminant sur le cognassier en D. Ces incisions, éloignées de 3 à 4 centimètres les unes des autres, servent à dilater les écorces et à faciliter la circulation de la sève et le grossissement du sujet ; l'on se gardera bien de les pratiquer du côté sud.

De l'écusson double opposé

Cette sorte d'écusson est semblable au précédent: la seule différence qui existe, c'est que l'on place

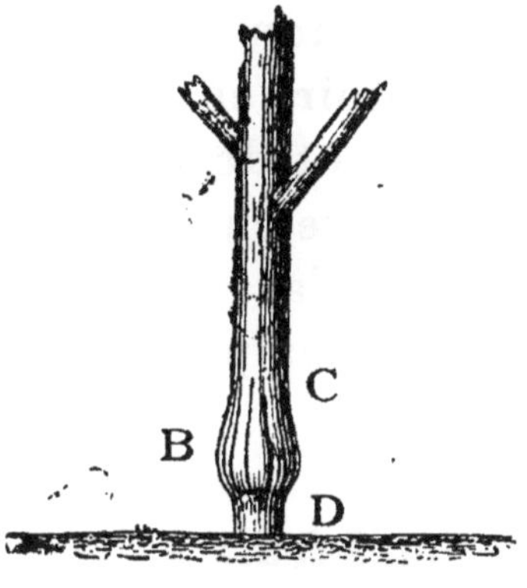

Fig. 103. — Incisions longitudinales sur le bourrelet et sur le sujet.

Fig. 104. — Ecussonnage double opposé.

sur la tige du sujet un écusson de chaque côté et à la même hauteur pour obtenir 2 branches parfaitement opposées (fig. 104).

Ce genre d'écussonnage est le seul que l'on doive employer pour former une palmette à branches bien opposées et de régularité parfaite.

Pour obtenir une belle végétation des variétés : *Beurré Clairgeau, Passe Crassane, Doyenné d'hiver,* etc., qui n'acquièrent que peu de développement sur le cognassier, on a recours au surgreffage pour l'établissement de la palmette.

Ce surgreffage se pratique l'année même de la plantation sur des scions d'un an, de variétés très vigoureuses (*Curé*, *Beurré Hardy*, *Doyenné du Comice* par exemple), qui auront été écussonnés en pépinière sur cognassier.

En ce cas, comme l'on change complètement la nature du sujet, pour obtenir la première série et la flèche, on place sur la tige 2 écussons bien opposés et un troisième en avant au-dessus des précédents.

Cette méthode n'est que trop peu employée; aussi la recommandons-nous, non seulement comme utile, mais comme obligatoire en faveur de la vie des arbres, de la grosseur et de la qualité des fruits. Il est préférable de faire choix dans la pépinière de ces arbres surgreffés à l'avance : c'est le seul moyen de ne pas perdre de temps et d'arriver à récolter des fruits plus vite.

De la greffe du bouton à fruit

Ce genre de greffe a l'avantage de nous donner du fruit l'année suivante, aussi beau que celui qui vient naturellement sur l'arbre; nous devons dire aussi à l'avantage de cette greffe que les boutons à fruits greffés nous forment des branches fruitières vivant aussi longtemps que les branches ordinaires.

Cette greffe se pratique du 15 juillet au 15 août, mais à une condition, c'est que l'arbre soit encore en pleine végétation. Si elle est faite trop tôt, on court le risque de voir le bouton à fruit s'épanouir pendant la dernière période de la sève d'août. Si au contraire elle est faite trop tard, au moment où la sève est prête à s'arrêter, on n'est pas assuré de la reprise du bouton à fruit.

En 1893 (année très sèche), au jardin du Luxembourg, toutes les greffes de boutons à fruit placées

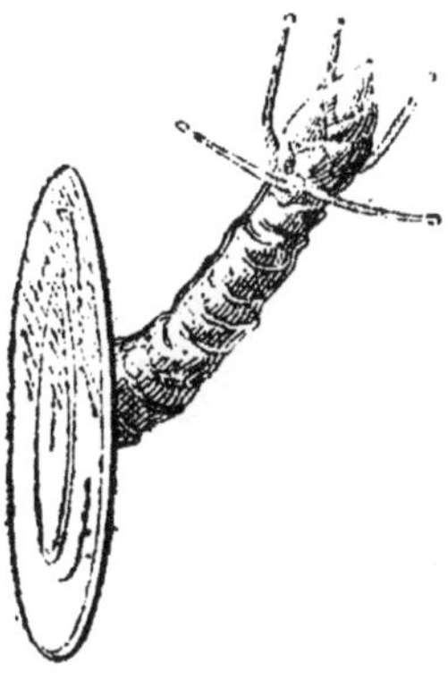

Fig. 105. — Bouton à fruit avec empattement.

Fig. 106. — Bouton à fruit sans empattement.

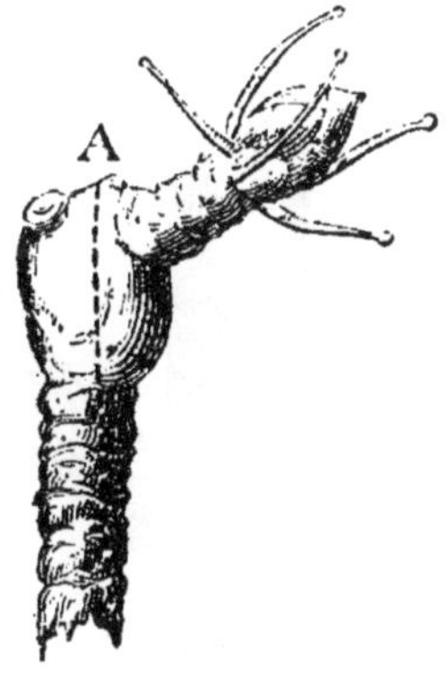

Fig. 107. — Bouton à fruit né sur bourse.

du 20 au 31 juillet ont parfaitement réussi. La reprise de celles placées du 1er au 15 août a été presque nulle.

On prend les greffons sur des arbres chargés de dards, de boutons à fruits, en un mot sur des arbres qui doivent être déchargés à la taille. On les prend sur l'arbre au moment de s'en servir en ayant soin de couper immédiatement les feuilles sur leur pétiole et de les placer au frais dans la mousse très humide.

Les meilleurs boutons à fruits sont ceux qui naissent sur le bois d'un ou de deux ans.

On les choisira soit *avec empattement* (*fig.* 105) ou *sans empattement* (*fig.* 106). Il ne faut pas les prendre trop âgés ; lorsqu'ils ont trois, quatre ou cinq ans, on a beaucoup moins de chance de réussir. L'on se sert aussi très avantageusement de la brindille terminée par un bouton à fruit.

Fig. 108. — Résultat de la greffe du bouton à fruit.

La *figure* 107 représente un bouton à fruit né sur *une bourse* de l'année précédente ; pour le greffer, on le prépare comme l'indique la coupe A, même figure.

On peut aussi le placer directement sur les branches de charpente, pourvu qu'elles ne soient pas trop âgées et que leur écorce soit lisse.

On opère comme pour écussonner, en se gardant bien de retirer la moindre partie ligneuse qui se trouve sous l'écorce ; on fait une plaie bien lisse un peu concave, permettant de fixer son adhérence au sujet.

Pour le placer, on choisira de préférence une branche fruitière très lisse, soit près de la branche de charpente ou directement sur celle-ci, lorsqu'il s'agit de regarnir une partie dénudée. Aussitôt greffé, on ligature immédiatement et fortement, et on abrite la greffe avec l'extrémité d'un rameau muni de ses feuilles.

S'il n'y a plus assez de sève, on pratique à l'automne, sur la branche fruitière, la greffe du bouton à fruit en fente ou bien en couronne au printemps.

La figure 108 nous montre les résultats d'une greffe de bouton à fruit portant dans le cours de l'automne de l'année suivante deux superbes fruits.

Quelques variétés ne se prêtent que médiocrement à ce genre de greffe, entre autres *Beurré d'Arenberg* et *Doyenné du Comice* qui ont tendance à laisser tomber leurs fruits dès qu'ils sont noués. Celles qui réussissent le mieux sont : *Doyenné d'hiver*, *Beurré Clairgeau*, *Beurré Bachelier*, *Beurré Diel*, *Triomphe de Jodoigne*, *Beurré Hardy*, *Passe Crassane*, etc.

De la greffe du poirier par rameaux détachés

Cette greffe consiste à prendre un rameau greffon d'une variété de poirier et à le placer sur un sujet franc ou aigrin, ou sur une autre variété déjà greffée. Cette greffe pour le poirier se pratique au printemps lorsque la sève commence à monter, pendant le courant de la végétation et à l'automne au déclin de la sève.

Pour la faire au printemps, l'on conserve des rameaux greffons de l'année précédente ; si l'on opère pendant les mois de mai, juin, même juillet, on prendra de ces mêmes greffons. En juillet, on pourra se servir de rameaux de l'année, les premiers développés ayant été pincés de bonne heure et déjà ligneux. Pour la greffe d'automne, on se servira de rameaux de l'année, bien constitués.

Du repos des rameaux greffons du poirier

Pour les poiriers à greffer au printemps, les greffons sont détachés de l'arbre en hiver, pendant le repos de la sève, dans les mois de décembre, janvier.

On choisit de préférence les rameaux qui ont poussé en plein air sur des arbres sains, de bonne vigueur et fertiles en même temps. On les lie ensuite par paquets et par variétés. On peut les conserver au repos de différentes manières : 1° en les enterrant, l'extrémité à peine apparente, à l'exposition du nord, au pied d'un arbre vert, d'un mur ou d'un bâtiment quelconque ; pour cela, on ouvre une tranchée dans laquelle on place les rameaux à greffer dans une direction oblique et on les recouvre ensuite de terre meuble et fraîche ; il est possible qu'au moment de greffer, les yeux au contact de l'air soient un peu en mouvement ; que l'on ne s'en effraie pas ; ceux qui sont dans le sol seront encore au repos et par conséquent très utilisables.

2° On peut encore les conserver dans une cave fraîche modérément humide, enterrés dans le sable.

3° Si l'on veut conserver leur non-activité jusque vers le mois d'août, on creuse le long d'un mur, au nord, une rigole profonde de 30 centimètres, large de 25; on l'entoure de planches sur toutes les faces, celle placée en avant sera plus enterrée que celle de derrière. On place ensuite un peu de sable dans le fond de la rigole, et les greffes liées par petits paquets sont couchées horizontalement sur le sable. Une planche placée obliquement sur les deux formant la rigole, et recouverte de 10 centimètres de terre, servira de couvercle; de la sorte, les greffons placés pendant le repos de la sève dans cette rigole privée d'air et de lumière, pourront se conserver pendant toute l'année. Chaque fois que l'on aura besoin de prendre des greffons, on lèvera le couvercle, qui sera refermé et recouvert de terre aussitôt après. Ces rameaux conservés dans le sol peuvent voyager aussi bien et seront tout aussi bons que ceux détachés du sujet au moment de greffer.

Pour la greffe d'été et d'automne, on détache les rameaux de l'arbre au moment de greffer; ils sont effeuillés immédiatement et greffés aussitôt. S'ils sont destinés à voyager, on les effeuille et on les enveloppe dans de la mousse humide recouverte de gros papier gris ou ciré.

Dans n'importe quel genre de greffe par rameau-greffon, ce dernier aura toujours 1 ou 2 yeux au-dessus de la partie greffée, et cette dernière de 2 à 3 centimètres de longueur, ce qui lui donnera une longueur totale de 8 à 10 centimètres. Dans la multiplication d'une variété précieuse, on emploiera des greffons courts; il en sera de même des espèces possédant des bourgeons dont les yeux sont très rapprochés.

De la greffe en fente du poirier à un seul rameau

Ce genre de greffe pour le poirier ne se pratique que très peu en pépinière ; cependant, pour ne pas perdre une année, on l'emploie avantageusement sur des sujets dont la greffe en écusson n'a pu réussir ; de même qu'elle peut être utilisée sur des sujets plus âgés et dont l'écorce est plus dure.

Elle se fait au printemps, aux mois de mars-avril, avec des greffons coupés dans le courant de l'hiver ; on la fait encore à l'automne au moment où la sève est à son déclin, pendant les mois de septembre et d'octobre, avec des rameaux ligneux possédant des yeux bien formés et coupés au moment du greffage. Si la greffe est faite trop tôt, les yeux du greffon peuvent se développer et sont assujettis à être détruits pendant l'hiver ; si, au contraire, elle est faite trop tard, la disparition de la sève empêche la soudure du greffon au sujet.

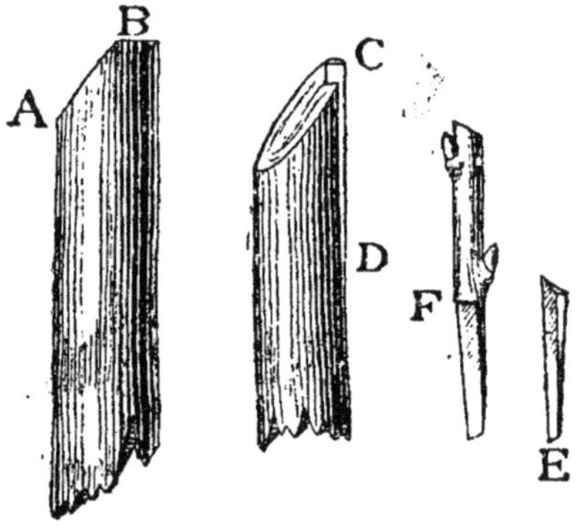

Fig. 109. — De la préparation du greffon et du sujet pour la greffe en fente simple.

Les greffes en fente manquées au printemps peuvent être remplacées dans le courant de l'année, au moyen de la greffe en couronne, de la greffe de côté, et encore mieux par la greffe en fente d'automne.

Au moment où la sève se met en mouvement au point destiné à recevoir la greffe, on coupe en sifflet le sujet que l'on désire greffer : A, B (fig. 109).

Si la tige est faible, on la coupe à l'aide de la serpette; si elle est forte, on se sert de la scie et l'on rafraîchit la plaie immédiatement.

A l'aide de la serpette ou du couteau à greffer, on opère sur le sommet, et au milieu de la coupe horizontale, une fente longitudinale de C en D,

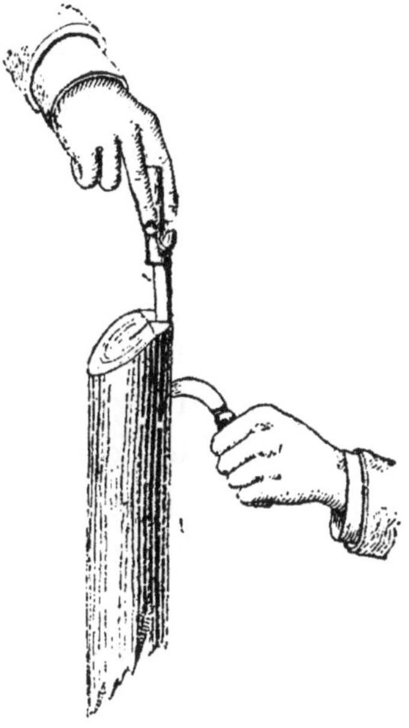

Fig. 110. — Insertion du greffon sur le sujet.

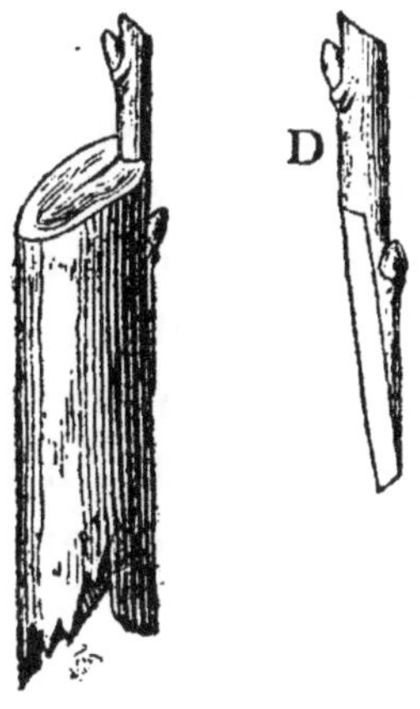

Fig. 111. — Greffe en fente simple avec œil enchâssé.

(figure 109) d'une longueur en rapport avec celle du biseau. En faisant cette ouverture, il faut avoir soin de ne partager que le biseau et non le sujet dans son entier; pour cela, il s'agit de tenir le manche de la serpette beaucoup plus bas que la lame; de cette manière, l'écorce étant tranchée la première, l'aubier ensuite, on évitera toute déchirure possible et le cœur du sujet se trouvera épargné.

On laisse à l'extrémité supérieure du greffon 1 ou 2 yeux; plus le sujet est jeune, plus le greffon sera court. On taille ensuite la partie inférieure sur deux faces en biseau et en forme de lame de couteau, E (fig. 109). Les petits crans pratiqués de chaque côté de la partie basse de l'œil, au point F (fig. 109), permettent d'asseoir facilement le rameau sur la coupe du sujet.

Pour l'introduction du greffon, on écarte l'ouverture du sujet avec la pointe de la serpette et on place le greffon de l'autre main. En l'introduisant, on veille à ce que l'écorce du greffon, plus mince que celle du sujet, soit bien en contact avec cette dernière ; à cet effet, on incline légèrement le greffon en le rentrant un peu sur le sujet; on le maintient avec précaution avec la main jusqu'à ce que la pointe de la serpette soit retirée de l'ouverture. La figure 110 nous montre l'insertion du greffon sur le sujet. Pour en assurer la reprise, on ligature immédiatement ; afin de le maintenir en contact avec le sujet, on enduit les plaies de cire à greffer, ainsi que son extrémité.

La greffe en fente avec œil enchâssé, comme l'indique la figure 111, ne diffère de la précédente que par la coupe en biseau du greffon, qui commence en D, à environ 1 centimètre et demi au-dessus de l'œil qui se trouve sur le dos du biseau.

Par l'introduction du greffon, cet œil se trouvera enchâssé dans l'ouverture du sujet et offrira plus de vigueur et de solidité.

Aussitôt son développement, on le palissera sur l'extrémité du sujet, ensuite sur l'extrémité du greffon et plus tard sur un tuteur.

Avec ce genre de greffe, il n'est pas nécessaire de conserver deux yeux au-dessus de celui qui est enchâssé ; un seul suffit pour que la sève n'abandonne pas l'extrémité supérieure du greffon.

De la greffe en fente du poirier à deux rameaux

Cette greffe se fait de préférence au printemps; elle est employée principalement sur des poiriers dont on veut changer la variété, ainsi que sur des branches assez fortes, nécessitant le placement de deux greffons. On prépare les greffons avant de fendre le sujet, de la même manière que pour la greffe en fente à un seul rameau.

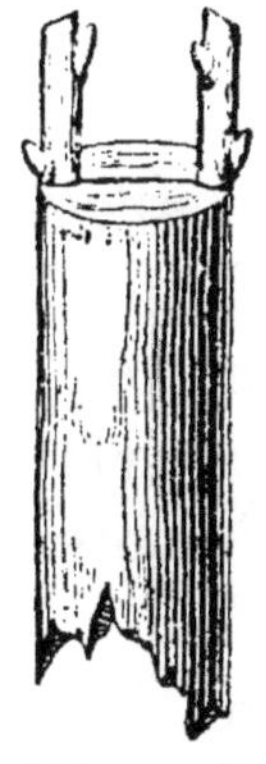

Fig. 112. — Greffe en fente à deux rameaux.

On coupe le sujet horizontalement, de préférence sur un endroit bien lisse; on le fend ensuite diamétralement avec la serpette.

Si le sujet offre une certaine résistance, on frappe sur le dos de la serpette avec un petit maillet en bois pour faire une fente bien nette, sans éclat ni déchirure d'écorce.

La fente ouverte, on se servira d'un coin en bois dur plus ou moins gros, pour maintenir entr'ouverte l'extrémité du sujet à opérer et faciliter l'introduction des greffons ; ces derniers placés, on retire le coin avec beaucoup de précaution, en évitant de les déranger. On ligature et on enduit aussitôt les plaies de cire ou de mastic à greffer.

La *figure* 112 représente la greffe en fente à deux rameaux.

Un autre moyen plus pratique pour greffer de gros sujets, c'est de faire usage du ciseau à greffer; la lame sert à fendre le sujet et sert en même temps de coin pour faciliter l'introduction des greffons.

Au développement de ceux-ci, on attachera, à l'extrémité du sujet, un petit tuteur sur lequel on palisse les nouveaux bourgeons. Ceux qui se développent sur le sujet seront supprimés ; exception faite de quelques appel-sève que l'on conservera dans le voisinage de la greffe et que l'on pincera à la longueur de 12 à 15 centimètres.

De la greffe du poirier en couronne

La *greffe en couronne* est indispensable pour le greffage des vieux poiriers, ainsi que des grosses branches. On la fait au printemps, vers les mois de mars-avril, lorsque l'écorce se détache facilement de l'aubier ; elle procure cet avantage sur la greffe en fente : c'est que l'introduction des greffons ayant lieu entre le liber et l'aubier, on n'a pas besoin de fendre les sujets pour les greffer.

Si l'on a beaucoup de sujets à greffer, on pourra les étêter un mois à l'avance ; la sève, n'étant pas appelée vers l'extrémité de l'arbre, montera beaucoup moins vite et nous permettra de greffer plus tardivement.

En regreffant de vieux arbres, il sera nécessaire de garder deux ou trois branches d'appel pour conserver la sève dans le sujet et favoriser la reprise des greffons.

Lors du développement des greffons, ces branches d'appel seront rapprochées progressivement et supprimées définitivement pour la fin de la saison, afin de ne pas entraver le développement des jeunes rameaux pour les années suivantes.

La *figure* 113, D, représente un sujet coupé à la scie, trois semaines ou un mois à l'avance ; au moment de le greffer, on rafraîchit la plaie à la serpette, on prend des rameaux greffons coupés en hiver et conservés comme il a été dit page 246.

On laissera deux yeux sur la partie supérieure du greffon, la partie inférieure sera taillée en biseau plat dit bec de plume, en E (fig. 113). On fait un petit cran à la partie supérieure du biseau pour permettre de fixer avec plus de solidité le greffon sur la coupe du sujet.

On se sert d'un coin en bois dur très aminci pour détacher l'écorce de l'aubier, à l'endroit où l'on veut introduire le greffon; on retire le coin pour y placer immédiatement la greffe que l'on fait glisser entre l'écorce et l'aubier.

Le nombre de greffes à placer sur un sujet est indéterminé; il peut varier de 1 à 3 ou 4, selon la grosseur de l'arbre.

De toute manière, on aura le soin de les distancer de 4 à 5 centimètres sur la circonférence.

Lorsque l'on se trouve dans la nécessité de placer plusieurs greffons sur un même sujet, on pratique sur l'écorce, à l'endroit où l'on veut placer une greffe, une incision longitudinale, qui facilite l'introduction du greffon, permet aux autres d'être à leur aise et évite le déchirement des écorces.

Comme pour les autres genres de greffes, on ligature et on mastique ensuite.

La *figure* 113 nous représente un sujet sur lequel on a placé trois greffons.

De la greffe en couronne perfectionnée

Cette greffe ne se fait que sur des sujets ne demandant qu'un seul greffon. Le sujet H (fig. 114) étant rabattu, on pratique sur lui, au point où on veut le greffer, une coupe légèrement oblique; à l'extrémité supérieure de la coupe, on fait, sur l'écorce du sujet, une incision longitudinale de 25 millimètres environ, et on ne soulève qu'un seul côté de l'écorce, I. On taille le greffon en bec de plume comme pour la greffe en couronne ordinaire, mais en laissant au

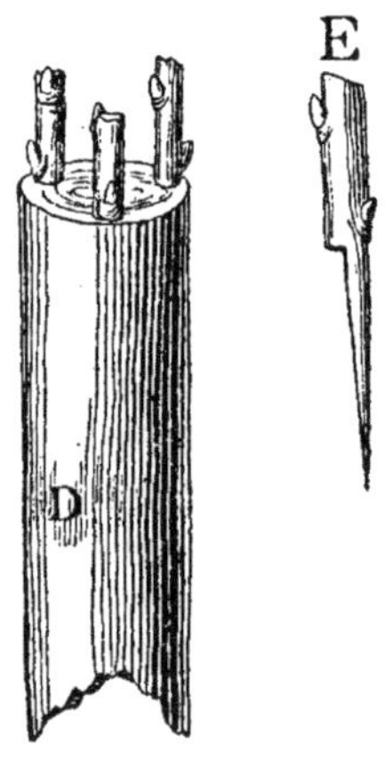

Fig. 113. — Greffe du poirier en couronne.

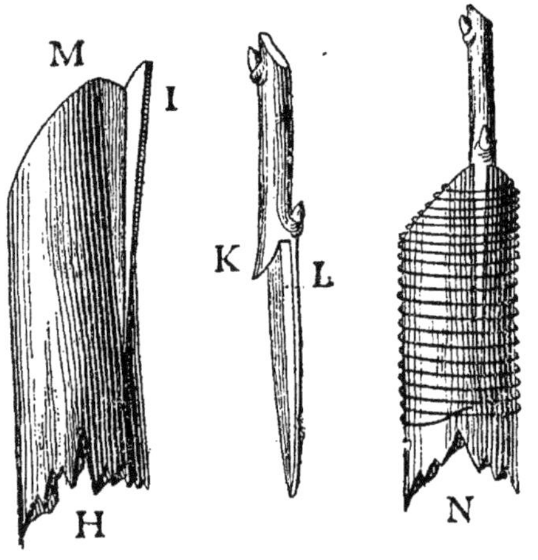

Fig. 114. — Greffe du poirier en couronne perfectionnée.

sommet du biseau K, une petite languette formant crochet qui permettra l'adhérence du greffon sur la coupe oblique du sujet. Ceci fait, on enlève encore une petite bande d'écorce sur le côté L du biseau du greffon, et on le place ensuite sous l'écorce soulevée du sujet, en le mettant en contact du côté L avec l'écorce du sujet M, adhérente à l'aubier. On ligature et on enduit ensuite les plaies et l'extrémité du sujet de cire à greffer. La *figure* 114, N, nous représente le greffon placé et ligaturé sur le sujet.

Les soins à donner après ce genre de greffage sont les mêmes que pour le greffage en fente.

De la greffe du poirier par rameau sous écorce de côté

Cette greffe se pratique sur le côté de la tige, il n'y a pas lieu de couper le sujet. Elle se fait sur le poirier à deux époques différentes : 1° au printemps, dans le courant d'avril-mai, avec des rameaux conservés de l'année précédente ; par ce moyen, la greffe se développe dans le courant de l'année ; 2° du mois de juillet à la fin d'août, même au commencement de septembre, avec des rameaux ligneux de l'année. Faites à cette époque, les greffes ne se développent que l'année suivante. Cette greffe est très employée pour la restauration des poiriers soumis à une forme régulière, soit pour donner de nouvelles branches de charpente, soit pour remplacer les branches fruitières qui peuvent manquer sur la charpente du poirier.

Elle offre un avantage sur la greffe en écusson : c'est de mieux se prêter au greffage sous les vieilles écorces.

On pratique sur le sujet une double incision en forme de T, l'une transversale, l'autre longitudinale, et on enlève au-dessus du T une petite parcelle d'écorce, comme l'indique la *figure* 115.

On taille la partie inférieure du greffon en biseau plat, ou bec de plume A (fig. 115), en conservant 2 ou 3 yeux sur la partie supérieure.

La greffe ainsi taillée, on soulève les écorces avec la spatule du greffoir pour y insérer le greffon ; ce dernier placé, on rapproche les écorces et on ligature ensuite, B (fig. 115).

De la greffe du poirier en fente à l'anglaise

Le poirier peut se greffer en fente à l'anglaise, au printemps pendant les mois de mars et d'avril, avec des greffons de l'année précédente, et aux mois d'août et septembre avant l'arrêt complet de la sève.

Cette greffe offre une grande solidité, mais elle

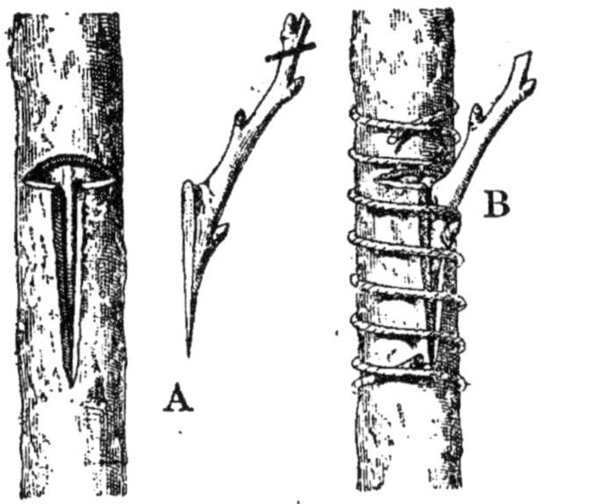

Fig. 115. — Greffe du poirier par rameau sous écorce de côté.

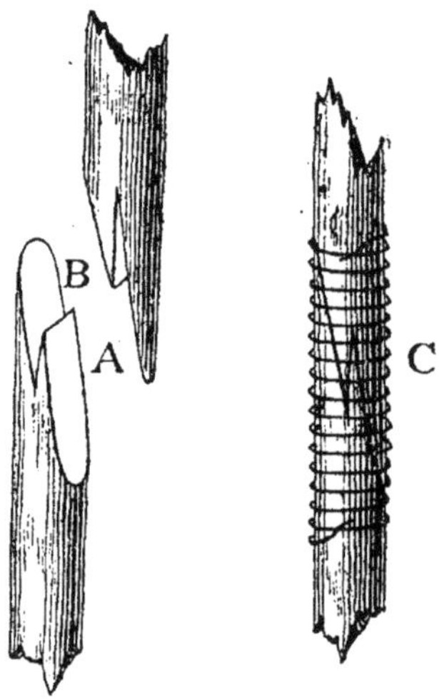

Fig. 116. — Greffe du poirier en fente à l'anglaise.

ne peut se pratiquer que pour de petits arbres, et encore faut-il autant que possible que le sujet et le greffon soient d'une égale grosseur ou à peu près.

Au moment de greffer on coupe le sujet et le greffon en biseau très allongé; puis à l'aide du greffoir, vers le tiers supérieur de chaque biseau, on pratique une esquille de même dimension (fig. 116), au point A du sujet et B du greffon. Les deux esquilles ainsi préparées, on les fait pénétrer l'une dans l'autre en faisant coïncider les écorces, C (fig. 116). Si le greffon est un peu moins large que le sujet,ce qui arrive très souvent, on l'ajuste seulement sur un seul côté. De la sorte, les libers du sujet et du greffon se trouvant en contact, la reprise de la greffe sera presque assurée.

La greffe terminée, on ligature et on enduit les plaies de cire à greffer.

Pendant le courant de la végétation, on surveillera les ligatures et le développement de la greffe; en un mot, l'on y apportera les mêmes soins qu'aux greffes en fente et en couronne.

NOTIONS PRATIQUES SUR LES MALADIES LES PLUS COMMUNES DU POIRIER

Le poirier est sujet à différentes maladies qu'il est du devoir de toute personne s'occupant d'arboriculture de connaître.

Nous ne donnerons ici que des détails de pratique pure sur ces maladies, renvoyant pour plus de détails au volume : *Maladies des arbres fruitiers*, de M. E. Sirodot, de cette Bibliothèque.

Nous donnerons en même temps les moyens les plus efficaces pour les combattre et les faire disparaître s'il est possible; mais, avant de parler de toutes ces maladies attaquant le poirier d'une façon plus ou moins inquiétante, nous trouvons indispensable de faire ressortir ici les différentes causes accidentelles qui peuvent occasionner et contribuer à la perte du poirier et de tous les arbres fruitiers en général.

Des différentes causes accidentelles pouvant occasionner la perte du poirier

Une foule de circonstances accidentelles causées involontairement, et la plupart du temps par la main de l'homme, soit par son manque de capacité en arboriculture, soit par celui de surveillance, nous dirons même d'agilité, peuvent contribuer et amener à bref délai la perte du poirier et autres arbres fruitiers.

Nous ne citerons ici que les principales causes :

1° De planter un poirier greffe sur franc ou sur cognassier dans un sol qui ne soit pas en rapport avec la nature du sujet, sol soit par trop calcaire, soit par trop argileux : il ne poussera pas et ne donnera que peu ou pas de fruits ;

2° Dans la plantation d'un arbre, si les racines sont enterrées trop profondément dans le sol (ce qui arrive très souvent), elles ne peuvent absorber l'air, l'arbre devient chlorosé et finit par périr ;

3° De labourer continuellement au pied des arbres soit avec une bêche ou tout autre instrument tranchant, détruisant racines et radicelles, provoquant ainsi dans la végétation des troubles graves et répétés; il peut en résulter à plus ou moins brer délai la perte des arbres ;

4° De donner à un arbre une forme par trop restreinte en raison de sa vigueur et de son développement radiculaire, ainsi que de la nature du sol dans lequel il a été planté : il arrivera que cet arbre sera continuellement contrarié dans sa végétation ; il en sera de même si on lui donne une trop grande forme, qui ne soit pas en rapport avec la qualité du sol ou avec la nature du sujet ;

5° D'opérer sur un arbre le pincement de tous les bourgeons en une seule fois : il se produira un arrêt complet de la sève, ce qui nuira au développement du sujet ;

6° De laisser à un arbre plus de fruits qu'il n'en peut porter; il s'épuisera très promptement : la quantité de fruits à lui laisser est de 4 à 6 par mètre de longueur de branche de charpente ;

7° Si, pendant la végétation et surtout au moment du repos de la sève, un arbre n'est pas débarrassé des insectes ou des maladies qui peuvent l'attaquer et l'envahir, sa végétation contrariée, troublée, deviendra languissante, et infailliblement il finira par périr.

Voilà une foule de causes accidentelles qui, dans un laps de temps plus ou moins long, peuvent contribuer à la perte du poirier et de tous les arbres fruitiers en général.

Ulcère

L'*ulcère* est une maladie qui se déclare le plus souvent à la suite d'une mauvaise coupe, faite à l'aide d'un instrument qui a déchiré et meurtri les organes vivants du sujet.

Lorsque l'ulcère se déclare sur une branche de poirier, on aperçoit une plaie pénétrant jusqu'au corps ligneux, s'agrandissant de plus en plus, et laissant échapper un liquide noirâtre qui décompose et empêche la formation du bourrelet.

Le meilleur moyen pour le faire disparaître est d'enlever jusqu'au vif, à l'aide d'un décortiqueur, toute la partie contaminée ; de frotter ensuite la plaie avec des feuilles d'oseille qui contiennent de l'*acide oxalique*, et, aussitôt séchée, de la recouvrir de mastic à greffer.

Chancre

Le *chancre* se développe principalement sur le pommier, surtout lorsqu'il est planté en sol très humide, mais le poirier y est aussi assujetti. L'arbre atteint de cette affection a une écorce qui devient rougeâtre, molle, se boursouflant, se fendillant et se décomposant en poussière. Si l'on n'y prend garde, la plaie s'agrandit, gagne tout le pourtour de la branche et amène sa perte à bref délai.

Le chancre est une affection cryptogamique, causée par le *Nectria ditissima* (Tul) (V. p. 42 de l'ouvrage cité ci-dessus).

Le chancre se déclare dans les terrains secs et brûlants, aussi bien que dans les terrains argileux, froids et humides.

Il peut aussi se déclarer à la suite de coups de soleil, de meurtrissures, ou d'une coupe nouvellement faite ; dans ce cas, il est facile de le guérir. Nous remarquons que les poiriers greffés sur franc y semblent plus exposés.

On peut y remédier :

1° En grattant les plaies jusqu'au vif, avec le décortiqueur ou la serpette ; ensuite on frictionne fortement avec de l'oseille, et l'on enduit un ou deux jours après de mastic ou de cire à greffer ;

2° Après un grattage de la plaie, on la lave avec une brosse en crin imbibée dans la solution suivante, bien dissoute et composée de :

Eau	1	litre.
Sel de cuisine (une poignée)	50	grammes.
Vinaigre	250	—

Après deux opérations appliquées à quelques jours d'intervalle, la plaie, étant bien nette, sera recouverte de mastic à greffer.

Si la plaie est profonde et large et la branche petite, il vaut mieux en faire la suppression, au-dessous du point attaqué, et prendre le bourgeon le plus vigoureux pour former un nouveau prolongement.

Mais, si notre arbre est envahi par plusieurs

chancres, on se trouvera dans l'impossibilité de le guérir, il finira infailliblement par périr ; mieux vaut l'arracher et le remplacer.

Chlorose

La *chlorose* ou *anémie* dans le régime végétal est une affection grave, s'attaquant à tous les genres d'arbres fruitiers et fréquemment au poirier.

Cette maladie sur les végétaux a beaucoup d'analogie avec l'anémie sur les êtres humains.

Sur les arbres atteints de chlorose, les feuilles jaunissent, les bourgeons s'amincissent, deviennent languissants, cessent de pousser ; les sujets finissent bien souvent par en mourir.

La chlorose peut être occasionnée par une température froide ou des pluies persistantes, par l'excès d'humidité ou de sécheresse, et surtout par l'appauvrissement des sols et par les terrains réfractaires à telle ou telle nature d'arbres fruitiers.

D'une manière générale, on arrive bien souvent à faire disparaître cette maladie, en améliorant les sols par des apports de bonne terre et avec le concours des engrais naturels et chimiques.

Depuis bien longtemps, l'emploi du sulfate de fer, contre la chlorose des arbres fruitiers, a été mis en application. Combien d'arboriculteurs l'ont essayé déjà et sans succès : nous-mêmes l'avons employé au Jardin du Luxembourg, il y a plus de 25 ans.

1° En mai-juin, par pulvérisation faite sur les feuilles des arbres, le soir de préférence, à raison de 1 à 2 grammes par litre d'eau ; et en répétant une seconde opération 12 à 15 jours plus tard et même une troisième s'il y a nécessité.

2° Par l'emploi du sulfate de fer pulvérisé et épandu à la surface du sol, dans la proportion de 8 à 10 kilos par are

3° A l'aide d'arrosages faits au pied des arbres dans la proportion de 10 grammes de sulfate par litre d'eau, ou mieux 100 grammes dans 10 litres d'eau, augmentés d'un gramme de nitrate de potasse, pour un arbre (tronc) de 10 à 12 centimètres de diamètre.

4° Un remède qui, depuis dix ans, nous a paru plus efficace, est d'effectuer la taille des arbres chlorosés en novembre-décembre et d'appliquer tout aussitôt, sur toutes les coupes faites par le sécateur, aux extrémités des branches et des ramifications taillées, une ou deux gouttes de la solution suivante :

Sulfate de fer...........................	30 grammes.
Eau	100 —

5° En 1905, un auditeur du cours d'arboriculture du Luxembourg (1), qui avait planté dans un terrain siliceux une grande quantité d'arbres fruitiers dont bon nombre étaient chlorosés, nous indiquait un procédé qu'il avait en application depuis deux ans déjà.

Ce procédé que nous appliquons depuis cette même année au Jardin du Luxembourg, en *mai-juin-juillet* de préférence, consiste à perforer à la tarière le tronc de l'arbre chlorosé, à environ 10 centimètres au-dessus de la greffe (fig. 117). Nous donnons au trou une profondeur égale à la moitié du diamètre de l'arbre, soit 5 centimètres pour 0,10 de diamètre, et une largeur équivalant au dixième

(1) M. Thomas, amateur d'arboriculture, à Créteil.

du diamètre, soit donc, pour le sujet qui nous concerne, 1 centimètre.

Le trou fait obliquement de haut en bas, le fond devant toucher le canal médullaire, le sulfate de fer en poudre y est introduit, bien tassé à l'aide d'une cheville de bois dur, jusqu'à la partie extérieure de l'aubier *sans toucher l'écorce*, et est obturé à l'aide de mastic à greffer.

L'effet produit se manifeste très rapidement de la façon suivante : 4 à 5 jours après l'opération, sur certaines parties de l'arbre, des feuilles grillent complètement, et tombent au bout de 8 à 10 jours pour faire place ensuite à de nouvelles, qui se développent d'un vert intense.

Celles qui ne tombent pas reprennent assez rapidement un peu de chlorophylle, et bien souvent reverdissent complètement dans l'espace de quinze jours à un mois.

Certaines branches d'un arbre offrent quelquefois cette particularité de rester jaunes pendant que certaines autres avoisinantes sont entièrement reverdies. — En ce cas, le même traitement leur est appliqué l'année suivante dans un trou percé à leur base, ou sur le tronc à peu de distance du premier, et au besoin une troisième année.

D'autres applications de cette nature faites en 1906 au *Jardin du Luxembourg*, sur des arbres entièrement chlorosés, bons à arracher, et renouvelées une ou deux années au besoin sur les mêmes sujets, nous ont donné d'excellents résultats. — *Bon nombre de ces arbres, qui à cette époque ne donnaient plus de fruits, sont maintenant complètement rétablis et donnent de beaux produits.*

Au Congrès pomologique tenu à Besançon en

1908, nous avions entretenu les congressistes des résultats vraiment surprenants que nous avions obtenus à la suite de l'emploi du sulfate de fer en poudre dans le tronc des arbres, *poiriers*, *pommiers*, *pêchers*, *cerisiers*, etc. ; nous avons maintenant la satisfaction de dire ici que depuis cette époque, chaque fois que s'offre à nous un arbre chlorosé, nous avons recours à ce traitement qui en général nous procure des résultats durables et excellents.

Chez ceux de nos auditeurs qui ont la mauvaise fortune de posséder des arbres chlorosés ou plantés dans un mauvais sol, ces expériences, faites sur nos recommandations avec preuve à l'appui, sont passées dans la domaine de l'application courante.

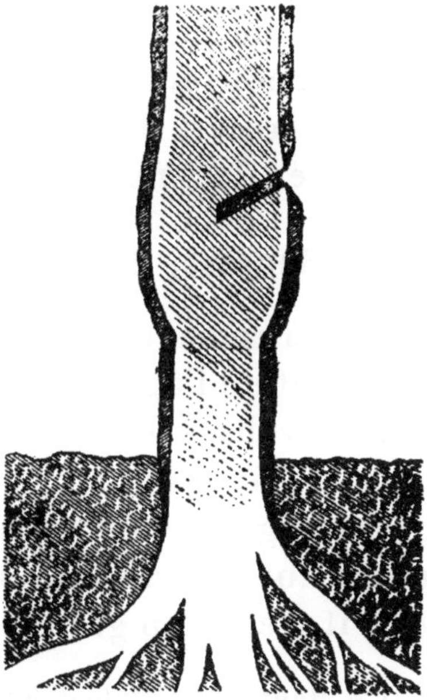

Fig. 117. — Tronc d'arbre perforé pour l'introduction du sulfate de fer en poudre.

En résumé, nous estimons que le sulfate de fer utilisé contre la chlorose des arbres fruitiers, par pulvérisation sur les feuilles, mélangé au sol par un épandage ou employé en arrosage au pied des arbres, ne nous paraît jamais avoir donné des résultats bien appréciables.

Son application par gouttes sur les coupes fraîches des rameaux produit, il est vrai, une végétation plus active, mais son introduction en poudre par perforation du tronc de l'arbre, d'après les explications données ci-dessus, procure incontestablement une réaction vivifiante très rapide, qui nous paraît se bien maintenir, et qu'il sera possible de conserver plus longuement avec l'aide des engrais naturels, tels que : fumiers, gadoues, débris de chiffons, terre de gazon provenant des curages des fossés, etc., que l'on pourra apporter au sol et qui, dans ce cas, seront de précieux adjuvants.

Sur une plantation de poiriers âgés de 6 à 8 ans et même 10 ans, si la chlorose est causée par l'appauvrissement du sol et que les moyens ci-dessus indiqués ne peuvent suffire pour la combattre, le meilleur conseil que nous puissions donner sera de les déplanter, d'enlever les terres épuisées, d'en rapporter des neuves et de replanter ensuite (1).

Mousses, lichens et plantes parasites

Il est à remarquer qu'à mesure que nos poiriers prennent de l'âge, les branches sont presque toujours envahies de mousses et lichens qui parviennent à faire mourir les branches fruitières les moins vigoureuses et servent en même temps de refuge aux insectes nuisibles. Pour s'en débarrasser, s'il y en a en grande quantité, on se servira du

(1) M. Magnien traite la chlorose du poirier en terrain calcaire par l'application d'engrais solubles pendant la 2e quinzaine de juin. Au moyen du pal, il introduit l'engrais à proximité des racines, à 30 ou 40 centimètres de profondeur, à la dose de 50 grammes par mètre carré, répartis uniformément au pied des arbres et en 10 trous équidistants, les trous sont ensuite remplis d'eau et rebouchés.

La composition de l'engrais par 100 kilos est la suivante :

Phosphate d'ammoniaque	28 kilos
Nitrate de potasse	48 kilos
Nitrate de soude	14 kilos
Sulfate d'ammoniaque	10 kilos

gratte-mousse (fig. 117 *bis*), avec lequel on enlèvera le plus gros, ainsi que les vieilles écorces ; la brosse en crin, recourbée, terminera l'opération. A l'aide d'un pinceau, on badigeonnera la tige et les branches de l'arbre avec un lait de chaux très clair : 5 kilogrammes pour 100 litres d'eau. D'autre part, une solution de :

Sulfate de fer......................	10 à 12 kilos
Eau..............................	100 litres

employée soit à l'aide d'un gros pinceau, soit en pulvérisation, remplacera avantageusement le lait

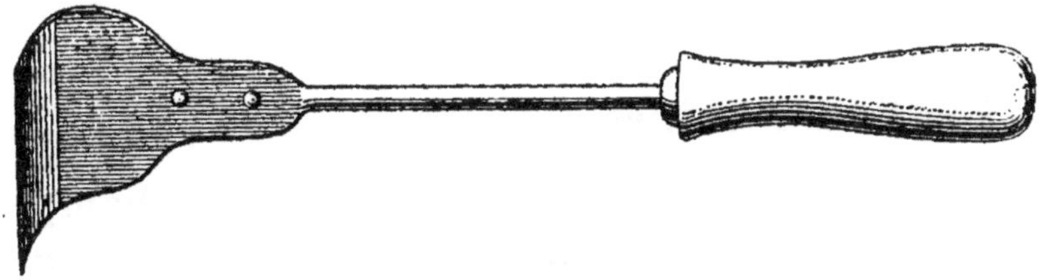

Fig. 117 *bis*. — Gratte-mousse.

de chaux. Si l'emploi en est fait au pulvérisateur, l'intérieur de l'appareil sera doublé de plomb, dans la crainte de le voir détérioré par l'action du sulfate de fer. On procédera à cette opération du mois de novembre au mois de février, mais surtout *avant la taille*. L'année suivante, les écorces de nos arbres redeviendront très lisses. Selon le besoin, cette opération sera renouvelée tous les quatre ou cinq ans.

Les plantes parasites croissent principalement sur les vieux arbres à écorces rugueuses, endurcies, et dans les endroits ombragés. Les vieilles écorces seront enlevées avec le gratte-mousse, ramassées et brûlées aussitôt ; on appliquera ensuite le lait de chaux ou la formule prescrite ci-dessus.

Brûlure du poirier

Durant les fortes chaleurs, il arrive bien souvent que l'extrémité des bourgeons se dessèche et que les feuilles noircissent, même dans un bon sol ; on ne sait à quoi attribuer la cause de cette maladie.

On y remédie à l'aide d'une taille en vert, faite sur l'œil le plus élevé qui paraît le meilleur ; de la sorte, cet œil pourra se développer en faux bourgeon et assurer le prolongement de la charpente.

Un autre moyen pour activer la végétation des arbres, c'est de les bassiner à l'eau claire, tous les soirs entre 7 et 8 heures, pendant les grandes chaleurs.

Rouille des feuilles (*Œcidium cancellatum*)

Gymnosporangium Sabinæ Dicks. Ce champignon se trouve sur la feuille du poirier sous la forme d'*œcidies* et de spermogonies ; il passe une partie de son existence sur le genévrier sabine (*Juniperus Sabina*) (1).

Lorsque les poiriers sont atteints de cette maladie, nous voyons certaines feuilles se couvrir en dessus de points noirs entourés d'une tache rouge plus ou moins grande, tandis qu'en dessous il se forme des boursouflures velues et inégales, produisant à la fin de la saison une quantité de spores.

Cette maladie, comme on le voit, est due à la présence de la sabine dans le voisinage du poirier ; un seul pied de cet arbuste peut la communiquer à des poiriers, même éloignés de 500 à 600 mètres.

Nous ne connaissons pas d'autre traitement que

(1) Le *Juniperus Oxycedrus* communique également la rouille aux feuilles du poirier.

de supprimer les sabines du voisinage et de recueillir avec beaucoup de précautions sur tous nos sujets atteints toutes les feuilles malades et les brûler aussitôt. (V. Sirodot, ouvr. cit., p. 19.)

Tavelure sur le poirier (*Fusicladium pirinum*)

La *tavelure*, *crevasse* ou *chancre* des fruits, est une maladie qui produit sur certaines variétés de poires et de pommes des taches noires, des crevasses. Les fruits attaqués par le champignon qui la cause sont déformés au point que l'on n'en peut tirer aucun profit. La tavelure attaque les feuilles, les rameaux et les fruits, elle se produit presque chaque année sur les variétés délicates, plantées dan sles terrains marécageux, froids et humides, exposés aux brouillards, et surtout les années humides. Il est à remarquer bien souvent que vers la fin de mai, après quinze jours ou trois semaines de chaleur, s'il arrive une période froide ou pluvieuse, la végétation se ralentit, reste même comme paralysée ; il en résulte que les fruits délicats se crevassent de toutes parts : dès cette époque, ils sont complètement perdus.

Les variétés qui souffrent le plus de cette maladie sont : le *Doyenné d'hiver*, le *Beurré d'Hardenpont*, le *Saint-Germain*, le *Bon Chrétien d'hiver*, la *Bergamote Crassane*, le *Doyenné d'Alençon*, le *Beurré gris* et bien d'autres variétés. C'est pourquoi nous recommandons pour les climats des environs de Paris, de l'Est et de l'Ouest de la France, de réserver les murs aux expositions du midi et de l'est pour les variétés ci-dessus, et de les protéger en même temps contre les pluies, refroidissements subits de la nuit, par des chaperons ou des auvents en paille ou en planches et mieux des abris vitrés (voir page 32) qui y seront placés de fin mars à mai.

Très souvent ces moyens sont insuffisants ; on aura recours alors à l'emploi en pulvérisation de la bouillie bordelaise, qui donne des résultats excellents lorsqu'elle est employée préventivement de douze en douze jours d'intervalle, depuis le commencement de la floraison, jusqu'au moment de l'ensachage des fruits qui commencera, selon les années, vers le 20 mai.

Emploi de la bouillie bordelaise contre la tavelure par pulvérisation pendant la végétation

Nous recommandons pour poiriers, pommiers et pour tous les arbres fruitiers à noyau, contre la tavelure, la formule suivante :

Eau de pluie........................	100 litres.
Chaux vive..........................	750 grammes.
Sulfate de cuivre....................	500 —

La préparation de la bouillie se fera de la manière suivante :

1° Faire dissoudre le sulfate de cuivre dans un peu d'eau chaude, ou alors dans 10 litres d'eau froide ; le sulfate enfermé dans un sachet est suspendu à la partie supérieure du liquide.

2° Faire éteindre la quantité de chaux vive en y ajoutant un peu d'eau, environ 5 litres à seule fin d'obtenir un lait clair duquel on retirera les granulations ; il vaudrait mieux le tamiser.

3° Verser lentement le lait de chaux dans la solution de sulfate en agitant constamment, et ajouter ensuite la quantité d'eau nécessaire pour obtenir les 100 litres, soit donc $10 + 5 + 85 = 100$ litres.

Dans la crainte de brûler les feuilles des arbres, l'on s'assurera, à l'aide du papier bleu de tournesol, en plongeant l'extrémité dans l'eau, que la bouillie ne soit pas acide ; si au sortir de l'eau le papier rougit, l'on devra ajouter un peu de chaux jusqu'à ce qu'il reste bleu.

Pour la pulvérisation, on se servira d'une seringue ou d'un pulvérisateur en cuivre. L'attention de l'opérateur aura pour but d'atteindre les fruits et surtout le dessous des feuilles ; en agitant aussi très souvent son appareil, il obtiendra une bouillie très homogène et évitera les engorgements.

Traitement hivernal de la tavelure

L'hiver, après avoir procédé à l'enlèvement des vieilles écorces, les formules suivantes employées pendant le repos de la sève, soit en pulvérisation, soit en badigeonnage, produiront également de bons résultats contre la tavelure sur le bois.

En pulvérisation avant la taille :

Eau de pluie........................	100 litres.
Sulfate de cuivre....................	5 kilos.
Chaux vive..........................	3 —
Jus titrés ordinaires de tabacs, contenant 10 grammes de nicotine pure par litre de jus....................	10 litres.

En badigeonnage, avant la taille :

Eau de pluie........................	10 litres.
Sulfate de cuivre....................	750 grammes.
Chaux vive..........................	1 kilogr. 500
Jus titrés ordinaires de tabacs, contenant 10 grammes de nicotine pure par litre de jus....................	3 litres.

Les *oiseaux* en grand nombre attaquent les fruits ; l'importance des dégâts qu'ils commettent est très grande, et les en éloigner n'est pas toujours facile ; on emploie pour cela toutes sortes d'épouvantails auxquels ils s'habituent vite.

Les filets, les toiles très claires sont de bons préservatifs, mais demandent beaucoup de temps à placer et empêchent la maturité des fruits. Ces moyens ne sont pas pratiques pour les arbres au plein vent. Des guirlandes de papier blanc, des chiffons rouges, noirs, des imitations d'oiseaux avec pomme de terre, deux morceaux de verre suspendus de place en place sur les branches fruitières de l'arbre, au moyen de fils de coton : tous ces procédés réussissent assez bien, mais pendant peu de temps.

Un bon moyen pour préserver les boutons à fruits au moment de leur développement, ainsi que les fruits sur espalier, contre-espalier et pyramide, c'est d'enchevêtrer des fils de coton vert sur toutes les parties de l'arbre et dans toutes les directions. Un autre moyen très pratique est de tirer des coups de fusil en l'air pour les effrayer.

Des loirs, rats, mulots et lapins

Les *loirs*, les *lérots* et les *rats* causent de grands dégâts dans les jardins ; ils attaquent tous les fruits, mais en particulier les pêches, les poires et les raisins; ils se réfugient pendant l'hiver dans les murs creux, surtout ceux en terre, et ils n'en sortent qu'au printemps. A cette époque et pendant tout le courant de l'été, il faudra leur faire la chasse au fusil ou les détruire avec des assommoirs, ou à l'aide de pièges amorcés d'appâts empoisonnés, tels que : *pain d'épice*, *coupe-sifflet*, *pâte phosphorée*, *mort-aux-rats*, etc. Un moyen excellent pour détruire les loirs consiste à casser 2 œufs, à les battre, et à y ajouter 5 grammes de noix vomique et d'en faire une omelette. Pour la cuisson, on y mettra le double de graisse que pour une omelette ordinaire, on la coupera ensuite par petits morceaux de la grosseur d'une noix que l'on placera dans différents endroits, sur le passage des rongeurs, et dans les trous des murs principalement.

On emploiera ce moyen surtout au printemps lorsqu'ils commencent à sortir ; ils sont affamés et se jettent sur cet appât avec avidité.

Pour la destruction des mulots, on placera, au ras du sol et le long des murs, des cloches enterrées au niveau du terrain, dans lesquelles on mettra quelques litres d'eau et du charbon pilé pour en empêcher la décomposition. Ils s'y noieront très facilement. Le *pain de baryte*, pour la destruction des campagnols et mulots, est aussi très recommandable.

Contre les *lapins*, les arbres fruitiers plantés au potager et au verger seront protégés par un mélange de suie et d'argile délayés, dont on enduira les troncs, du sol jusqu'à 1 mètre de hauteur.

Eau...........................	4 à 5 litres.
Argile grasse	1 seau.
Suie de cheminée...................	1 seau.

Des taupes

Les *taupes* se nourrissent de vers, vers blancs et larves d'insectes ; elles creusent des galeries souterraines, détruisent quelques racines pour se livrer passage et font beaucoup de tort surtout aux jeunes arbres. Le meilleur moyen pour les détruire est de placer sur leur passage deux pièges en sens inverse, les crochets en dessus.

Des pucerons

Les *pucerons noirs ou verts* se portent principalement sur les jeunes feuilles de tous les arbres fruitiers en général et surtout sur les extrémités des jeunes bourgeons dont ils sucent les tissus au point de les déformer et d'entraver la végétation.

Il est donc de toute utilité de les détruire. — Voici une formule très simple, très efficace et à la portée de toutes les bourses. Mise en application depuis l'année 1894, au jardin fruitier du Luxembourg, nous la recommandons tout particulièrement.

Extrait titré de nicotine, contenant 100 grammes de nicotine pure par litre	500 grammes.
Savon noir	1 kilo.
Eau de pluie	100 litres.

Préparation. — Faire dissoudre le savon noir dans 5 litres d'eau en remuant constamment; si l'on se sert d'eau chaude la dissolution se fera bien plus vite. Verser le reste de l'eau, soit 95 litres, et y ajouter l'extrait de nicotine.

Après avoir bien mélangé, on pulvérisera les arbres, le soir de préférence, entre 4 et 8 heures.

Le lendemain matin de bonne heure, les arbres qui ont été pulvérisés la veille seront lavés à l'eau claire ; de la sorte, on évitera l'action des rayons solaires sur les bourgeons tendres traités la veille.

Les jus titrés ordinaires de tabacs sont également très recommandables, pour pulvériser les arbres fruitiers pendant l'été.

Ces pulvérisations seront faites avec des formules très faibles contenant de 1 à 2 grammes de nicotine pure par litre d'eau au maximum ; exemple :

Par litre des jus titrés ordinaires contenant	10 grammes de nicotine pure, on ajoutera....	5 à 10 litres d'eau.
	20 grammes de nicotine pure, on ajoutera...	10 à 20 litres d'eau.

Pour un litre d'extrait titré de nicotine contenant 100 grammes de nicotine pure, on ajoutera 50 à 100 litres d'eau.

L'eau de savon noir employée à 2 0/0, c'est-à-dire 20 grammes par litre d'eau, donne aussi de très bons résultats.

Des chenilles parasites du poirier

Parmi les chenilles qui vivent sur le poirier, nous citerons : la chenille du bombyx chrysorrhée *Bombyx à Cul-brun* (*Liparis Chrysorrhæa*), *L.* ou *Cul-brun ;* la chenille à bague ou chenille du bombyx livrée, *Bombyx Neustria L.*

Ces insectes dévorent complètement les feuilles des arbres, nuisent à leur végétation et compromettent les récoltes.

Le meilleur moyen de se débarrasser des chenilles communes, c'est de détruire les nids dans le courant de l'hiver, et au commencement du printemps avant qu'elles ne se dispersent. On enlève à l'aide d'un échenilloir les nids qu'elles se sont préparés sur les arbres, et on les brûle aussitôt.

Lorsqu'elles sont jeunes, elles vivent en société, puis se dispersent ensuite ; à cette époque, il est beaucoup plus difficile de les détruire ; pour cela, on sera dans la nécessité de faire des dissolutions de savon vert, ou de jus de tabac, d'après les formules données pages 274 et 275 pour la destruction des pucerons.

Les *Bombyx Neustria* disposent leurs œufs en masse sous forme d'anneaux ou de bague autour des rameaux. Pour les détruire, il ne faut pas se contenter, au moment de la taille, de couper le rameau et de le jeter à terre ; cela n'est pas suffisant ; il faut le brûler, ou retirer les œufs qui l'entourent et les écraser sur une pierre ou sur un sol dur.

De la Phalène hiémale (*Chematobia Brumata*), dite *arpenteuse*

Les *chenilles*, de couleur verdâtre, éclosent avec les bourgeons vers le 15 avril et causent de cette époque à fin mai les plus grands ravages sur nos arbres fruitiers, en dévorant les boutons à fleurs et les jeunes bourgeons à mesure de leur développement.

A leur entière grosseur courant de juin, ces chenilles, à l'aide d'un fil de soie qu'elles se filent, descendent dans le sol pour y passer l'été et s'y métamorphoser. Du mois d'octobre à fin décembre, elles reparaissent sous forme de papillons. — Les femelles étant aptères (dépourvues d'ailes) sortent de terre et recherchent les troncs d'arbres pour y grimper et s'y accoupler aux mâles qui voltigent à leur recherche. Après fécondation, chaque femelle pond sur les branches et à la base des yeux environ 200 œufs.

Moyen de destruction. — La femelle n'ayant pas d'ailes, il est facile de l'empêcher de monter aux arbres. A cet effet, vers le 15 octobre, à la hauteur d'environ 0,30 du sol, on entourera les troncs des arbres d'un papier gris, ou d'un chiffon, ou d'une torsade de foin, formant un collier d'environ 0,15 de largeur, lequel, enduit d'une couche de goudron de houille ou de glu préparée à cet effet, arrêtera l'ascension des femelles (1). Les glus devront être renouvelées sur les bandes, de façon qu'elles conservent toutes leurs propriétés, jusque vers la fin de décembre.

Zeuzera Æsculi

La chenille de ce *Lépidoptère nocturne*, de couleur blanc jaunâtre ponctuée de noir, vit en Europe dans le bois du poirier, du pommier, etc., où elle creuse des galeries et finit par faire des trous profonds qui amènent la perte de la branche ou de l'arbre.

Le meilleur moyen de s'en débarrasser est d'enlever, à l'endroit où l'on aperçoit l'orifice par où sortent ses excréments, l'écorce déchirée, de

(1) M. Rivière, professeur départemental d'agriculture de Seine-et-Oise, préconise comme matière gluante l'huile de graissage américaine, qu'on trouve dans le commerce.

prendre un fil de fer formant crochet et de l'introduire dans le trou le plus profondément possible pour essayer de tuer l'insecte. La destruction de cette chenille pourra encore se faire à l'aide de coton imbibé d'essence ou de benzine, lequel sera introduit dans la galerie immédiatement. Le trou de la galerie sera fermé à l'aide de mastic, après l'introduction du coton.

Ver des poires et des pommes (*Carpocapsa pomonella*)

La *larve* de cet insecte d'un blanc jaunâtre ou rougeâtre, que nous ne connaissons que trop, est celle qui perfore les poires et les pommes et en ravage l'intérieur, au grand préjudice de la valeur de ces fruits.

Pour préserver les fruits à la surface desquels ce petit papillon vient pondre, vers la fin du mois de mai, au commencement de juin, on les enveloppera, ceux de luxe surtout, dans des sacs de papier. Pour plus amples renseignements, se reporter *à la page* 109 *de notre traité.* Contre ce papillon (1), nous recommandons avec avantage la solution suivante qui sera employée en deux pulvérisations distinctes. — La première aura lieu en aspergeant fortement les arbres en pleine floraison ou immédiatement après que les premiers pétales tombent, la seconde sera faite huit à dix jours après.

{	Eau	50 litres.
{	Arséniate de soude	300 grammes.
{	Eau	50 litres.
{	Acétate de plomb	700 grammes.

Faire fondre séparément, et mélanger ensuite, en agitant fortement et en versant lentement,

(1) et contre la *Chematobia Brumata.*

l'acétate de plomb dans la solution d'arséniate de soude.

Cemyostoma scitella (*tache noire des feuilles*)

Dans le commencement de juin, l'on peut apercevoir sur les feuilles de poiriers et de pommiers des petites taches noires, de forme ovale ou plus ou moins arrondies, de petite dimension d'abord et pouvant atteindre plus tard de 5 à 10 millimètres de largeur et plus.

Peu nombreuses lors de leur apparition, il peut arriver vers fin juillet que toutes les feuilles d'un arbre en possèdent de 10 à 15, arrivant même à se toucher : il en résulte que la végétation est complètement paralysée aux endroits attaqués. — Sous chacune de ces taches, dès leur apparition, l'on trouve logée, dans l'intérieur de la feuille, une petite larve blanche de 4 millim. 1/2 de longueur (celle du *Cemyostoma scitella*), qui en ronge le parenchyme. — A son complet développement, elle sort de son gîte, se tresse un fil de soie et s'abrite sous les écorces des arbres, sous les treillages et dans les murs.

Au printemps suivant, fin avril, toutes ces larves donnent naissance à des papillons de très petite taille dont les femelles, par leur ponte sur les feuilles, assurent la reproduction de nouvelles larves.

Abritées dans l'intérieur des feuilles, il est bien difficile de détruire les larves, les insecticides ne pouvant les atteindre. — On devra, au début de l'invasion, couper les feuilles atteintes et les brûler, ou alors à l'aide des doigts, on pressera sur les taches pour écraser les larves.

Des badigeonnages appliqués sur le tronc et les

branches des arbres l'hiver, pourront en détruire une grande partie.

Des perce-oreilles ou forficules

On rencontre ces insectes en quantité sous les pierres, dans les lieux frais, dans les vieux murs, sous les vieilles écorces d'arbres; pendant la nuit, ils détériorent beaucoup de fruits, notamment les pêches et les poires.

Un bon procédé pour les détruire, c'est de suspendre, le long des murs, des pots dans lesquels on met des petits paquets de mousse humide ou bien des tronçons de dahlia ou de sureau, longs de 20 à 25 centimètres, dont on a enlevé la moelle ; ou bien encore des salades dont ils sont très friands.

On leur fait la chasse tous les matins, en les faisant tomber dans un grand vase rempli d'eau.

Des guêpes

Les *guêpes* sont nuisibles par les dégâts qu'elles causent dans nos jardins et nos vergers en dévorant les raisins, pêches, prunes, abricots et nos plus beaux fruits jusqu'aux premiers froids.

On distingue trois espèces de guêpes :

1° *Vespa vulgaris* (guêpe commune) qui construit son nid dans le sol.

2° *Vespa sylvestris*, qui établit son nid après les branches d'arbres.

3° *Vespa crabo*, *frelon*, dans les trous d'arbres ou sous les toits.

Par les premiers beaux jours d'avril, les femelles apparaissent sur les vieux treillages des murs, sur les vieilles clôtures de planches, sur les tas d'échalas. Elles y viennent chercher du bois pourri pour construire leur nid : c'est le meilleur moment de les abattre et les écraser, ce sera autant de nids de détruits.

Au mois d'août, il n'en est plus de même, ce sont des nids achevés qu'il s'agit de détruire; pour cela, on se munit d'un enfumoir à soufflet (fig. 118) dans lequel on met de petits morceaux de bois pourri et bien sec ou des morceaux de liège, mélangés avec de la fleur de soufre. On y met le feu et on

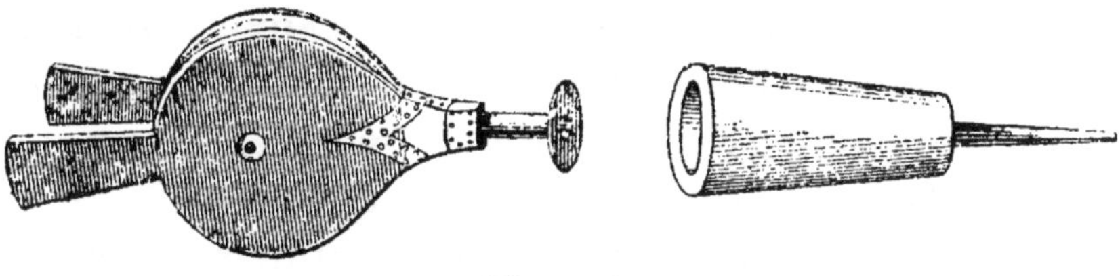

Fig. 118.
Enfumoir à soufflet pour la destruction des nids de guêpes.

fait agir ensuite le soufflet; lorsque la fumée sort très épaisse, on introduit la douille dans le trou du nid de guêpes et on souffle vigoureusement. La fumée pénètre jusqu'à leur nid et les asphyxie presque instantanément.

Ensuite on pioche le terrain et on met le nid à l'air; on l'arrose avec un peu d'essence qu'on enflamme aussitôt.

Il reste bien dehors une quantité plus ou moins grande de guêpes, desquelles nous n'aurons pas à nous inquiéter ; elles sont condamnées à disparaître, n'ayant plus ni mère, ni rayons pour les abriter. A l'aide de ce procédé, on peut opérer à n'importe quelle heure de la journée, car elles deviennent inoffensives. L'application de 100 grammes de sulfure de carbone environ introduits le soir, après leur rentrée, dans le trou du nid de guêpes, et suivie d'une petite quantité d'eau qui le fera descendre, ainsi que la fermeture de l'orifice aussitôt après, sera un procédé excellent pour les asphyxier.

On les détruit aussi en suspendant le long des espaliers des flacons remplis aux trois quarts d'eau miellée, dans lesquels elles viennent se noyer. Les fruits peuvent être également préservés par l'ensachage.

Des fourmis

Les *fourmis* font beaucoup de tort aux arbres dès le commencement de la végétation : elles rongent les jeunes bourgeons de même qu'elles entament les fruits mûrs, surtout pêches et abricots.

Un bon moyen de les détruire, c'est de suspendre sur différentes parties de l'arbre, de petites bouteilles remplies aux deux tiers d'eau miellée ou sucrée dans lesquelles elles viennent se noyer. Si la fourmilière est un peu éloignée de l'arbre, on pourra la détruire soit à l'aide de pétrole ou d'eau bouillante, ou encore de capsules de sulfure de carbone. Un saupoudrage de poudre de pyrèthre, ou de soufre et borax les éloignera très bien aussi. On les empêchera de monter sur les arbres, en entourant la base de leur tige avec de la ouate fortement imbibée de benzine ou de coaltar. Les *formules insecticides* décrites pages 274 et 275, excellentes pour la destruction des pucerons, éloigneront en même temps les fourmis.

La tenthrède limace ou sangsue
(*Tenthreda adumbrata*, Klug)

La *sangsue* ou *limace* est la larve d'un hyménoptère du genre *Tenthreda*, de couleur noirâtre, recouverte d'une matière visqueuse et luisante. Par sa forme, elle a beaucoup de ressemblance avec un petit têtard.

Elle cause de grands ravages sur les poiriers pendant les mois d'août, septembre et octobre; elle apparaît sur le dessus des feuilles qu'elle ronge complètement, en ne laissant que les nervures. A la chute des feuilles, elle se roule dans une petite motte de terre pour se métamorphoser au printemps.

Lorsque ces larves apparaissent en grand nombre sur un arbre, elles en détruisent toutes les feuilles au point d'arrêter la végétation et de faire tomber les fruits.

A l'aide du soufflet ventilateur, on les détruit très facilement en saupoudrant les arbres attaqués, de chaux vive en poudre, de fleur de soufre, ou en pulvérisant sur l'arbre de l'eau de jus de tabac.

La tenthrède du poirier (*Lyda piri*)

L'insecte parfait (sorte de mouche) apparaît en mai. La femelle pond de 40 à 50 œufs à la face inférieure des feuilles. — Les larves qui en sortent commencent à filer une toile qui embrasse une certaine longueur de la branche et ressemble assez à celle de certaines chenilles. A mesure que les feuilles comprises dans leurs toiles sont consommées, elles agrandissent leur réseau pour en prendre de nouvelles. Après 4 ou 5 semaines, les larves à l'état adulte ressemblent à des fausses chenilles (larves des tenthrèdes). Elles gagnent alors le sol pour la métamorphose qui se fait en juin.

Pour les détruire, on supprime et on brûle les pontes d'œufs et les nids que l'on peut trouver, et on emploie les pulvérisations prescrites pour la destruction des pucerons, page 274.

Des hannetons et des vers blancs

Une femelle de *hanneton* pond de 30 à 40 œufs. La larve ne se transforme en chrysalide qu'au bout de trois ou quatre ans, selon la température plus ou moins chaude du climat. Les hannetons sont à redouter par les dégâts qu'ils causent à tous les arbres fruitiers, en mangeant leurs feuilles; mais leurs larves sont encore plus redoutables; aussi devons-nous, chaque printemps, leur faire une chasse acharnée pour arriver à les détruire.

Un bon moyen pour cela consiste, *en avril-mai*, à placer des toiles sous les arbres, et à les secouer ensuite pour y faire tomber tous les hannetons qui seront ramassés et détruits aussitôt; on évitera ainsi de grands ravages pour les années suivantes.

La larve du hanneton ou ver blanc attaque les sujets, aussi bien jeunes que vieux, ronge toutes les racines jusqu'au collet et finit par amener la perte de l'arbre. Très souvent on ne s'aperçoit du mal que lorsqu'il est fait.

Les salades, les fraisiers, plantés près des arbres fruitiers, serviront d'appât aux vers blancs qui en sont très friands; dès qu'une plante fanera, on la soulèvera à la fourche et on détruira le ou les vers blancs qui la rongent. Si l'on s'aperçoit qu'un arbre fane, on creusera au pied en évitant de déranger les racines et on détruira tous les vers blancs que l'on y trouvera. Enfin on peut injecter, dans le sol, à 20 ou 25 centimètres de profondeur, à l'aide d'un pal, du sulfure de carbone dans la proportion de

30 à 35 grammes au plus par mètre carré. La dose de chaque injection sera de 8 à 9 grammes, soit donc quatre par mètre carré. Les taupes font une guerre acharnée aux vers blancs, elle en détruisent une grande quantité.

Cetonia stictica, Fabr.

La *Cetonia stictica* appartient à la même famille que le hanneton; elle est appelée par Geoffroy « *Drap mortuaire* », à cause de sa ponctuation blanche sur fond noir; comme forme, elle ressemble, en petit, au hanneton.

Les larves, semblables à de petits *vers blancs*, vivent dans les couches, au potager, dans les fraisiers, etc. ; elles mettent deux ans à se développer et paraissent en mai ; elles produisent beaucoup de dégâts au jardin, principalement sur les fleurs du poirier dont elles mangent les étamines. On les recueillera dans une boîte bien close pour les brûler aussitôt.

Des divers charançons du poirier

Anthonome du poirier (*Anthonomus piri*, Schœnherr) (Charançon)

L'importance des dégâts commis sur les poiriers par cet insecte varie suivant les contrées, suivant les expositions et d'après la température.

La larve de l'*anthonome du poirier* éclôt au printemps dans l'intérieur du bouton à fleur et le fait avorter.

Vers la fin de juillet, la femelle perce le bouton à fruit devant fleurir l'année suivante, pour y déposer un œuf qui reste à l'état latent jusqu'au mois d'avril suivant. Huit jours avant la floraison, l'œuf donne naissance à une larve blanche vermiforme qui ronge l'intérieur du bouton ; celui-ci se dessèche et tombe.

Cette larve se métamorphose fin mai, commencement de juin, pour devenir insecte parfait et recommencer sa ponte à la fin de juillet pour l'année suivante.

Le seul moyen pratique de détruire cette larve, c'est, au moment de la floraison, de recueillir tous les boutons à fruit qui sont attaqués, et de les brûler.

Rynchite du poirier (*Rynchites Bacchus*, Schœnherr) (Charançon)

C'est un *charançon* d'un rouge cramoisi avec une teinte vert doré et long de 2 à 5 millimètres.

La femelle pond sur les petites poires à peine formées un seul œuf le plus souvent, rarement deux. La larve, une fois éclose, occupe l'intérieur du fruit et s'y développe Sa présence est décelée par un trou d'où sort une matière noire et visqueuse provenant de ses déjections. Le fruit tombe à peine gros comme une noisette, la larve en sort et rentre en terre pour se transformer. Nous recommandons d'enlever les poires attaquées et de les brûler.

La lisette ou coupe-bourgeon (*Rynchites conicus*, Herbst)

C'est un *charançon* long de 3 à 5 millimètres, d'un beau bleu foncé. La femelle commet sur le poirier des dégâts considérables en coupant les jeunes bourgeons terminaux qui ne sont encore qu'à l'état herbacé, en vue d'y déposer ses œufs en mai. Certains praticiens regardent cet insecte comme peu nuisible et prétendent qu'il a enseigné le pincement des arbres fruitiers. La partie du bourgeon coupée et dans lequel se trouvent les œufs sera ramassée avec soin et brûlée ensuite. La partie restante du bourgeon sera rafraîchie à l'aide de l'épluchoir sur un œil bien constitué au-dessous de la plaie faite par l'insecte.

Cet insecte cause des ravages très préjudiciables aux jeunes poiriers dans les pépinières en coupant les jeunes greffes à leur développement.

De bons moyens de détruire les lisettes et leurs œufs sont : 1° d'enlever les bourgeons fanés qui restent suspendus sur les arbres et de les brûler ; 2° de placer, en mai-juin, le matin de tres bonne heure, des toiles blanches sous les arbres, de secouer fortement ces derniers, recueillir les insectes et les détruire.

Cecidomye noire (*Cecydomya nigra*, Meigen)

La femelle, *diptère*, au moment de la floraison du poirier, pond une quinzaine d'œufs dans l'intérieur d'un bouton floral : les larves éclosent et pénètrent dans l'ovaire. Le jeune fruit se développe, mais se déforme bientôt (*calebasse*) et tombe plein d'une quantité de petits vers blanchâtres qui s'enfoncent en terre pour se transformer en insectes parfaits. Toutes les poires calebassées devront être enlevées, écrasées et brûlées pendant que les larves sont encore à l'intérieur du fruit.

Cecydomya piri

Du commencement de mai à la fin de juillet, on remarque sur l'extrémité de bon nombre de jeunes bourgeons la plupart des feuilles roulées et colorées en rouge. — Ces feuilles roulées dans lesquelles on trouve de 8 à 10 vers d'un blanc jaunâtre sont attaquées par les larves de la *Cecydomya piri*.

Pour les détruire, il n'y a guère qu'à appliquer le traitement préventif consistant à enlever les feuilles roulées avant que les larves ne soient tombées à terre, sinon l'on sera exposé aux dégâts successifs de deux ou trois générations de ces insectes.

Des kermès (*Poux du bois*)

Plusieurs espèces de *kermès* attaquent le poirier; entre autres, l'*aspidiotus pyri*, le *kermès virgule*, le *Lecanium pyri*, etc. — Tous ces petits insectes, dont l'éclosion se fait en mai, s'attachent aux branches de charpente et aux branches fruitières du poirier et autres arbres fruitiers, en couches tellement épaisses, qu'ils amènent la mort de l'arbre. Le meilleur moyen pour les faire disparaître consiste, pendant le courant de l'hiver, à gratter les vieilles écorces des arbres fruitiers à l'aide du gratte-mousse; avec la brosse recourbée et de l'eau naturelle, on brossera toutes les branches qui en sont atteintes et on les badigeonnera ensuite avec des insecticides puissants.

Nous recommandons tout particulièrement la *bouillie sulfo-calcique* (composée d'un mélange de chaux et de fleur de soufre), employée avec grand succès depuis près de trente ans sur les arbres fruitiers du Jardin du Luxembourg.

En voici la composition :

En badigeonnage, *avant la taille :*

Eau	12 litres.
Chaux vive ou grasse	2 kilos.
Fleur de soufre	700 grammes.

On fait bouillir le tout ensemble pendant une demi-heure en remuant énergiquement 5 à 6 fois pendant l'ébullition à l'aide d'un petit balai. On attend que cette dissolution soit refroidie pour l'employer, dans la crainte de brûler les écorces. Il est bien entendu que l'on emploiera cette formule à l'aide d'un pinceau, depuis le moment où les arbres sont complètement dépourvus de feuilles, jusqu'au moment de la pousse. Une autre formule, excellente aussi pour la destruction des kermès, à employer en badigeonnage l'hiver, est celle composée de chaux, de sulfate de cuivre et de jus de tabac, *décrite page* 271, comme traitement hivernal contre la tavelure.

Des cochenilles et punaises

On les trouve sur la charpente et sur les branches à fruits de tous les arbres fruitiers pendant le courant de l'hiver jusqu'au printemps ; dans le courant de l'été, elles apparaissent sur les feuilles et y restent jusqu'à l'automne. S'il en existe beaucoup, le meilleur moyen de les détruire serait, l'*hiver avant la taille*, de brosser l'arbre et de le badigeonner ensuite à l'aide de l'une ou l'autre des formules indiquées ci-dessus pour la destruction des *kermès*.

Si l'on n'en rencontre qu'une petite quantité, on les écrasera avec les doigts pendant le courant d'avril-mai.

Du tigre du poirier (*Tingis piri*, Serville)

Cet insecte ailé, large d'environ deux millimètres, de couleur gris noirâtre, cause des dégâts très préjudiciables surtout sur le *poirier* et le *pommier*. Il se multiplie très rapidement et abondamment, les années chaudes principalement, sur les arbres fruitiers exposés le long des murs est et sud.

Vivant par groupes à la face inférieure des feuilles, ces insectes, à l'aide de leur suçoir, en détruisent la vitalité, par la sève qu'ils absorbent. — A l'aspect gris blanchâtre, que revêt la face supérieure de la feuille, tout arboriculteur a vite fait de reconnaître le mal dont les arbres ont à souffrir. Si l'on n'y prend garde, en très peu de temps toutes les feuilles attaquées, recouvertes des déjections de ces insectes et dépourvues de sève, se dessèchent, tombent; les fruits restant à nu ne peuvent plus grossir et la récolte s'en trouve compromise.

Les meilleurs moyens de s'en préserver, l'été, sont, préventivement, les pulvérisations répétées à l'eau claire, le soir de préférence, ainsi que des seringages au jus de tabac, formule donnée contre les pucerons, page 274. L'hiver, on se servira des insecticides énumérés contre les *Kermès*, page 288.

Des acariens de la Grise (*Tetranychus*)

Lorsque l'*Acarien de la Grise* se rencontre en quantité sur le poirier, il lui fait un tort considérable. Il apparaît pendant les années sèches et surtout sur les arbres placés le long des murs, aux expositions du sud et de l'est.

Il attaque surtout la face inférieure des feuilles

qui se dessèchent et finissent par tomber. Pendant le courant de l'été, les feuilles de nos poiriers ont une apparence fanée et elles prennent une teinte blanchâtre ; en regardant dessous, on aperçoit un nombre considérable de ces insectes.

Nous avons remarqué aussi, dans les premiers jours de printemps, au commencement de la végétation, que la tige et les branches de certains poiriers étaient littéralement couvertes d'acariens d'un beau rouge velouté, tirant sur le pourpre : ce sont encore des *Tetranychus*, qui, d'après ce que nous a dit M. Heim, représentent les adultes de l'*Acarien de la Grise*, colorés probablement par les pigments absorbés avec les sucs végétaux. La coloration des femelles pondeuses est surtout intense. Il semble donc bien que cette *Araignée rouge* des horticulteurs ne constitue avec le *Tétranyque de la Grise* qu'une seule et même espèce, dont les larves et les nymphes sont presque incolores, les adultes d'autant plus colorés qu'ils ont plus absorbé de nourriture, c'est-à-dire qu'ils sont plus âgés. Pour nous débarrasser de ces insectes, ou en arrêter la propagation, nous conseillons :

1° *L'hiver*, les lavages et badigeonnages des arbres avec la bouillie sulfo-calcique, indiquée pour la destruction des kermès, page 288.

2° *Au printemps*, en pulvérisation au moment où les bourgeons se développent, le même liquide étendu de 50 à 60 parties d'eau.

3° *L'été*, les pulvérisations répétées à l'eau claire, tous les soirs, et quelques-unes au jus de tabac, d'après les formules décrites pages 274 et 275 pour détruire les pucerons.

Il importe de ne pas confondre cette *Araignée rouge* des praticiens avec le Rouget, *Trombidium holosericeum*, qui peut se rencontrer, à l'état adulte, sur le poirier et une foule d'autres plantes, ainsi que les espèces voisines du même genre. Ces espèces se distinguent facilement des *Trétanyques* par leur taille. Ils sont nettement visibles à l'œil nu, tandis que les premiers ne se distinguent guère, à l'œil nu, que sous forme de petits points mobiles. Les *Trombidions* ont d'ailleurs une magnifique teinte rouge, écarlate ou vermillon, très différente de la teinte violacée de l'Araignée rouge.

Du Phytoptus piri (*Erinose du poirier*)

L'*Erinose* du poirier est déterminée par un acarien, le *Phytoptus piri*. — En mai, juin, certains bourgeons en naissant présentent des feuilles comme boursouflées et tachées de rouge orange. — Vers le mois d'août, les parties tachées noircissent et les feuilles finissent par se dessécher.

Ces déformations et affections des feuilles sont dues au *Phytoptus piri*, insecte logé à l'intérieur des galles qui s'ouvrent à la face inférieure des feuilles par un petit orifice ; ils sont à peu près inaccessibles à tous insecticides.

Suivant toute vraisemblance, l'hivernage se fait à l'abri des écorces ; les traitements d'hiver constitueraient donc la méthode de lutte la plus rationnelle.

Nous conseillons, à cet effet, *la bouillie sulfo-calcique* prescrite page 288.

Au printemps, tout à fait au début de leur évolution, lorsque les feuilles des poiriers commencent à se développer, ces insectes sont encore à découvert ; nous conseillons donc des pulvérisations :

1° A l'aide de la bouillie citée ci-dessus, étendue de 50 à 60 parties d'eau ;

2° Au jus de tabac, formule indiquée pour la destruction des pucerons.

De l'Agrilus sinuatus (*Olivier*)

Cet insecte (fig. 119), décrit par M. Gitton, professeur à Orléans, observé et étudié par le Dr Puton et par M. Pierre Passy, est de couleur violet cuivreux, brillant, et long de 8 à 11 millimètres sur 2 à 3 millimètres de largeur. La larve *l*, même figure, qui cause de si grands dégâts sur le poirier (fig. 120), et même sur le sorbier, mesure de 15 à 22 millimètres de longueur sur 3 millimètres de largeur ; elle est plate et d'un blanc nacré (1).

En juin et juillet, l'insecte femelle dépose sur les branches de poirier un œuf, qui peu de temps après éclôt et donne naissance à une larve qui, en général, par une marche descendante, trace dans l'épaisseur intérieure de l'écorce en même temps que sur l'aubier une galerie de 0 m. 80 à 0 m. 90 de longueur, presque droite au début, mais très sinueuse ensuite.

Vers la fin de septembre de la deuxième année de séjour dans le végétal, la larve, ayant atteint son développement normal, pénètre obliquement dans le bois et y creuse un trou pour se transfor-

(1) Ces dessins, extraits du journal *Le Jardin*, bulletin du 20 octobre 1901, sont de M. Pierre Passy, qui nous a autorisé à les reproduire.

mer en insecte parfait en mai suivant. A cette

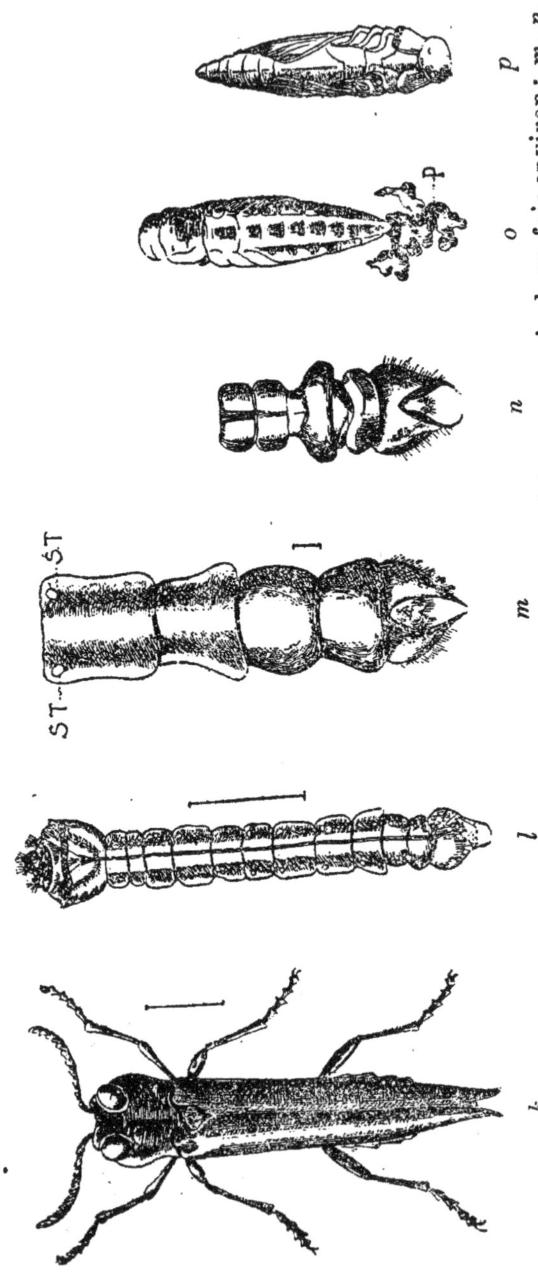

Fig. 119. — *k*, insecte parfait grossi d'environ quatre fois ; *l*, larve grossie deux fois environ ; *m*, *n*, partie postérieure de la larve bien plus grossie pour montrer les modifications de forme de cette partie, ST stomates ; *o*, *p*, nymphe vue en dessus et en dessous ; en P la peau de la larve.

époque, armé de ses mandibules, il perce l'écorce, s'envole et va pondre sur d'autres arbres.

La présence des galeries est décelée par l'écorce qui prend une teinte brune, se dessèche et se fend au-dessus du passage de la larve ; les jeunes bourgeons dépérissent, leur extrémité ainsi que toutes les feuilles noircissent et se dessèchent.

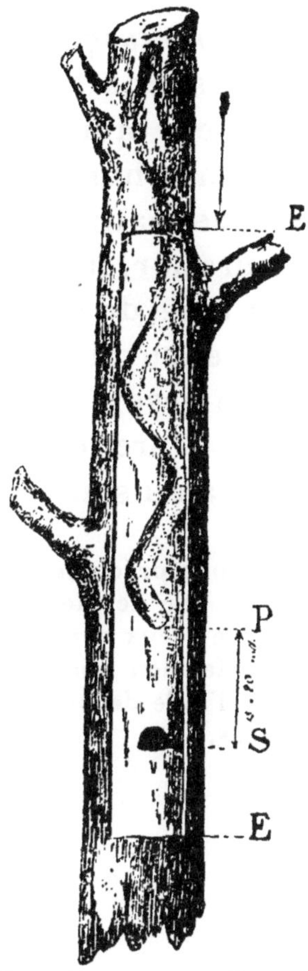

Fig. 120. — *Agrilus sinuatus.* — Branche attaquée, écorcée de E en E pour montrer la terminaison de la galerie et la loge de transformation ; P, point de penétration de la larve dans le bois ; S, sortie ouverte sous l'écorce et bouchée avec un peu de sciure.

L'importance des dégâts causés est considérable, les branches et même les arbres attaqués par cet insecte en périssent très souvent ou restent languissants pendant de nombreuses années. Il semble que les larves, en creusant leur galerie, produisent une substance toxique qui en empêche la guérison.

L'insecte parfait étant très difficile à prendre, le seul moyen pratique, lorsqu'on se trouve en présence d'une branche attaquée, c'est, avec l'aide de l'épluchoir ou de la serpette, d'enlever le plus gros de l'écorce malade ou crevassée sur toute la longueur de la plaie jusqu'au lieu de refuge de la larve, la détruire ; gratter et nettoyer ensuite toutes les parties d'écorce attaquée et qui semblent empoisonnées par elle, et enduire aussitôt de mastic à greffer.

Des limaces et des limaçons

Ces *mollusques* mangent les jeunes pousses, les feuilles, et attaquent même les fruits avant qu'ils ne soient mûrs; ils ne voyagent que la nuit ou par un temps humide. On leur fera la chasse de préférence matin et soir. Pour les éloigner, on répandra sur leur passage de la chaux vive en poudre, de la suie, du sel, de la sciure de bois. L'opération sera renouvelée après chaque pluie et chaque fois que le besoin s'en fera sentir. Si, au contraire, on veut en prendre davantage, pour les attirer, on sèmera du son bien sec sur leur passage (1).

(1) Nous préconisons, pour la destruction des limaces, un litre de son de blé, en y ajoutant 100 grammes d'arséniate de cuivre et deux verres d'eau. — Mélanger le tout pour obtenir une pâte bien homogène, en faire des boulettes que l'on abritera à l'aide de pots renversés ne permettant passage qu'aux limaces.

DE LA RÉCOLTE, DE LA CONSERVATION, ET DE L'EMBALLAGE DES FRUITS

De la cueillette des fruits à pépins

La cueillette des fruits à pépins est une opération des plus importantes, elle demande beaucoup de soins et de grandes connaissances. Il s'agit d'en saisir le moment opportun, ce qui ne s'acquiert qu'à la suite d'une longue expérience pratique : c'est pourquoi nous laisserons l'arboriculteur agir d'après son expérience, et nous nous bornerons à donner à l'amateur quelques principes généraux.

L'époque de la cueillette varie selon la nature du sol, la température de l'année et les expositions.

Les fruits d'été se cueillent six à huit jours avant leur maturité : ils se mangent pour ainsi dire sur l'arbre. Lorsque l'on voit que le fruit arrive à son maximum de grosseur et qu'il commence à prendre une teinte claire, c'est le moment favorable pour le cueillir.

Les variétés de poires d'automne, telles que : *Louise bonne*, *Beurré superfin*, *Fondante des Bois*, *Doyenné du Comice*, *Beurré Clairgeau*, *Duchesse d'Angoulême*, *Charles Ernest*, *Beurré Bachelier*, etc., seront cueillies dix à quinze jours avant leur maturité.

Nous conseillons aussi de les entrecueillir, c'est-à-dire que, sur un arbre ayant 50 fruits devant être cueillis vers le 1er octobre, on en récoltera 25 vers le 15 septembre. De cette manière, ceux qui resteront sur l'arbre profiteront davantage et ceux qui auront été cueillis par anticipation se conserveront souvent plus longtemps. Ce procédé est surtout recommandable pour les variétés de fin automne.

Les poires et pommes d'été, comme celles d'automne, seront portées aussitôt au fruitier ou à la cave et surveillées attentivement pour être consommées au fur et à mesure de leur maturité. Pour les variétés de poires d'hiver mûrissant le plus tôt, telles que : *Beurré Diel*, *Passe Colmar*, *Saint-Germain d'hiver*, *La France*, *Beurré Sterckmans*, la cueillette en variera, selon la contrée, du 1er au 15 octobre.

Quant aux dernières variétés de poires d'hiver telles que : *Beurré d'Hardenpont*, *Doyenné d'Alençon*, *Olivier de Serres*, *Passe Crassane*, *Le Lectier*, *Charles Cognée*, *Joséphine de Malines*, *Bon Chrétien d'hiver*, *Bergamotte Esperen*, *Bergamotte Hertrick*, *Triomphe de Tournai*, *Prince Napoléon*, *Doyenné d'hiver*, la cueillette se fera une dizaine de jours après l'arrêt complet du grossissement du fruit : du 15 au 31 octobre, même dans les premiers jours de novembre. En cas de fortes gelées blanches, on les récolterait un peu plus tôt.

Veut-on un bon indice précurseur de la cueillette des fruits ? Lorsqu'on s'aperçoit, sur tel ou tel arbre, que quelques fruits commencent à tomber, on fait immédiatement la récolte ; ceux qui ne se détachent que très difficilement seront cueillis quelques jours plus tard.

Si le fruit est récolté trop tôt, il se fane, ride et perd de ses qualités ; si, au contraire, il est cueilli trop tard, il entre en voie de fermentation étant sur l'arbre et se conserve beaucoup moins bien.

Sous aucun prétexte, on ne doit tâter un fruit en le cueillant, dans la crainte d'en fouler la chair, ce qui occasionne la pourriture.

On fera la cueillette des fruits d'hiver par un temps bien sec, une journée d'automne bien ensoleillée, si possible; on ne commencera que lorsque la rosée aura complètement disparu, entre dix ou onze heures du matin, pour terminer entre trois et quatre heures du soir.

Pour cueillir un fruit sans casser le pédoncule, on le soulève légèrement avec la main tout en opérant, avec le pouce, une légère pression sur le pédicelle pour le séparer de son point d'attache sur la bourse. Aussitôt récoltés, on les dépose avec beaucoup de précautions dans des paniers ou mannettes, dont on aura garni le fond de foin, ou de frisures de bois ou de rognures de papier; pour éviter de les froisser, on ne mettra tout au plus que deux rangs de fruits l'un sur l'autre.

Ils seront ensuite portés dans une chambre bien aérée pour les faire ressuyer aussi vite que possible. On les déposera sur un lit de fougère placé sur le sol, ou bien sur des planches ayant un bord de 2 centimètres, ou sur des tables disposées à cet effet. On se gardera bien, d'essuyer les fruits cueillis par la pluie.

Après une dizaine de jours, on les transportera au fruitier; on profitera de ce changement de local pour enlever les fruits tachés et meurtris et les placer séparément.

De la construction d'un fruitier et de son installation intérieure appropriée aux besoins d'une grande culture

Pour les personnes qui récoltent beaucoup de fruits à la fois d'automne et d'hiver, l'établissement d'un fruitier devient une chose indispensable. On l'installera dans un endroit à l'abri de l'humidité, du froid et de la chaleur. Le meilleur emplacement pour cela sera une pièce située au rez-de-chaussée et au nord de préférence, dans laquelle on devra toujours avoir une température à peu près régulière, de 3 à 6 degrés centigrades au-dessus de zéro.

Le procédé par excellence, que nous ne saurions trop recommander aux personnes soucieuses de la bonne conservation de leurs fruits, serait de diviser le fruitier en deux parties bien distinctes, communiquant ensemble par une porte ou une double porte que l'on fermera hermétiquement, pour éviter que les gaz qui se dégageront des fruits d'automne, ne hâtent la maturité des fruits d'hiver. On placera, dans la division du fond, tous les fruits d'hiver auxquels on donnera de l'air le plus souvent possible, jusqu'à ce que les froids viennent s'y opposer. Quant aux fruits d'automne, l'air et la lumière ne feront que favoriser leur conservation : ils n'en auront jamais trop.

Ceci dit, nous allons maintenant donner des renseignements très précis sur l'agencement complet d'un fruitier (fig. 121), installé pour les besoins d'une grande culture commerciale et d'une façon moderne il y a près de vingt ans (1).

(1) Ce n'est que d'après nos conseils et après études bien

Ce fruitier, dans lequel on peut conserver de 50.000 à 60.000 fruits, comprend un rez-de-chaussée et un premier étage, ce dernier d'un tiers moins grand, le reste de sa surface étant occupé par deux

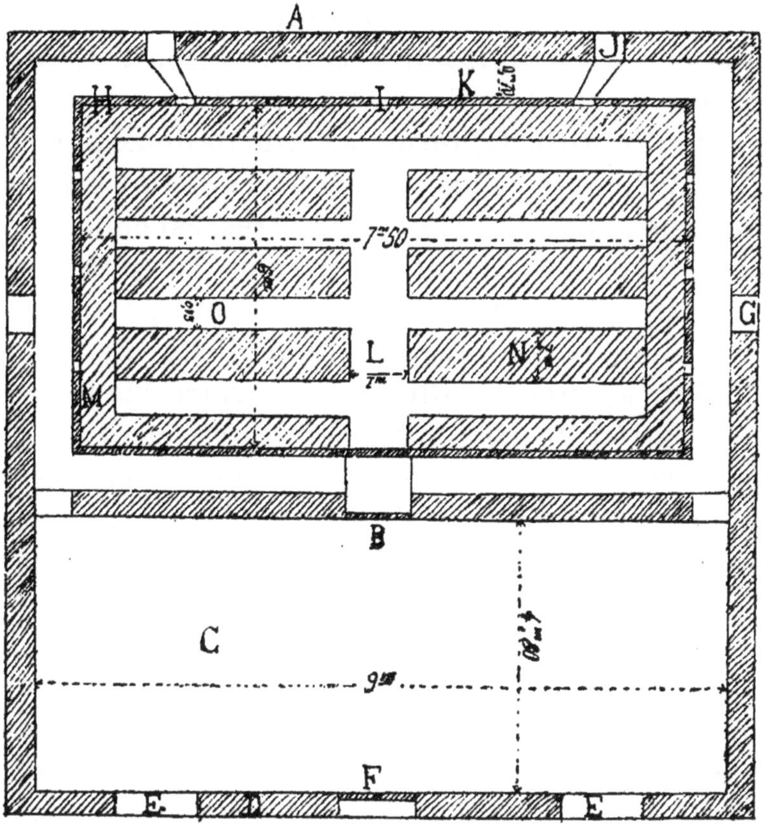

Fig. 121. — De la construction d'un fruitier et de son installation intérieure, appropriée aux besoins d'une grande culture fruitière.

autres petites pièces qui servent au rangement de toiles-abris, paniers à fruits, etc.

réfléchies, que M. Mottheau, arboriculteur-amateur à Thorigny (Seine-et Marne), fit installer ce fruitier qui ne laisse rien à désirer, tant pour le confortable que pour l'aération et la longue conservation des fruits.

Construit sur un terrain en pente et bordant une route, le rez-de-chaussée. par lequel on a accès de plain-pied du côté sud, se trouve enterré du côté nord sur les deux tiers environ de sa surface plane.

Les murs extérieurs A, bâtis en pierre meulière, ont une épaisseur de 50 à 60 centimètres, épaisseur indispensable pour la bonne conservation des fruits. L'entrée du fruitier B, à notre grand regret établie du côté du midi (1), ferme à l'aide de deux portes : celle extérieure en bois de chêne très épais ; celle de l'intérieur, épaisse de 12 centimètres, est construite en bois blanc, le vide intérieur rempli de poussière de liège. Par son ouverture au midi, cette porte d'entrée principale donne à penser, avec juste raison, que la chaleur ayant une influence contraire à la longue conservation des fruits ne peut que causer préjudice dans cette installation ; il n'en est rien ici, cette chaleur se trouvant atténuée pas la construction d'une pièce C, en avant du fruitier. Cette pièce, longue de 9 mètres sur 4 m. 80 de large, est percée dans son mur extérieur D de deux grandes baies E, E, et d'une porte à doubles vantaux F. Le dessus, formant terrasse, est recouvert d'un plancher pla fonné intérieurement, cimenté et garni d'une bonne épaisseur (5 à 10 centimètres) de gravillon sur le dessus. Ce local, servant à la fois de remise et de chambre d'aération, pour ressuyer les fruits avant leur rentrée au fruitier a, l'été, sa façade principale D garantie par des stores et des plantes grimpantes.

Les murs est et ouest du fruitier, à la hauteur de 2 mètres, sont percés d'ouverture G, G, de 0 m.60

(1) Des circonstances matérielles ayant empêché d'établir l'ouverture du côté nord, exposition préférable en tous points.

de hauteur sur 0 m. 50 de largeur avec châssis vitrés à l'intérieur et volets en chêne à doubles parois à l'extérieur, comme il est prescrit pour la porte d'entrée d'intérieur. Ces deux ouvertures permettent à la fois à l'air et à la lumière d'y pénétrer un peu, si besoin est.

Il a été construit intérieurement, à la distance de 0 m. 70 des murs extérieurs, une cloison en briques creuses H, de 11 centimètres d'épaisseur, dans laquelle il a été pratiqué tout autour, en I, en bas et en haut, sauf du côté du midi, des ouvertures à coulisse de 0 m. 25 sur 0 m. 40.— L'installation en J de deux prises d'air de 0 m. 25 × 0 m. 40, communiquant directement du dehors à l'intérieur du fruitier en passant à travers le couloir K et la cloison, est réglée dans son fonctionnement à l'aide de clefs, qui facilitent le dégagement de la fermentation occasionnée par les fruits, et favorisent en même temps le renouvellement de l'air qui s'exécute avec plus ou moins d'intensité selon le degré d'ouverture des clefs. On profite pour cela d'un temps sec et doux, et vers le milieu de la journée, pour ouvrir alternativement les fenêtres des murs extérieurs et les coulisses de la cloison, moyen indispensable pour enlever l'humidité susceptible de s'y concentrer. A moins de trop grands froids, ce qui peut compromettre la conservation des fruits, on se dispensera autant que possible de faire du feu.

Signalons en passant que le sol du fruitier est composé de fine caillasse et de mâchefer, le tout recouvert d'un carrelage en briques ; de même que le plancher est fait d'un mélange de mâchefer, de fine caillasse et cimenté. Abordons maintenant l'organisation intérieure du local.

Le rez-de-chaussée, haut de 3 mètres et de forme rectangulaire, de 7 m. 50 de long sur 6 de large, est divisé en deux parties égales séparées par un passage de 1 mètre de largeur en L.

Des étagères en bois de sapin représentant une moitié de gradins sont disposées, à l'aide de montants intermédiaires, tout autour des murs de la cloison en M. Les gradins ou étagères à double pente N sont reliés et supportés par encastrement dans les trois montants intermédiaires P, P, P. Ces derniers sont maintenus verticalement entre le sol et le plafond à l'aide d'un fort coinçage. Comme nous le voyons ici, chacun de ces gradins se trouve séparé par un passage de 0 m. 75 de largeur, lequel donne la faculté de placer et vérifier les fruits, de les emballer, même de déposer des paniers ou mannettes pour ce travail.

La *figure* 122 nous donne une coupe de ces gradins qui ont, dans leur entier, une hauteur de 3 mètres sur 1 mètre de largeur.

Les montants intermédiaires P, en bois de sapin également, et épais de 4 centimètres sur 4, sont espacés de 1 m. 20.

Les étagères R, entaillées sur une profondeur de 2 centimètres pour recevoir de chaque côté 4 rangs de tablettes, sont disposées, la plus élevée à 20 centimètres du plafond et la plus basse de 40 à 50 centimètres du sol. La distance S entre chaque série d'étagères superposées est de 30 centimètres.

Les planches voliges T, en sapin raboté, ont de 10 à 14 centimètres de largeur sur 1 centimètre d'épaisseur; la tringlette bordure U, épaisse d'un demi centimètre, large de 2, est clouée sur le bord intérieur de la planche volige et y fait une saillie de

1 centimètre, élévation suffisante pour éviter que les fruits ne tombent.

Le vide V, permettant l'aération entre chaque

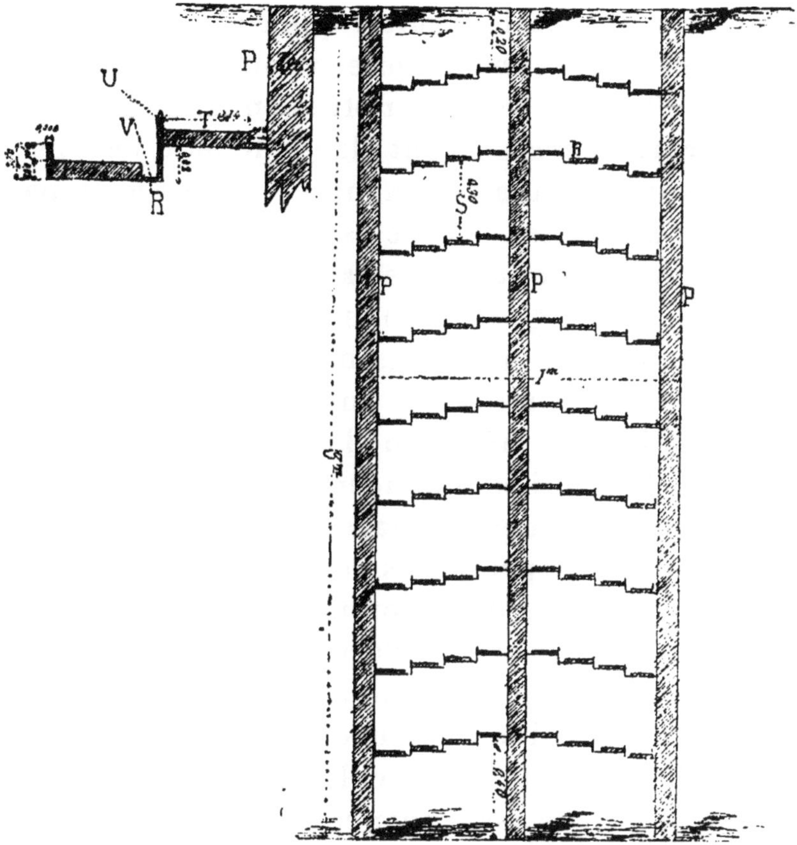

Fig. 122. — Coupe transversale d'un gradin ou étagère destiné au placement des fruits. (Disposition intérieure du fruitier, fig. 121.)

rang de tablettes installées sur le gradin, est de 1 centimètre à 15 millimètres.

La température normale, l'hiver, y est constante entre 3 et 6 degrés centigrades ; nous ajouterons pour terminer qu'elle ne peut être augmentée par l'éclairage, celui-ci étant procuré par l'électricité.

Comme nous le voyons d'après cette description, par une installation ainsi ordonnée, les fruits reposent uniformément sur les rangs de voliges ; d'autre part, leur visite peut s'opérer très rapidement. A notre avis, il semble résulter que cette disposition ainsi exécutée est une des mieux appropriées parmi toutes celles qui soient à notre connaissance.

Les fruits (*poires*) seront placés debout, les uns à côté des autres sans se toucher, par espèce et par ordre de maturité, chaque espèce bien étiquetée. Les pommes seront placées sur le pédoncule.

Le fruitier exige de grands soins et une grande propreté, aussi le visiterons-nous assez souvent ; on n'y laissera aucun légume susceptible d'entrer en fermentation de même que l'on enlèvera tous les fruits tachés qui commenceraient à entrer en décomposition ; on n'essuyera les fruits que lorsqu'ils seront pour être présentés sur la table.

Il est très facile de reconnaître une poire lorsqu'elle est sur le point d'arriver à maturité ; elle commence par prendre une teinte jaunâtre. En ce cas, on fait, à l'aide du pouce, une légère pression sur la chair près du pédoncule ; s'il y a résistance. le fruit n'est pas assez avancé ; si, au contraire, la chair cède sous la pression, le fruit est à point, par conséquent bon à manger.

De l'installation intérieure d'un fruitier pour amateur

Voici encore quelques explications sur une autre installation intérieure de fruitier, très en usage et même très recommandable aussi bien par sa légèreté que par sa forme. 323

Dans ce système d'installation, les tablettes sont à claire-voie et en pente. La figure 123 nous représente le profil des étagères placées les unes au-dessus des autres et ayant entre elles une distance de 35 à 40 centimètres.

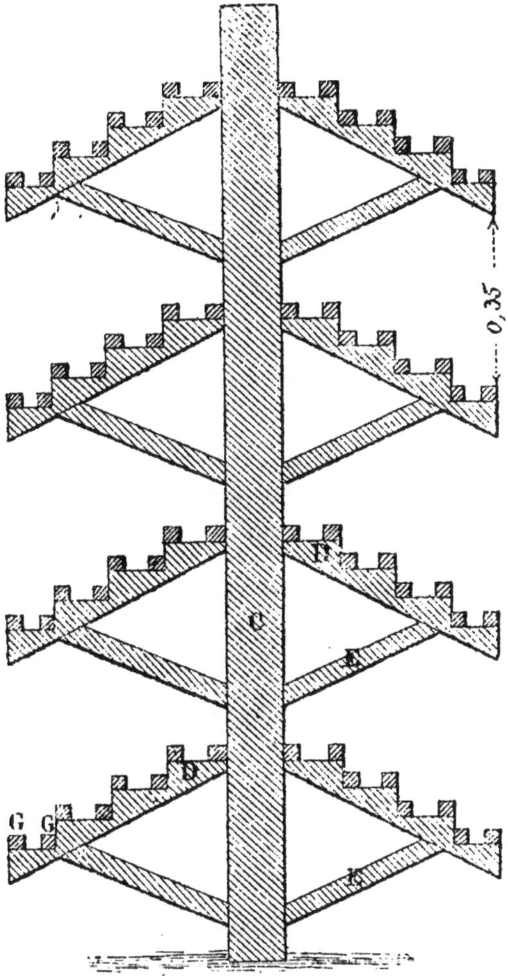

Fig. 123. — Installation intérieure d'un fruitier pour amateur.

La lettre C nous montre le poteau sur lequel sont fixées les étagères.

En D, nous voyons les traverses fixées au poteau par leur partie supérieure et maintenues à la base à l'aide de supports E,E.

Les tringles GG destinées à recevoir les fruits sont placées sur les parties entaillées des traverses D.

Deux tringles sont nécessaires pour placer un rang de fruits ; la largeur de chaque tringle est de 2 centimètres au carré et l'écartement entre elles de 35 millimètres.

Comme nous le voyons ci-dessus, l'installation de ce fruitier est bien comprise ; elle permet, en outre, l'examen des fruits sur les tablettes d'un seul coup d'œil.

Aux amateurs qui n'ont pas de fruitier, et qui cependant désirent conserver leurs fruits d'hiver, nous donnerons le conseil de les placer dans une cave ou dans des placards, armoires ou commodes, etc., à une température se rapprochant le plus possible de celle que doit avoir un fruitier (de 3 à 6 degrés centigrades) et hors d'atteinte des animaux rongeurs.

Du fruitier portatif Mathieu de Dombasle

Un genre de fruitier portatif, peu coûteux, très pratique et très simple, a été imaginé par Mathieu de Dombasle.

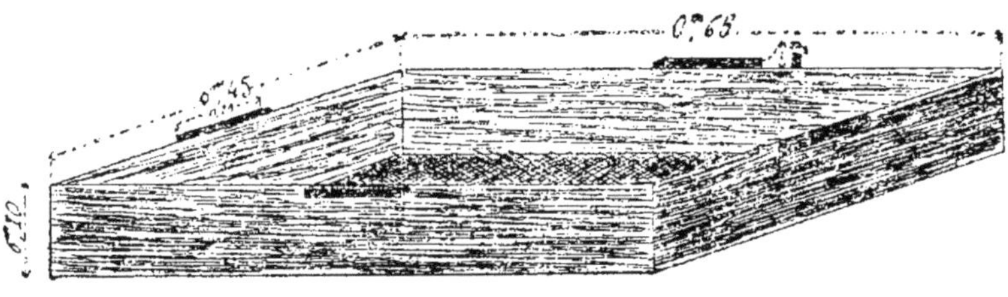

Fig. 124. — Caisse à fruitier portatif Mathieu de Dombasle.

On construit pour cela des caisses de dimensions égales (fig. 124) ; chacune de ces caisses aura 10 centimètres de hauteur, 65 centimètres de longueur et 45 de largeur, et sera sans couvercle.

Sur les bords extérieurs de la caisse et au milieu de chacun des quatre côtés, on placera des petits tasseaux destinés à servir de poignée pour transporter et changer les caisses de place.

Un seul de ces tasseaux dépassera de 1 centimètre le bord supérieur de la caisse et servira d'arrêt pour les adapter les unes sur les autres. On peut ainsi empiler 10, 12 et même 15 caisses, la dernière seule aura un couvercle.

Par ce procédé très ingénieux et fort peu coûteux, les caisses n'occupent que très peu de place et sont très faciles à garantir du froid, en plaçant autour des paillassons, des couvertures. En cas de fortes gelées, on enveloppera les caisses de paille bien sèche.

Pour visiter les fruits, on commencera par la caisse supérieure de la pile que l'on descendra et que l'on placera ensuite à côté de soi ; les autres seront visitées également et replacées les unes au-dessus des autres; de la sorte, elles formeront une autre pile en sens inverse de la première.

De la conservation des fruits dans la tourbe pulvérisée

Un autre procédé, qui paraît donner de bons résultats dans la conservation des fruits, consiste à revêtir chacun d'eux d'un double papier de soie ; à les placer par variété, autant que possible, sur un ou sur deux rangs, dans des boîtes ou sur des tablettes pleines, munies à l'avant d'une volige de 0,12 à 0,15 de hauteur, et à les recouvrir complètement de tourbe pulvérisée. Ainsi enveloppés, les fruits placés en boîtes, seront disposés au fruitier ou autre endroit d'une température analogue.

De la conservation des fruits par la dessiccation

Les fruits séchés constituant un aliment d'énergie par excellence sont pour un ménage une réserve précieuse pour l'hiver.

Ils contiennent suivant les espèces de 45 à 65 % de matières hydrocarbonées et de 2 à 10 % de sels nutritifs.

En envisageant la situation climatérique de notre pays et l'importance des cultures fruitières en exploitation, la dessiccation des fruits, au point de vue commercial, nous procurerait une richesse bien supérieure à nos ressources actuelles.

Tous les fruits sans exception, poires, pommes, prunes, pêches, abricots, raisins, groseilles, framboises, etc., peuvent être séchés.

L'on utilisera de préférence, pour le séchage, les fruits de beauté et de qualité secondaire, peu propres à la consommation, ainsi que les poires et les pommes légèrement tachées par les vers. — Les fruits doivent être suffisamment mûrs, mais on doit veiller à ce qu'ils ne portent aucune tache de pourriture. Les poires blettes peuvent être utilisées pour la dessiccation.

Le séchage des fruits peut se faire soit par procédés rudimentaires, soit par procédés industriels au moyen d'évaporateurs perfectionnés de modèles divers.

Par procédés rudimentaires (les seuls dont nous nous occupions ici) le séchage peut se faire sur claies sous châssis aérés, ou sur claies exposées au soleil, les fruit disposés sur une seule couche et se touchant à peine. — Séchés ainsi à l'air libre, il y aura nécessité de rentrer les claies tous les soirs, pour les abriter des fraîcheurs de la nuit, de la rosée et de la pluie.

Il est de la plus grande importance de les retourner plusieurs fois, pendant la durée du séchage.

Les fruits à noyaux et à pépins peuvent être

séchés au four de la cuisinière, ou par l'ébouillantage.

A cet effet, nous recommandons le procédé suivant : faire bouillir de l'eau dans laquelle on met environ 1 % de carbonate de soude, soit 200 à 250 grammes pour 25 litres d'eau, disposer les fruits dans un panier et tremper celui-ci dans l'eau pendant cinq à six minutes. — On peut ensuite hâter le séchage en plaçant les claies chargées de fruits, à différentes reprises, pendant trente à cinquante minutes dans un four modérément chauffé. — Si la chaleur du four n'excède pas 40 à 50 degrés, on peut les y laisser de deux à quatre heures.

L'échaudage des fruits peut être remplacé par l'étuvage d'une durée de trente à quarante-cinq minutes, dans un four chauffé de 75 à 90 degrés.— Ils seront ensuite traités comme les fruits échaudés pour terminer le séchage.

Pour faciliter la dessiccation, les pêches et les abricots seront coupés en deux, les noyaux seront enlevés. — On coupera les fruits à pépin en deux ou en quatre ou par rondelles de 5 à 6 millim. d'épaisseur, mais en se gardant bien de les peler; on enlèvera les pépins.

On peut encore tremper dans de l'eau chaude contenant 2 % de carbonate de soude, et avant de les couper, les fruits qui ne sont pas soumis à l'échaudage.

Les claies destinées au séchage des fruits seront constituées par un cadre en bois ajouré (lattes, voliges) de 0,07 à 0,08 de largeur, sur 10 millimètres d'épaisseur.

Ces cadres seront recouverts d'un léger grillage genre tamis, ou fil de fer galvanisé, ou bien d'osier, d'une toile, etc. La dimension moyenne des claies sera de 0,50 à 0,60 de largeur sur 1 mètre à 1 m. 10 de longueur.

Les fruits bien séchés, il sera de toute importance de les conserver dans un endroit sec, en caisses, coffres, même sacs de toile.

Ainsi conservés pour la consommation, les fruits pourront être utilisés en confitures, marmelade, compotes, etc. — Un moyen bien simple entre beaucoup pour les préparer, est celui-ci :

Prendre un vase quelconque, soupière, saladier, terrine ou autre récipient, y mettre les fruits, sans dépasser le quart du volume de contenance, verser sur les fruits, environ trois fois leur volume d'eau bouillante et les laisser de 15 à 24 heures. — Les fruits en reprenant leur volume d'eau, s'attendrissent, se gonflent, gardent leur sucre et tout leur arome. — Le reste de l'eau dans laquelle les fruits ont trempé, réduit par cuisson avec ou sans sucre à l'état de sirop que l'on versera ensuite sur les fruits, nous procurera un dessert délicieux.

En général, nous recommandons de ne pas faire cuire les fruits séchés, la cuisson leur enlevant de leur arome, ce qui leur donne un goût moins agréable.

De l'emballage des poires et des pommes (fruits de commerce) en caisses en bois ajourées ou en mannettes.

Un emballage bien exécuté sera toujours très avantageux pour une expédition de fruits. Les soins spéciaux qui y seront apportés et les frais supplémentaires occasionnés par ce travail seront amplement compensés par la plus-value des fruits.

Combien de ceux-ci, hélas ! nous arrivent, à la suite d'un court voyage, meurtris, tachés par suite du manque de soins apportés à l'emballage, ce qui les déprécie pour la vente ou contribue à leur perte avant maturité !

Il est donc indispensable d'y apporter une attention toute particulière et aussi intelligente que soutenue.

L'emballage des fruits de commerce, tels que : *Bon Chrétien William*, *Duchesse d'Angoulême*, *Louise bonne d'Avranches*, *Beurré Diel*, etc., cueillis avant maturité et destinés à être expédiés à l'étranger, de même que les fruits d'hiver appelés à subir un assez long voyage, pourra se faire dans des caisses en bois ajourées (spéciales pour les fruits) ou alors dans des mannettes en osier ou autres.

Ces caisses ou mannettes auront à peu près les dimensions suivantes : de 58 à 60 centimètres de longueur sur 32 centimètres de largeur et 16 à 22 centimètres d'épaisseur pour deux rangs de fruits de bonne grosseur.

On commencera par garnir le fond de chaque caisse d'une feuille de papier et d'un bon lit de fines frisures de bois, bien sèches (1), ou mieux de rognures de papier. Quatre feuilles de papier blanc, de la longueur et de la largeur de la caisse, pour permettre d'en recouvrir le dessus une fois le dernier rang de fruits placé et couvert, seront disposées chacune sur un des côtés de la caisse.

Ceci fait, on placera les fruits (poires sur le côté,

(1) Si l'emballage est fait dans la frisure de bois, le rang de fruits placé sur la première épaisseur de frisure sera toujours séparé de l'épaisseur supérieure par une feuille de papier. Il en sera de même pour les autres rangs.

pommes sur le pédoncule) sur un rang, les uns à côté des autres, sans se toucher et assez serrés sur les rognures qui doivent les séparer. Le premier rang placé, une épaisseur de 2 centimètres d'emballage le séparera du second qui sera disposé de même façon. Il sera très important, en plaçant les fruits, de bien les garantir des parois de la caisse ou mannette, à l'aide de rognures de papier. Ce travail terminé, une épaisseur de 3 à 4 centimètres du même emballage sera placée sur le deuxième rang de fruits, dans le but de les couvrir et de bien combler le vide, les quatre feuilles seront repliées et couvriront le dessus de la mannette, et enfin un peu de paille d'avoine, étalée sur le papier, fermera hermétiquement cet emballage une fois le couvercle attaché.

Si l'on veut disposer trois rangs de fruits par caisse, il y aura nécessité que ces dernières soient un peu plus élevées.

De l'emballage des poires et des pommes (fruits de luxe) en caisse pour colis postaux

S'il s'agit de fruits de luxe ou assez avancés — citons : *Doyenné du Comice*, *Beurré d'Arenberg*, *pommes Calville ou autres*, — il y aura nécessité que l'emballage soit mieux soigné ; on se servira de caisses dont la grandeur sera proportionnée au volume des fruits.

Une caisse en bois blanc non odorant (permettant l'expédition par colis postal), de 40 centimètres de longueur sur 30 centimètres de largeur et 10 à 12 centimètres d'épaisseur, sera de grandeur indispensable pour l'expédition d'une douzaine de fruits de choix ou de luxe. On disposera d'abord des feuilles de papier blanc sur chaque côté de la boîte, elles seront de longueur suffisante pour recouvrir le dessus de la caisse une fois l'emballage terminé. Une bonne épaisseur de rognures de papier de soie, de 2 centimètres au moins, sera placée au fond de la caisse. Les douze fruits enveloppés au préalable, chacun dans un double papier de soie, seront placés dans la caisse et séparés entre eux de même que des parois de la caisse à l'aide de papier.

Enfin, une dernière épaisseur de rognures de papier terminera cet emballage. La caisse recouverte ensuite avec les feuilles de papier disposées sur les côtés, on procédera à la fermeture du couvercle tout aussitôt (1). Un autre genre d'emballage, ayant beaucoup d'analogie avec celui que nous venons de décrire et pouvant être exécuté dans des caisses de même grandeur, est aussi très recommandable pour les fruits de luxe; il consiste tout d'abord en la disposition de feuilles de papier dentelé, blanc, bleu ou rose autour de la caisse. On placera dans le fond environ 2 centimètres de rognures de papier et une feuille de ouate blanche au-dessus; ensuite, à l'aide de rouleaux aplatis, fabriqués de fibre de bois et recouverts de ouate blanche, on formera douze casiers destinés à recevoir les douze fruits. A cet effet, quatre de ces rouleaux, coupés de la longueur intérieure de la caisse, seront placés, un de chaque côté, le long des parois de la caisse et les deux autres répartis parallèlement et à égale distance, dans le centre. Deux autres, ayant en lon-

(1) Un moyen excellent de s'assurer d'un emballage bien soigné consiste, *avant la fermeture de la caisse*, à la retourner le fond en l'air, sans que les fruits ne tombent, étant dans cette position.

gueur la largeur intérieure de la caisse, seront placés chacun sur un de ces côtés, et enfin neuf bouts de rouleaux coupés, longs de 5 à 6 centimètres chacun, seront placés sur trois rangs perpendiculairement à ceux disposés dans la longueur et entre chacun de ces derniers. Ce travail ainsi exécuté, nous aurons les douze casiers dans lesquels il n'y aura plus qu'à déposer les fruits. Une feuille de ouate blanche recouvrira ces derniers, et les feuilles de papier termineront l'emballage sur lequel il n'y aura plus qu'à clouer le couvercle. Sous aucun prétexte, il ne devra y avoir de vide entre l'emballage qui recouvre le fruit et le couvercle. Si ce vide existe, avant la fermeture, il sera comblé par un lit de fines fibres de bois ou mieux par des rognures de papier.

Ainsi exécutés et à moins d'accidents imprévus, aussi bien par ce mode d'emballage que dans celui qui précède, nous serons assurés que les fruits arriveront intacts à destination.

CHOIX DES MEILLEURES VARIÉTÉS DE POIRES A CULTIVER DANS UN JARDIN FRUITIER

Le nombre des variétés de poires connues et cultivées est considérable; nous n'en citerons ici qu'une cinquantaine de variétés parmi les plus recommandables tant au point de vue de la qualité que de la fertilité.

Pour un amateur ne possédant qu'un jardin de petite étendue, ce nombre sera très suffisant.

En été comme en automne, nous ne manquons pas de fruits de toutes sortes : *cerises*, *abricots*, *pêches*, *raisins*, etc.; aussi ne saurions-nous trop conseiller de ne planter qu'un nombre relativement restreint de variétés d'été et d'automne, pour s'attacher de préférence aux fruits de longue garde. Parmi ces fruits, certains comme : *Doyenné d'hiver*, *Bergamotte Esperen*, *Bergamotte Hertrich*, *Beurré de Naghin*, peuvent se conserver jusqu'aux mois d'avril-mai de l'année suivante, surtout s'ils ont été cueillis avec soin et placés dans un fruitier remplissant les conditions nécessaires à leur bonne conservation.

Quant aux amateurs ayant le désir de posséder une grande collection de poires, nous les engageons à jeter un coup d'œil chaque année sur les catalogues des pépiniéristes : ils y trouveront un certain nombre de variétés nouvelles qu'ils seront à même d'étudier et d'apprécier.

Fruits locaux

Un bon nombre de variétés fruitières sont, pour ainsi dire, localisées dans certaines contrées : aussi les amateurs n'habitant pas la région parisienne seront peut-être surpris de ne pas voir figurer, dans la liste des fruits que nous recommandons, quelques variétés qu'ils considèrent avec raison comme excellentes sous tous rapports. A cela nous répondrons : Il est un fait certain, c'est que les fruits pourraient être classés par régions, leur qualité variant avec le climat et le terrain où ils sont cultivés.

Parmi ceux-ci nous citerons : la *Calebasse*, de Tirlemont ; le *Beurré Durondeau*, des Flamands ; le *Beurré de Luçon*, de la Vendée ; un grand nombre de fruits lyonnais, nantais, etc., qui, excellents dans leurs contrées respectives, laissent beaucoup à désirer, sous le rapport de la vigueur des arbres, de la grosseur et de la saveur des fruits, lorsqu'ils sont cultivés dans d'autres régions.

Variétés commerciales

Les fruits cultivés au point de vue de la spéculation et destinés à l'approvisionnement des marchés se bornent à un nombre très restreint. Quand nous aurons cité comme fruits de premier mérite les variétés : *Doyenné du Comice*, *Beurré d'Arenberg* ou *d'Hardenpont*, *Doyenné d'hiver*, et *Passe Crassane;* et comme fruits de second mérite, les variétés *William*, *Beurré Hardy*, *Louise bonne d'Avranches*, *Duchesse d'Angoulême*, *Beurré magnifique*, *Joséphine de Malines* et *Bergamotte Esperen*, nous aurons, à vrai dire, énuméré en partie les fruits dont la vente assurée est la plus fructueuse pour le cultivateur. Bon nombre d'autres fruits pourraient sans doute rivaliser avec ces variétés populaires ; mais il est très long et très difficile de répandre un nouveau fruit dans le commerce de l'alimentation. Nous citerons comme exemple le *Doyenné du Comice* et la *Passe Crassane*, aujourd'hui si estimés, qui ont mis plus de trente ans à se faire apprécier sur nos marchés.

Variétés de poires de table pour la culture à haute tige

Epargne.
Beurré Giffard.
Beurré d'Amanlis.
Beurré Hardy.
Louise bonne d'Avranches.
Beurré d'Angleterre.
Conseiller de la Cour.
Doyenné du Comice.
La France.

Duchesse d'Angoulême.

Jules d'Airoles.
Passe Colmar.

Joséphine de Malines.
Bergamotte Esperen.

Clef dichotomique des maladies du poirier

Extrait de l'ouvrage de M. Sirodot · *Maladies des arbres fruitiers*

1° SUR LES FEUILLES

- taches
  - existant
    - noires
      - persistantes
        - Feutrage de poils jaunâtres ou brunâtres, à la face inf. — *Erineum pirinum.*
        - avec épaississement (tache jaune rouge carmin sur les jeunes feuilles). — *Phytoptus Piri.*
        - sans épaississement taches de........
          - 2 à 3 millim de diamètre. — *Cemiostoma scitella.*
          - 6 à 12 millim. aspect velouté — *Fusicladium pirinum.*
      - caduques produisant des trous sur le disque, entourées d'un anneau épaissi formé par des tissus subéreux.
    - jaunes, avec une plage centrale de petits points noirs (en automne petits tubercules coniques de couleur jaune sale a la face infér. de ces taches épaissies). — *Gynosporangium Sabinæ. Phylloc. Schlechtendali.*
  - manquant
    - blanchâtres pâles.
    - vésicules ou boursouflures, feuilles cloquées. — *Exoascus bullatus.*
    - sans vésicules, feuilles recouvertes....
      - une taille blanchâtre, ressemblant à une fine toile d'araignée. — *Phyllactinia suffulta.*
      - d'un enduit noir. — *Fumagine.*

2° SUR LES BRANCHES ET LE TRONC

- Fissures de l'écorce ordinairement déchiquetée, présentant souvent des petits tubercules roses ou rouge-brique, plus tard chancre avec la partie centrale présentant le bois à nu, bords de l'écorce épaissis en forme de bourrelets. — *Nectria dittissima.*

3° SUR LES RACINES

- Sous l'écorce mycélium blanc, d'où partent des cordons.........
  - bruns noirâtres de 3 à 5 millim. de diamètre. — *Agaricus melleus.*
  - blancs de 2 millim. de diamètre. — *Dematophora necatrix*

4° SUR LES FRUITS

- Fruits craquelés, avec fentes plus ou moins profondes, couvertes de sortes de petits tubercules blanc jaunâtre. — *Fusicladium pirinum.*
- formés de petites touffes convexes de filaments. — *Monilia fructigena.*

Choix des meilleures variétés de poiriers à cultiver dans un jardin

VARIÉTÉS	VOLUME	ÉPOQUE DE MATURITÉ	QUALITÉ	FORMES ET EXPOSITIONS
1 Doyenné de Juillet. .	petit	mi-juillet	bon	Contre-espalier. Fuseau.
2 André Desportes. . .	moyen	fin juillet	bon ou tr. b.	Contre-espalier. Fuseau. Pyram.
3 Epargne (cuisse madame).	»	fin août	bon	Vigoureux. Contre-espalier.
4 Clapps favorite. . . .	gros	»	bon ou tr. b.	Vig. Contre-esp. Fu. Pyram.
5 Bon Chrétien William	»	août-septembre	bon	Mur au Nord. Fuseau. Pyram.
6 Beurré d'Amanlis . .	assez gros	septembre	assez bon	Vig. Fert. Mur au Nord. C.-esp. Pyr.
7 Beurré Hardy	gros	»	très bon	» » » C.-esp. Fus. P.
8 Madame Treyve . . .	moyen	»	»	Fert. Mur au Nord. C.-esp. Fus.
9 Triomphe de Vienne	très gros	»	»	» » » » Pyram.
10 Fondante des Bois (Belle de Flandre) .	gros ou très gros	septembre-octobre	»	Assez Vig. Fert. C.-esp. Fus. Pyr.
11 Beurré Superfin. . .	assez gros	»	»	Vig. Fert. C.-Esp. Fuseau. Pyr.
12 Louise Bonne d'Avranches.	assez gros	»	très bon	Vig. Fert. M. au N. C.-esp. F. Pyr.
13 Conseiller de la Cour	ass. gros ou gros	octobre-novembre	bon	Très vig. Fert. C.-esp. Fuseau. Pyr.
14 Beurré Bachelier . .	gros	»	»	Très fertile. » » »
15 Conférence	»	»	très bon	Assez vig. Fert. C.-esp. Fuseau.
16 Duch. d'Angoulême.	gros ou très gros	octobre-novembre	bon ou tr. b.	Fertile. M. au Nord. C.-esp. F. Pyr.

Choix des meilleures variétés de poiriers à cultiver dans un jardin (*Suite*)

VARIÉTÉS	VOLUME	ÉPOQUE DE MATURITÉ	QUALITÉ	FORMES ET EXPOSITIONS
17 Fondante Thirriot . .	assez gros	octobre-novembre	très bon	Ass. vig. très fertile. C.-esp. F. Pyr.
18 La France.	moyen	»	»	Fertile. Espalier. Fuseau.
19 Beurré Dumont . . .	gros	»	très bon	Fertile. C.-espalier. Fu. Pyr.
20 Doyenné du Comice .	gros ou très gros	»	exquis	Vigoureux. Esp. C.-esp. Fus. Pyr.
21 Soldat Laboureur . .	moyen	»	très bon	Vig Fertile » » »
22 De Tongres	assez gros	»	bon	Vig. » » » »
23 Fondante du Panisel ou Délices d'Hardenpont	moyen	octobre-décembre	bon ou tr. b.	Assez vigoureux » » »
24 Cles Ernest. .	gros ou très gros	»	bon ou tr. b.	Vig. très fertile. C.-esp. Fus. Pyr.
25 Beurré Clairgeau . .	très gros	novembre	ass. bon ou b.	Peu vig. Esp. C.-Esp. Fuseau. Cord.
26 Beurré Diel ou Beurré Magnifique	gros ou très gros	novembre-décembre	bon	Très vigour. Fert. Mur au Nord. Esp. C.-esp. Pyramide.
27 Triomphe de Jodoigne	»	»	»	Très vig. C.-esp. Fuseau. Pyram.
28 Bergamotte Crassane	assez gros	»	bon ou tr. b.	Très vig. Assez fertile. Espalier.
29 Nec plus Meuris . . .	gros	»	très bon	Fertile. C.-Espalier. Fus. Pyr.
30 Beurré d'Hardenpont ou B d'Arenberg .	»	novembre-janvier	très bon	Vigoureux. Esp. Mur Est et Midi.
31 Le Lectier.	gros	»	»	Assez vig. C.-Esp. Fus. Pyram.

Choix des meilleures variétés de poiriers à cultiver dans un jardin (*Suite*)

VARIÉTÉS	VOLUME	ÉPOQUE DE MATURITÉ	QUALITÉ	FORMES ET EXPOSITIONS
32 Passe Colmar	moyen	novembre-janvier	très bon	Très fertile. C.-esp Fus Pyr.
33 Comtesse de Paris . .	»	décembre-janvier	bon	Ass. vig. Fertile. C.-esp. Fus. Pyr.
34 Merveille Ribet . . .	ass. gros ou gros	»	très bon	» » » » » »
35 Président Drouard. .	»	»	bon ou tr b.	» » » » » »
36 Jeanne d'Arc	gros ou très gros	décembre-janvier	très bon	Ass. vig. Fertile. C.-esp Fuseau.
37 St Germain d'hiver.	ass. gros ou gros	»	bon	Vig. ass. fert. Espalier Est et Midi.
38 Notaire Lepin . . .	»	décembre-février	ass bon ou b.	Ass. v. t. f C.-esp. Fus. Pyr.
39 Professeur Opoix . .	petit ou moyen	»	bon	Vigoureux. C -esp. » »
40 Olivier de Serres . .	moyen	décembre-mars	très bon	» Esp. C.-esp. » »
41 Bergamotte Esperen.	»	décembre-avril	bon ou tr. b.	Vig. t. f. » » » »
42 Doyenné d'hiver. . .	gros ou très gros	décembre-mai	très bon	Fertile. Espal. Mur. Est et Midi.
43 Mme Du Puis. . .	gros	janvier-mars	»	Ass. vig. C.-esp Fuseau Pyr.
44 Passe-Crassane . . .	gros ou très gros	»	»	Très fert. C.-esp. Cordon Fus. Pyr.
45 Doyenné d'Alençon .	moyen	»	bon	Vig. [illegible]ier et contre-espalier.
46 Joséphine de Malines	petit ou moyen	»	très bon	Fertile. Cordon. C.-espalier. Fus.
47 Beurré Vauban . . .	gros	»	bon ou tr. b.	Vig. Fert. C.-esp. Fuseau. Pyr.
48 Beurré de Naghin . .	»	janvier-avril	bon	» » » » »
49 Doyenné de Mean	»	février-mars	»	» » » » »
50 Bergamotte Hertrich.	moyen	mars-avril	très bon	Assez vig. Fert. C.-esp. Fus. Vase.

Variétés de poires à cuire

VARIÉTÉS	VOLUME	DATE DE MATURITÉ	OBSERVATIONS
1 Certeau d'Automne (haute tige)	assez gros	novembre	A cuire.
2 Messire Jean (haute tige).	»	novembre	A cuire et à compote.
3 Curé (haute tige). . .	assez gros ou gros	novembre-décembre	A cuire et à couteau.
4 Calouet	» »	novembre-janvier	A cuire.
5 Martin Sec (hte tige).	petit ou moyen	décembre-janvier	A cuire, à sécher, à confire.
6 D'Abbeville	assez gros	janvier	A cuire.
7 Belle Angevine . . .	très gros	hiver	Assez bonne à cuire, poire d'ornement.
8 Catillac (haute tige) .	gros ou très gros	janvier-mars	A cuire et à compote.
9 Bergamotte Philippot	très gros	février-mars	A cuire.
10 Bon Chrétien d'hiver	gros	mars-mai	A cuire, assez bonne crue, esp.
11 Beurré Bretonneau .	moyen	»	A cuire et à couteau.

DEUXIÈME PARTIE

LE POMMIER

Pirus malus (**Linné**) ; *Malus communis* (**Lamarck**)

MULTIPLICATION. — CULTURE. — TAILLE. — VARIÉTÉS

Origine. — Le pommier commun est un de nos arbres indigènes les plus anciennement connus. Il croît à l'état sauvage dans les bois et les haies de la France, connu du reste dans toutes les parties tempérées et chaudes de l'Europe, surtout sur les terrains à fond argilo-calcaire et un peu frais ; on en rencontre deux variétés, l'une à fruit acide, l'autre à fruit doux, desquelles vraisemblablement proviennent les fruits à cidre et les fruits à couteau.

Caractères principaux. — Quoique voisin du poirier, le pommier s'en distingue cependant par un port moins droit et une moindre hauteur (6 à 8 mètres en général, 10 mètres au plus). Dans beaucoup de variétés, les branches constituent une tête arrondie à rameaux assez divergents, plutôt étalés et même retombants.

Le pommier, dans son jeune âge, a ordinairement l'écorce lisse et claire ; elle devient brunâtre et un peu rugueuse sur le vieux bois, mais ne se fendille jamais comme celle du poirier.

Les feuilles sont alternes, grandes, ovales, presque cordiformes, selon les variétés, dentées, un peu rugueuses et d'un vert foncé en dessus, velues en dessous ; le pétiole, plus court que dans le poirier, est accompagné de stipules adhérents.

Les yeux, assez gros, aplatis et duveteux, pré-

Fig. 125. — Pommier. Inflorescence.

sentent les mêmes caractères végétatifs que ceux du poirier.

Les boutons à fruits, gros, arrondis, donnent naissance à un corymbe feuillu et à des fleurs blanches plus ou moins lavées de rose (fig. 125), disposées par bouquet, munies chacune de cinq pétales réguliers, grands et largement ouverts, de vingt étamines environ, possédant leur point d'attache au calice, et de cinq styles un peu réunis à la base. Le fruit, charnu, à endocarpe cartilagineux, contient un petit nombre de graines réparties dans cinq loges ; la chair, plus ou moins cassante, cotonneuse parfois, un peu acidulée, est plus légère mais presque toujours moins sucrée que celle de la poire.

Sols et climats. — Presque tous les sols conviennent au pommier; sous ce rapport, il est de beaucoup moins exigeant que le poirier. Les terrains frais, sans trop d'humidité (avec un sous-sol suffisamment poreux et perméable), argilo-siliceux et argilo-calcaires sont ceux où les fruits viennent le mieux et sont les meilleurs. Cet arbre, assez résistant aux grands froids, l'est cependant moins que le poirier. Il se plaît particulièrement sous le climat brumeux du nord-ouest de la France, dans les herbages de la Normandie, de la Mayenne, en Bretagne, en Picardie; en Seine-et-Marne, sur les coteaux assez inclinés et abrités bordant la vallée du Grand Morin et de l'Aubetin, il réussit admirablement. Dans le Centre et dans le Midi : Pyrénées, Auvergne, il ne croît bien qu'à une altitude assez élevée. Il prospère également très bien dans les plaines et les vallées des Flandres, dans le sud de l'Angleterre, au Danemark, en Russie, en Allemagne, etc.

Expositions. — Soumis à la taille, le pommier, planté au jardin fruitier, se cultive en plein air et en espalier. Le long des murs, il réussit bien à toutes les expositions, sauf à celle du midi s'il est planté en terrain sec et dans une région chaude.

Pour les fruits qui demandent de la coloration, *Api*, *Calville blanc*, *Grand Alexandre*, il sera bon de planter aux expositions ensoleillées, sud, est et ouest ; à cette dernière, où en général les pluies sont plus fréquentes, la pomme *Calville blanc*, qui craint l'humidité, réussit moins bien ; celle du nord ne lui vaut absolument rien. Pour obtenir de beaux fruits de la variété *Calville blanc*, l'espalier pourvu d'abris sera indispensable.

A l'exposition nord (la plus mauvaise) un certain nombre de variétés non colorées peuvent donner un petit rendement : la variété *Reinette de Canada* y réussit assez bien, à moins que le terrain ne soit par trop humide.

Le pommier ayant des caractères presque identiques à ceux du poirier, il suffit d'indiquer en outre des quelques renseignements que nous venons de donner sur les sols qui lui sont favorables, ceux que nous donnons plus loin concernant la multiplication, la taille, le pincement et quelques formes que nous aurons à décrire : pour tous les autres soins qui lui sont indispensables, nous engageons nos lecteurs à vouloir bien se reporter à tout ce qui a été dit dans ce volume concernant la culture du poirier.

Multiplication

La multiplication se fait par semis des pépins, marcotte, bouture et greffe.

Le semis est surtout en usage pour l'obtention de variétés nouvelles et méritantes, soit à couteau, soit à cidre, qui seront ensuite conservées et propagées par la greffe.

La marcotte est surtout employée pour la multiplication des deux porte-greffes *Doucin* et *Paradis*, sujets de moindre vigueur ; ces deux sujets s'enracinent aussi par la bouture.

Le bouturage, rarement employé, n'a donné jusqu'à ce jour que des résultats très irréguliers et imparfaits.

La greffe, enfin, est le moyen de propagation le plus usité pour reproduire avantageusement et sûrement les variétés que l'on veut multiplier.

Des sujets porte-greffes

1° *Pommier franc ou égrin* (*malus communis*) : s'obtient par semis de pépins provenant de marc de cidre; en général épineux, surtout dans son jeune âge. Destiné pour hautes et demi-tiges, herbages, vergers, etc. : ses racines étant en général plutôt pivotantes, il offrira plus de résistance aux vents; sera greffé par rameaux détachés (voir principes généraux de la greffe, page 232 et suivantes), en pied ou sur tige, au printemps ou à l'automne.

Si la variété à multiplier est vigoureuse, elle sera greffée en pied, partant, la tige sera constituée avec la variété elle-même; dans le cas contraire, on greffera en pied une variété saine, vigoureuse et rustique, dite intermédiaire (*Transparente de Croncels*, *Noire de Vitry*, *Reinette Abri* (à Montlignon), *Amer Doux*, *Frequin de Chartres*), qui procurera une tige solide, et c'est cette dernière, quand elle aura 3 à 4 centimètres de diamètre et même davantage (en ce cas, le surgreffage aura lieu sur branches), qui recevra la variété moins vigoureuse que l'on veut propager : c'est ce qu'on appelle le *surgreffage* (1). L'on aura aussi chance

(1) Depuis quelques années, certains arboriculteurs, se spécialisant dans la culture du fruit de luxe, se servent très avantageusement de la variété *Api rose* pour greffer la variété *Calville blanc*, dont ils obtiennent des fruits gros, fins et de toute beauté, surtout en espalier.

d'obtenir de meilleurs résultats en greffant une variété à bois dur sur bois dur; il faudra s'abstenir, autant que possible, de greffer une variété à bois tendre sur bois dur.

2° *Sauvageon.* — Ce sujet, provenant d'un pépin, est recueilli dans les bois, dans les haies, même dans les prairies artificielles. Certains sauvageons, offrant vigueur et rusticité, peuvent être utilisés pour le greffage, mais le plus grand nombre ne donnant que déceptions, il est préférable de ne pas l'employer.

3° *Doucin* (*malus mitis*) : sert au greffage des variétés de table, soumises à la taille : la greffe se fait en écusson, rez terre, et en fin d'été en général (août-septembre) (1).

Le Doucin est un sujet d'origine inconnue, de hauteur moyenne, à rameaux nombreux, tenant, comme végétation, le milieu entre le franc et le paradis. L'écorce du bois est d'un vert brun; le sujet étant vigoureux, le corps grossit presque aussi vite que celui de la variété, et le bourrelet est à peine apparent au point de la greffe. Les racines, peu nombreuses, sont grosses, charnues, traçantes et très longues quand l'arbre devient adulte. Il est utilisé, en général, pour les grandes formes, pyramides, palmettes, grands vases, etc. L'on ne devra s'en servir qu'en terrain d'assez bonne ou de médiocre qualité, et en sol plutôt

(1) En pépinières, les plants Doucin et Paradis sont greffés l'année de leur plantation.

Ils sont rarement greffés la seconde année, surtout le Paradis.

sec et siliceux. En terrains frais, humides, les variétés greffées sur doucin sont assujetties au chancre.

Greffés sur ce sujet et plantés dans un bon sol, les arbres poussent très vigoureusement, produisent beaucoup de bois et ne donnent que très peu de fruits, petits, manquant de saveur et de coloration. En présence d'une déception semblable, il est préférable de les arracher et de replanter des arbres greffés sur Paradis.

4° *Paradis* (*malus paradisiaca*) (1). — Deux variétés, *Paradis noir* et *Paradis jaune* (dit de Metz).

Paradis noir : est un sujet nain, de peu de vigueur, possédant de nombreuses racines fines et traçantes, il produit même des racines adventives. L'écorce du bois est noire. Dans son aspect, le sujet est petit en raison de la vigueur de la variété greffée qui, en général, produit un bourrelet plus ou moins gros à sa base. Dans un bon sol, riche et fertile, légèrement humide, et lorsqu'il s'agira de la production fruitière et de la vente des fruits, toutes les variétés de pommiers que l'on doit élever sous formes naines, *cordons horizontaux*, *petits vases*, *U*, *V pour losanges*, *U doubles*

(1) D'origine inconnue, il semble résulter, d'après les vieux ouvrages, que le Paradis des anciens auteurs se rattache au *malus communis* de même que le Doucin.

En 1855, dans la Flore des Champs, Le Maoût et Decaisne rattachent le Paradis au *Malus acerba*, tout comme Grenier, Godron et Saint-Germain de Saint-Pierre.

En 1869, Decaisne et Naudin, dans le Manuel de l'amateur des jardins, en parlant du Doucin et du Paradis disent : « Personne ne saurait dire aujourd'hui d'où sortent ces deux races de pommier. »

de 1 m. 20 à 1 m. 40 de hauteur pour contre-espalier ou pour murs bas, seront greffées de préférence sur Paradis noir. L'on obtiendra ainsi des arbres très fertiles, susceptibles de produire des fruits gros, colorés, fins et savoureux.

Paradis jaune (dit de Metz). Ce porte-greffe, comme végétation, est intermédiaire entre le *Paradis noir* et le *Doucin*. L'écorce du Paradis jaune est de couleur vert jaunâtre ; les racines, très nombreuses et plus fortes que celles du Paradis noir, cassent très facilement. Dans un sol de qualité moindre et pour les formes de moyenne grandeur, c'est à ce porte-greffe qu'on aura recours de préférence.

Le *Paradis noir*, de végétation très faible, est actuellement assez difficile à multiplier ; il arrive assez souvent qu'on a beaucoup de peine à se procurer les pommiers élevés sur ce porte-greffe, et que l'on se trouve dans l'obligation d'avoir recours au Paradis, dit *Jaune de Metz*.

De la taille du pommier

Dans la culture du pommier en plein vent sur haute tige, les arbres, en général, produisent beaucoup une année sur deux ; leur fructification est donc soumise à des interruptions regrettables. L'introduction au jardin fruitier du pommier soumis à des formes plus restreintes et à une taille raisonnée remédie incontestablement à ces inconvénients.

Le pommier ayant beaucoup d'analogie avec le poirier, pour sa taille nous nous reporterons aux principes généraux développés dans ce traité, page 66 et suivantes, en tenant compte cependant de quelques petites modifications.

Les organes fournis par la branche charpentière ont la même signification et remplissent le même rôle.

L'œil, mince et arrondi, s'annule plus fréquemment que sur le Poirier.

Né à la base d'un rameau vigoureux, il est à peine apparent et s'annule très facilement ; vers le milieu du rameau, il est en général plus gros que sur le poirier ; à l'extrémité, il est bien souvent transformé en bouton à fleurs.

La Brindille, moins longue, en général, que sur le poirier, est, la plupart du temps, terminée par un bouton à fleurs l'année de son développement. Pincée à l'état herbacé, elle se transforme presque toujours en bouton à fleurs ; partant, elle est plus courte et devient excellente pour la fructification sans qu'il soit besoin de lui faire subir aucune taille.

Le Dard, d'une teinte d'apparence gris clair, est assez gros et, dans le courant de l'hiver, peut être très facilement confondu avec le bouton à fleurs ; il est donc préférable de tailler le pommier plus tardivement, quand les boutons commencent à s'ouvrir.

Le dard se transformant en lambourde l'année de son développement est excellent pour la fructification. Les yeux et dards qui se développent en bourgeons à bois seront maîtrisés par un pincement fait de bonne heure, et, l'année suivante, les rameaux issus de ces bourgeons seront taillés sur 3 yeux, les plus rapprochés de la base ; ainsi traités, ils constitueront de futures branches fruitières.

Les lambourdes âgées et ayant l'écorce par trop ridée seront supprimées sur leur empattement.

La bourse, organe très charnu et même spongieux, ne sera pas utilisée ; par la taille, l'on se rapprochera sur les yeux qui sont au-dessous, sauf cependant au cas où elle posséderait un bouton à fleurs, et que l'arbre lui-même n'en serait que peu fourni.

La branche fruitière proprement dite sera taillée sur 2 ou 3 yeux en général.

Tous les rameaux produits de bourgeons nés sur le dessus d'un cordon horizontal seront supprimés énergiquement sur leur base ; il en sera de même pour les coursonnes développées antérieurement et conservées sur le dessus des dits cordons, lorsqu'elles auront tendance à prendre trop d'envergure.

Sur des pommiers âgés de 12 à 15 ans et plus, assez vigoureux (notamment pour les variétés *Reinette blanche du Canada*, *Calville*, et tant d'autres), les coursonnes ridées pourront être facilement rapprochées, à une longueur de 8 à 10 centimètres, par une taille faite sur rides. Dans le courant de l'année, 3 ou 4 yeux apparaîtront et donneront naissance à des dards, lesquels se transformeront à fruit les années suivantes.

En résumé, pour obtenir de beaux fruits et assurer une production régulière et suivie, les pommiers seront plantés dans un bon sol et greffés sur Paradis. Comme ce porte-greffe a l'avantage de procurer des sujets moins vigoureux et plus fertiles, qu'en général les boutons à fleurs se forment plus facilement que sur le Poirier, il y aura lieu de tailler plus court à seule fin de ne pas épuiser les arbres trop vite ; cependant la longueur des branches fruitières sera subordonnée à la vigueur des arbres. D'autre part, il est bien certain que les branches fruitières d'une variété de Pommier greffée sur Doucin seront taillées bien plus longues que celles d'une même variété greffée sur Paradis.

Pour quelques variétés de fruits de commerce, *Calville blanc*, *Api*, *Reinette de Canada*, certains arboriculteurs n'attachent aucune importance quant à la forme à donner aux arbres ; ils garnissent tout bonnement les murs. Pendant la végétation, ils prennent de-ci, de-là, sur les branches principales, de nouveaux bourgeons qu'ils palissent et laissent pousser sans les pincer. Pour la seconde végétation, ces rameaux, selon leur importance, seront taillés de 40 à 50, et même 60 de longueur, et les yeux latéraux, nés sur ces rameaux, fourniront quantité de bourgeons à fleurs pour l'année suivante. Ces branches seront appelées successivement à remplacer celles de 4, 5, 6 ans et plus, qui deviennent improductives.

Ce traitement du Pommier s'applique nettement aux sujets greffés sur Paradis et plantés dans de bons terrains.

Du pincement herbacé du pommier

En dehors des principes développés dans cet ouvrage, *page 92*, concernant le pincement du Poirier, et qui peut également s'appliquer au Pommier, nous trouvons indispensable de dire ici quelques mots sur le pincement herbacé du pommier.

Ce travail consiste, dès le début de la végétation, lorsque les bourgeons atteignent de 5 à 8 centimètres de longueur, 10 au plus, à supprimer à l'aide des doigts leur extrémité tout à fait herbacée au-dessus de la 3e ou 4e feuille. L'on continuera cette opération au fur et à mesure du développement des nouveaux bourgeons de mai à fin juillet.

Par suite de ce traitement, la sève se trouve refoulée et même pour ainsi dire arrêtée. Il en résulte que cette sève, ainsi refoulée par le temps d'arrêt qui lui est imposé, fera grossir les yeux des bourgeons pincés et facilitera bien souvent la transformation de l'œil d'extrémité de chaque bourgeon voisin du pincement en bouton à fleurs. Ce n'est guère qu'un mois après cette opération que l'on voit de-ci de-là un œil d'extrémité se développer en bourgeon; alors il suffira de pincer ce bourgeon (produit de la seconde végétation) lorsqu'il atteindra 10 à 12 centimètres, à une ou deux feuilles au-dessus de son point de naissance. Cette seconde opération facilitera la mise à fleur des yeux qui sont au-dessous; à la taille suivante, sur tous les rameaux ainsi traités. si les boutons à fleurs sont par trop nombreux, l'on conservera uniquement les plus rapprochés de la branche charpentière.

Cette méthode de pincement nous procure des branches fruitières moins fortes, plus ramifiées et moins encombrantes; des organes, dards et boutons à fleurs plus nombreux.

Si, sur les branches fruitières ainsi traitées, il y a une production par trop intensive de ramifications, il suffit d'en supprimer quelques-unes au moment de la taille, et même, çà et là, quelques jeunes rameaux acquis par suite du pincement herbacé.

Ce genre de traitement, que nous mettons en pratique au *Jardin du Luxembourg* depuis bon nombre d'années, surtout sur des pommiers vigoureux greffés sur *Paradis jaune*, a l'avantage de faire développer des feuilles larges, amples et très vigoureuses, d'assurer une production plus régulière et plus élevée en même temps que de beaux fruits; aussi ne saurions-nous jamais trop le recommander.

De quelques formes favorables à la culture du pommier

En dehors des diverses formes énumérées dans la *Culture du Poirier*, applicables aux arbres fruitiers à pépins, nous tenons à signaler ici quelques formes particulièrement propres au pommier; mais, avant de les décrire, nous tenons à donner quelques brefs renseignements complémentaires sur les formes 81, 82 et 83 déjà mentionnées pages 184 et suivantes.

Nous avons dit, et nous répétons, que les cordons horizontaux uni-latéraux et superposés, de même que les cordons à branches opposées (dits bi-latéraux) convenaient tout particulièrement au pommier. Nous avons dit aussi que pour ces formes les sujets devaient être éloignés de 3 à 4 mètres selon la nature du sol.

Par suite de l'expérience acquise, nous appelons l'attention de nos lecteurs sur le fait que ces distances ne peuvent rien avoir de fixe et qu'elles doivent être subordonnées à la qualité du sol.

Une plantation de pommiers en cordons est

faite par exemple en bon sol avec des sujets greffés sur paradis, distancés à 4 mètres ; au bout de 5 à 6 ans, nous voyons que les arbres arrivent à se toucher et sont de bonne vigueur ; nous recommandons, dans ce cas, d'en arracher un sur deux, ce qui laissera un espace double à ceux qui restent ; assez souvent, d'ailleurs, cet espace ne peut encore suffire (1).

Nous remarquons aussi chaque année que sur les arbres vigoureux, plantés en cordons, les fruits sont toujours plus abondants aux extrémités que près du corps de l'arbre : cela se comprend, la végétation étant moins active aux extrémités ; donc, en établissant des cordons bi-latéraux (2), nous aurons chance de récolter plus de fruits.

De l'U double (fig. 126). — Cette forme mérite une place prépondérante au jardin fruitier. Pour l'établir, nous n'aurons qu'à nous reporter aux descriptions fournies pour la formation de l'U double, *fig. 60*, pages 146 et suivantes, avec cette seule différence que les deux branches de charpente DD′, appelées à fournir chacune un U, sont prises très régulièrement à 0,15 au-dessus du sol en C (*fig. 126*), ce qui donne une longueur to-

(1) Au Jardin fruitier du Luxembourg, il existe actuellement des pommiers greffés sur Paradis, âgés d'au moins 50 ans, dirigés en cordons horizontaux bi-latéraux, et qui atteignent une longueur de 18 à 20 mètres. Ces sujets (variété *Reinette blanche du Canada*), malgre leur âge, donnent d'abondantes récoltes et de très beaux fruits : il est à présumer que s'ils étaient restreints à un développement de 4 à 8 mètres, ils ne produiraient rien ou très peu.

(2) A moins que le terrain ne soit en pente ; dans ce cas, avec le même sujet, on formera des cordons uni-latéraux superposés.

tale de 1 m. 60 aux branches charpentières E, E′ constituant les U.

Au Jardin du Luxembourg, trois contre-espaliers de pommiers dans les variétés *Grand Alexandre*, *Sans Pareille de Peasgood*, *Reinette blanche*

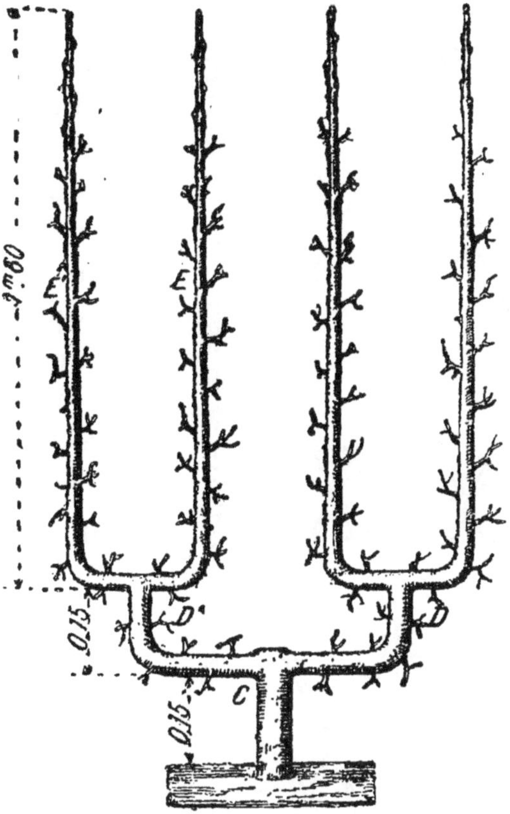

Fig. 126. — De l'U double.

du Canada et *Calville blanc*, greffées sur Paradis et plantées il y a une douzaine d'années, dont les arbres sont soumis à cette forme, nous donnent la plus grande satisfaction

Les contre-espaliers, hauts de 1 m. 90, sont distancés de 2 mètres les uns des autres.

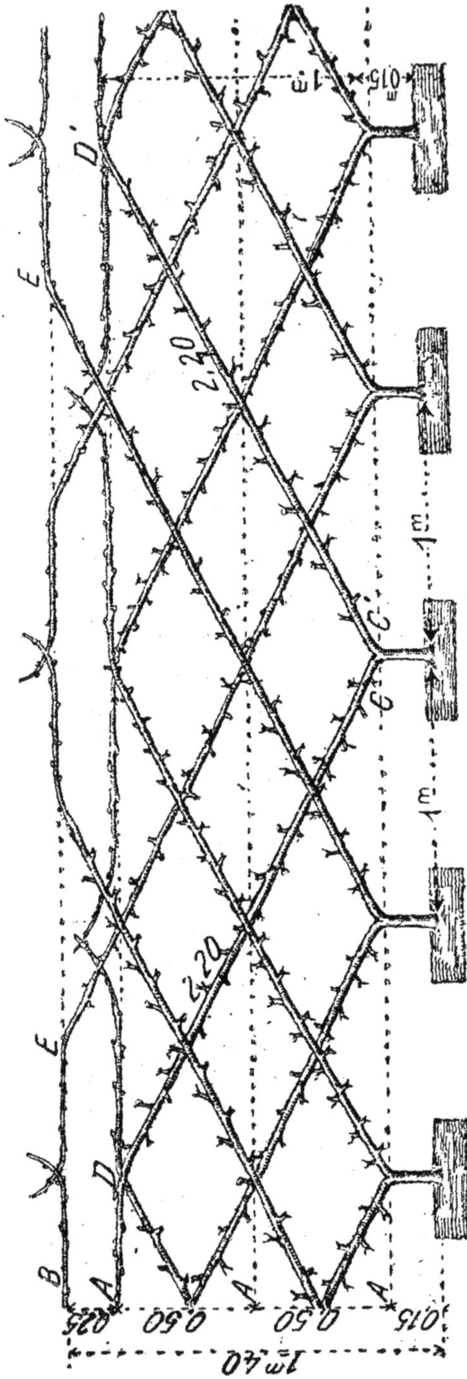

Fig. 127. — Du V ou losange.

Du V ou Losange. — Des pommiers soumis à la forme losange (*fig. 127*), et plantés de 60 à 70 centimètres des bordures d'allées, offrent un bel aspect, sont peu encombrants et d'un bon rendement. L'on trouve le pommier dirigé sous cette forme dans presque tous les jardins.

Pour l'obtenir, il y a lieu d'établir un contre-espalier auquel on donnera 1 m. 15 d'élévation. Des fers à T, avec arcs-boutants placés aux extrémités, et des poteaux intermédiaires distancés de 4 à 5 mètres, seront destinés à supporter 3 fils de fer n° 16, A, A, A ; le 1er à 15 centimètres du sol, et les deux autres distancés de 50 centimètres.

Les sujets scions greffés sur *Paradis noir* seront plantés à 1 mètre les uns des autres (*fig. 127*), et taillés à 20 centimètres de hauteur au bout d'un an de plantation.

Deux branches seront prises en C, C', à 15 centimètres du sol, et dirigées chacune aux points D, D' sur des tringlettes de 10 à 12 millimètres, disposées de C en D. Chaque année, à la taille, les prolongements des branches charpentières seront à peine raccourcis d'un quart pour éviter que les branches coursonnes ne se développent trop à bois. Les nouveaux prolongements seront toujours fournis par un œil placé en dessous ou en avant, jamais en dessus.

Chaque branche charpentière arrivant à son point extrême aura une longueur de 2 m. 20, soit pour les deux branches d'un arbre 4 m. 40.

En présence d'une forte végétation, on pourra palisser les branches d'un sujet sur deux sur le fil de fer B, que l'on disposera à 25 centimètres au-dessus du 3e A. De la sorte, les branches de cet arbre, prolongées en E, auront beaucoup plus de facilité pour se développer utilement puisqu'elles auront chacune un parcours supplémentaire de 1 m. 40.

De la palmette, dite Alexis Lepère (fig. 128). — Pour établir cette palmette, aussi agréable que productive, on donnera au contre-espalier 1 m. 20 de hauteur. Quatre fils de fer, disposés horizontalement sur les pieux arcs-boutants et intermédiaires : le premier à 30 centimètres du sol, et les autres à 30 centimètres d'écartement entre eux, constitueront la charpente.

Les arbres destinés à l'obtention de cette palmette (*fig.* 128) seront distancés de 2 m. 10. Quatre tringlettes fixées verticalement au contre-espalier, les deux intérieures L à 60 centimètres de chaque côté du pied de l'arbre, et les deux extérieures M à 90 centimètres, lui donneront plus de solidité et faciliteront le palissage des branches dans la direction verticale.

Les sujets taillés à 40 centimètres du sol, on fera

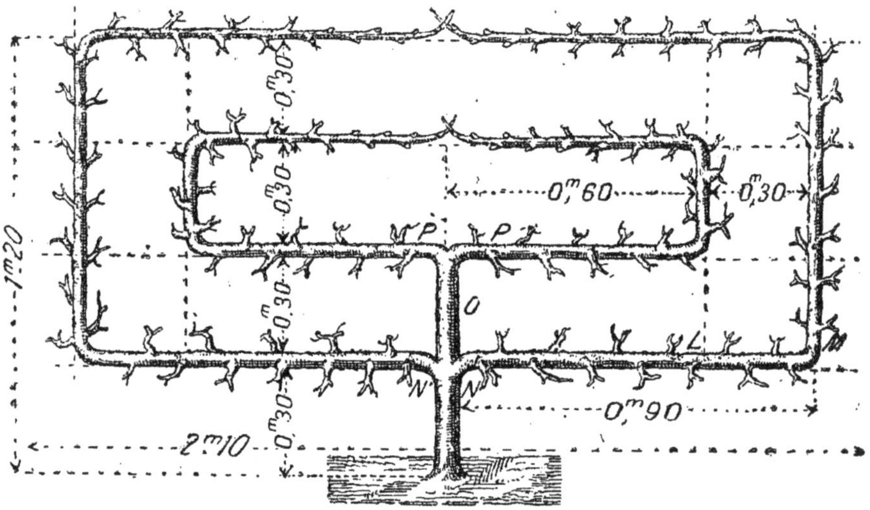

Fig. 128. — De la palmette (dite Alexis Lepère).

choix de 3 bourgeons ; les deux latéraux N, N' pris à 30 centimètres de hauteur, seront palissés sur baguette ou rotin placé en demi-circonférence, abaissés pendant le cours de la seconde végétation et redressés verticalement à l'état herbacé ensuite : ils constitueront définitivement les branches extérieures de la palmette.

Quand ces branches extérieures atteindront 0 m. 50 de longueur en direction verticale, on établira les deux branches intérieures en faisant choix, sur le bourgeon central O, à 30 centimètres au-dessus de la 1re série, des deux bourgeons P, P', appelés à les fournir.

Entièrement formée, cette palmette fournit un parcours de 8 m. 40 de charpente.

Du cordon horizontal triple, bi-latéral (fig. 129). — Cette forme de plein air et de peu d'élévation est très recommandable pour le pommier de même que pour les variétés de poiriers de moyenne vigueur. En culture fruitière, établie entre les

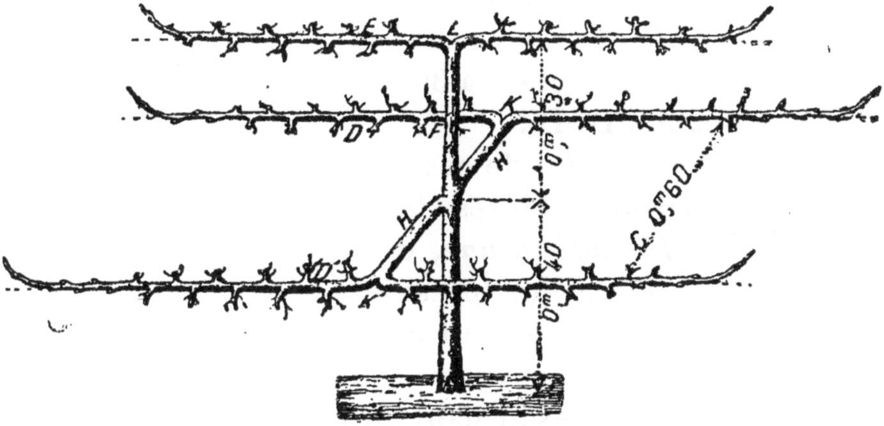

Fig. 129. — Du cordon horizontal triple, bi-latéral.

contre-espaliers de poiriers, elle tient peu de place et ne gêne aucunement ces derniers.

La charpente appelée à recevoir les arbres sera ainsi installée. Deux rangs de fils de fer D, D', écartés de 60 centimètres et disposés parallèlement, seront fixés à 40 centimètres de hauteur sur des pieux arcs-boutants placés aux extrémités. D'autre part, deux pieux arcs-boutants pour les extrémités et des pieux intermédiaires plats, épais de 15 millimètres, larges de 25 millimètres, dépassant de 70 à

75 centimètres hors sol, supporteront, à 40 centimètres de hauteur, un fer plat qui y sera fixé horizontalement. Ces pieux, éloignés de 4 à 5 mètres les uns des autres, seront enterrés en axe des 2 cordons horizontaux.

Le fer plat horizontal, épais de 7 millimètres, large de 2 centimètres et long de 62 centimètres, sera percé de deux trous (un à chaque extrémité) dans lesquels passeront les fils de fer D, D′, appelés à palisser les cordons horizontaux parallèles.

Les mêmes pieux arcs-boutants et intermédiaires seront percés, en leur extrémité supérieure, d'un trou de 3 millimètres de diamètre, destiné à recevoir le fil de fer E placé à 30 ou 35 centimètres au-dessus des fils D, D′.

Auprès de chacun de ces pieux, à 5 centimètres environ, seront plantés les pommiers (scions greffés sur *Paradis jaune*, dit de Metz). L'année suivante, à la taille, les sujets seront coupés à 50 centimètres de hauteur, au point F. Pendant la végétation, deux bourgeons latéraux H, H′ seront pris à 40 centimètres de hauteur et dirigés horizontalement sur les fils de fer D, D′. On les fera bifurquer ensuite aux points K, K′ soit à l'aide d'un pincement herbacé, comme il est prescrit *page 147* pour la formation de l'U double, soit à l'aide d'une taille en sec sur deux yeux latéraux au printemps de l'année suivante. Ce n'est que lorsque les 4 bourgeons produits par ces deux bifurcations atteindront une longueur de 60 à 80 centimètres que l'on établira, suivant les mêmes principes, les deux branches partant du point L, qui doivent compléter cette forme.

Les sujets étant plantés à 4 mètres de distance,

le développement de branches charpentières d'un arbre disposé en cordon horizontal triple sera de 12 mètres.

Du vase (fig. 130). — Cette forme, gracieuse, élégante et productive, n'est pas assez répandue pour

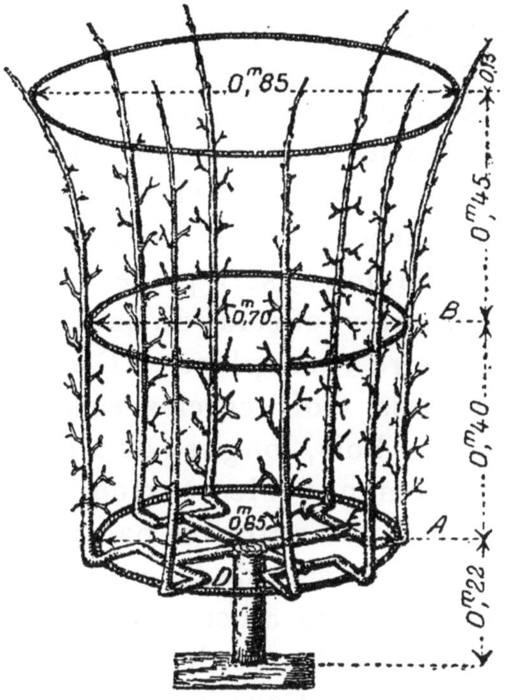

Fig. 130. — Vase de pommier.

la culture du pommier. Nous comprenons très bien qu'un arboriculteur ait recours à des formes plus simples, moins longues à établir et moins dispendieuses ; mais pour l'amateur, que peut-on voir de plus beau et de plus agréable qu'un carré de jardin fruitier où les plates-bandes bordant les allées principales d'un jardin potager, voire même un talus légèrement en pente, aux expositions est et midi, agrémenté de sujets semblables?

En carré, les rangs de pommiers seront distancés d'au moins 1 m. 80, et les sujets, plantés en quinconce, seront espacés sur le rang de 1 m.80 à 2 mètres ; sur plate-bande, ils seront espacés de 2 mètres et même plus.

Le petit vase à 8 branches, représenté par la fig. 130, aura une hauteur de 1 m. 20. La charpente sera constituée de trois cercles en fer rond étamé, de 5 millimètres de diamètre.

Le 1er cercle A, de 65 centimètres de diamètre, sera fixé à 22 centimètres du sol à l'aide de quatre pieux enfoncés dans le sol et répartis à égale distance sur la circonférence. Le second, de 70 centimètres de diamètre, sera placé en B à 40 centimètres du premier ; et celui du haut, d'un diamètre de 85 centimètres, sera placé en C à 45 centimètres du second. Ces trois cercles seront attachés à 8 tringlettes en bois, longues de 1 mètre environ, réparties également sur le pourtour de la circonférence. L'écartement entre les baguettes à hauteur du premier cercle sera de 25 centimètres, et, à la partie supérieure, de 33 centimètres.

Pour cette petite forme, les sujets scions seront plantés greffés sur *Paradis noir* et rabattus, au bout d'un an, à 25 centimètres du sol au plus.

Au début de la végétation, 4 bourgeons seront choisis à 20 centimètres du sol en D, et bifurqués en E, à 18 ou 20 centimètres du pied du sujet. Des rotins, fixés d'une part sur le pied de l'arbre, et d'autre part sur la partie interne du cercle de la base, serviront à palisser et à diriger les 8 bourgeons sur les parties extérieures des baguettes (voir fig. 86, *page* 197). Les branches atteignant leur point extrême, on pourra les laisser dépasser de 15 à 20 centimètres le cercle de la partie supérieure.

Soumis à cette forme basse, les arbres seront mieux abrités des vents, recevront air et lumière de toutes parts ; les fruits n'en seront que plus gros et plus fins, surtout si les arbres sont plantés dans un sol frais et substantiel.

De la culture du pommier au verger

La culture des arbres fruitiers à haute tige et en plein vent ayant été développée pages 202 et suivantes, nous voudrons bien nous y reporter pour tous les renseignements qui s'y rapportent ; nous nous limiterons ici aux quelques instructions complémentaires relatives au pommier.

Cet arbre occupe une place des plus importantes dans les vergers de France, et, comparativement, sa culture au jardin fruitier n'est que secondaire.

Il y est cultivé : 1° pour la production des fruits à cidre, boisson saine et agréable qui fait l'objet d'un commerce très important dans notre pays ; 2° pour celle des fruits à deux fins, utilisables pour la fabrication du cidre (mélangés aux fruits amers), et comme fruits à couteau ; 3° pour la production de certaines variétés de table. Cet arbre fruitier qui, généralement, produit tous les deux ans, n'est pas difficile quant à la nature du terrain, pourvu que celui-ci soit un peu frais, et demande relativement peu d'entretien.

L'influence du sol sur la qualité du cidre est énorme. Dans le Calvados, le cidre de la vallée d'Auge est capiteux et de bonne garde, tandis que celui de la plaine du Bessin, plus agréable à boire, se conserve moins bien.

En principe, notre pays, presque dans tout son territoire, est favorable au pommier.

On évalue la production moyenne du cidre en France à plus de 20 millions d'hectolitres ; bon nombre de régions contribuent avantageusement à cette production, mais la culture du pommier n'est intensive que dans une trentaine de départements. C'est surtout à la suite de l'invasion phylloxérique chez nous que sa plantation est devenue plus active.

Les exemples de vergers à grand produit sont très communs chez nous.

Dans l'Eure, le pommier à cidre est cultivé sur une superficie d'au moins 25.000 hectares.

Le département d'Ille-et-Vilaine est un des plus grands producteurs de pommes à cidre.

La Manche, la Sarthe, l'Orne, la Seine-Inférieure sont très réputés pour la culture du pommier à cidre.

Dans le département de l'Oise (environs de *Granvilliers*) et de l'Aisne, les vergers sont très nombreux.

Les Ardennes produisent beaucoup de fruits de pressoir, et, en général, chaque contrée possède ses variétés de pommes à cidre.

Aux environs de Clermont (Oise), la pomme *Salée* est d'un grand rapport.

L'Auvergne, l'Anjou, la Mayenne, la Picardie possèdent de nombreux vergers dont les produits sont expédiés sur Paris.

Dans le sud-ouest de la France et au nord de

l'Espagne, le pommier, cultivé sur demi-tige à cause des vents, est très productif.

L'Angleterre, qui a de grands vergers dans le Sud, s'approvisionne surtout en Amérique.

En Allemagne, la culture des arbres fruitiers à cidre sur les routes est très répandue.

L'Amérique possède de nombreux et très grands vergers, certains atteignant et dépassant même 200 hectares.

Nous voyons, par ce résumé, que le pommier est un arbre à fruit très répandu, de culture facile et productive, dont le commerce est de la plus grande importance.

Une maladie du pommier

Chancre (fig. 131). — Les formules préconisées pour combattre les maladies du poirier seront

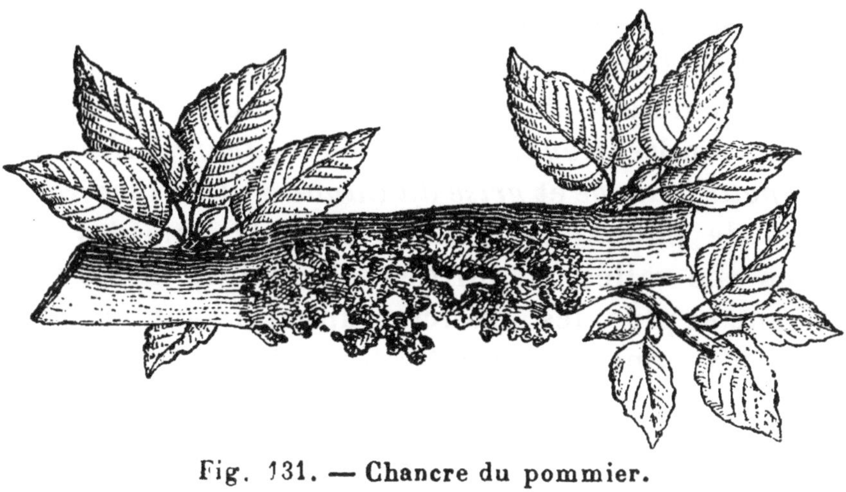

Fig. 131. — Chancre du pommier.

employées avantageusement pour le pommier, les deux arbres étant assujettis aux mêmes maladies.

Cependant, nous jugeons indispensable de redonner ici quelques détails sur les ravages qui peuvent être causés à ce genre d'arbre, tant au jardin fruitier qu'au verger, par une maladie cryptogamique déjà décrite, *le chancre* (voir page 260). Provoqué par le développement d'un champignon (*nectria ditissima*), il se manifeste d'abord sur l'emplacement contaminé par une décomposition de l'écorce, qui se dessèche; sur le bois, attaqué à son tour et rongé par la maladie (*fig.* **131**), apparaît une plaie rugueuse et profonde, occasionnée par le mycelium dont les filaments s'étendent très rapidement dans le bois attaqué et finissent par gagner le pourtour de la branche. Les canaux sèveux étant complètement interrompus, toute la partie supérieure de l'arbre ou de la branche attaquée se dessèche et meurt. Les spores (fine poussière), fructifiant très rapidement sur le bois mort, et emportés par les vents sur d'autres parties saines, germent très rapidement, surtout lorsqu'ils rencontrent un milieu favorable à leur développement: chaleur et humidité, brouillards, etc.

Le chancre contamine de préférence les variétés à bois tendre (*Royale d'Angleterre, Jeanne Hardy, Reinette blanche* et *grise du Canada*). Dans les vergers de pommiers, plantés en sols humides ou dans une vallée, si, sur des arbres âgés de 10, 12, 15 ans et plus, les chancres apparaissent et que l'on n'y apporte aucun traitement, la contamination se propagera rapidement et, à bref délai, nous verrons avec la destruction de la charpente la perte irrémédiable des arbres au bout de quelques années.

Traitement. — Se reporter à ce qui est dit *pages* 260 et suivantes.

M. Pierre Passy, dans son traité d'arboriculture fruitière, recommande, pour tâcher de guérir l'arbre, d'entailler le bois en retirant toutes les parties atteintes, et de laver la plaie avec une solution antiseptique, soit la bouillie bourguignonne :

Eau..............................	100 litres
Carbonate de soude................	4 k.500
Sulfate de cuivre...................	3 kilos

soit la bouillie bordelaise :

Eau..............................	100 litres
Chaux grasse......................	2 kilos
Sulfate de cuivre..................	3 —

Il est important, pour le pommier surtout, que la bouillie soit bien neutre; on s'assurera de la neutralité à l'aide du papier tournesol. Quelques jours après, pour mettre la plaie à l'abri d'une nouvelle invasion, il préconise de l'enduire de mastic ou de l'envelopper de terre délayée dans de l'eau chargée de 5 à 6 % de sulfate de cuivre.

De deux maladies des pommes

Water-Core (*Pomme vitreuse*). — Les pommes atteintes prennent un aspect opalin, translucide, qui leur donne une apparence de pommes gelées. Les parties attaquées (vitreuses) possèdent de l'eau en excès, manquent de saveur, d'acidité et de sucre. Les fruits altérés ne peuvent se garder, les tissus envahis dépérissent vite en général et la peau prend une teinte d'un jaune brunâtre. Il y a bien longtemps que nous remarquons les traces de cette maladie au Jardin du Luxembourg, notamment sur la variété *Calville blanc*, mais en très petite quantité. Il nous semble que ce sont les vaisseaux voisins des loges qui sont les premiers attaqués.

En 1918, ayant fait la cueillette des fruits assez tardivement (dans les derniers jours d'octobre), quinze jours après leur rentrée au fruitier, nous avons eu à éliminer un assez grand nombre dé fruits vitreux; il semblerait donc qu'il y aurait avantage, pour l'éviter, à ne pas cueillir les fruits trop tard et à les placer dans un fruitier à température peu élevée.

Bitter Pit (*Pomme liégeuse*). — *Graisse des Pommes*, d'après M. Bois. Dans notre pays, les variétés les plus atteintes par cette maladie sont : *Reinette blanche du Canada*, *Reinette du Canada grise*, *Calville Lesans*, *Calville Saint-Sauveur*, etc. La variété *Calville blanc* en est moins affectée.

Cette maladie est répandue presque partout où le pommier est cultivé, soit en plein vent, soit au jardin fruitier. La chair du fruit présente des points de tissu mortifié, spongieux, d'un gris brunâtre; à la dégustation, le fruit est sans goût, à saveur plus ou moins amère. On rencontre ces points à travers toute la chair, mais plus fréquemment dans la partie externe ; ils sont parfois isolés et nombreux, mais bien souvent réunis. Sans ouvrir le fruit, on distingue très bien dans le mésocarpe, à travers la peau, des petites taches d'un gris noirâtre, qui, du reste, dépriment légèrement la partie externe du fruit et qui, plus tard, amènent la décomposition complète de la chair.

D'un extrait du Bulletin de la Société Nationale

d'Acclimatation de France, publié par M. D. Bois, nous donnons quelques renseignements qui nous paraissent du plus haut intérêt. M. Mac Alpine (Australie), qui a fait de nombreuses recherches sur le *Water Core* et le *Bitter Pit*, et en a consigné les résultats dans cinq rapports, dit que ces deux maladies ne sont dues ni à un champignon, ni à des bactéries, mais qu'elles constituent une affection d'origine physiologique.

Les facteurs d'origine seraient, dans l'un et l'autre cas : l'excès de végétation chez les jeunes arbres; les fortes pluies ou les irrigations excessives un peu avant la maturité des fruits ; une taille trop sévère des bourgeons peu de temps avant la cueillette, ainsi que la destruction partielle des feuilles par suite de maladie ou autre cause.

Connaissant les causes, M. Mac Alpine propose, pour en diminuer les effets, divers moyens dont l'expérience lui a démontré l'efficacité. Sur les arbres vigoureux, faire une taille aussi limitée que possible et effectuée d'une manière judicieuse, pour bien équilibrer la sève dans toute la charpente; éviter les fumures excessives en engrais azotés (1); n'irriguer que suffisamment pour éviter la sécheresse; ne pas établir de verger en sol bas et marécageux et le drainer s'il est trop humide ; enfin, autant que possible, aussitôt la cueillette des fruits terminée, il conseille de les déposer dans un fruitier froid et à température uniforme.

Ces nombreuses indications nous paraissent absolument justes, et nous estimons qu'il est nécessaire d'en tenir compte.

(1) Nous savons parfaitement que l'excès d'azote pousse au grossissement des fruits, mais au détriment de leur qualité et de leur longue conservation.

De quelques ennemis du Pommier : animaux et insectes

Tous les animaux et insectes nuisibles au poirier commettent, en général, les mêmes dégâts sur le pommier. Pour nous en débarrasser, nous préconisons donc les mêmes traitements, *pages* 272 et suivantes.

Cependant, nous avons jugé utile de revenir sur le *mulot* et le *lapin*, animaux redoutables aux arbres fruitiers.

Du mulot. — Dans les villages, dans les propriétés vieilles bâties, le mulot ou campagnol loge de préférence dans les vieux murs, construits de pierres et terre, qui clôturent les jardins avoisinant les parcs, et s'y abrite, à l'aide de feuilles sèches qu'il ramène et avec lesquelles il se constitue un gîte. Pendant l'hiver surtout, et au printemps, il quitte son gîte (fondations de murs, expositions du midi de préférence) et trace, dans le sol des plates-bandes qui longent ces murs, des voies souterraines qui l'amènent aux pommiers plantés le long des murs ou en bordure de ces plates-bandes, pour y ronger racines, écorce et aubier dont il est très friand. Soumis à cette dure épreuve, le plant reste fixé au sol à l'état squelettique, le bois se dessèche, l'arbre languit et finit par mourir. Les dégâts commis par ce petit animal sont quelquefois considérables.

Pour le détruire, on se reportera à ce qui en est dit pour le poirier; on peut aussi placer de petits pièges amorcés de noix, de lard, etc., et même des appâts empoisonnés.

Du lapin. — Dans les jardins fruitiers, dans les vergers voisins des parcs et des lieux habités par ce mammifère rongeur, les dégâts, bien souvent, sont irréparables. Il s'attaque, l'hiver surtout quand le sol est recouvert de neige, aux troncs des pommiers, dont il ronge complètement écorce et aubier jusqu'à hauteur de 70 centimètres du sol et plus s'il le peut. Ainsi rongés, les arbres sont appelés à mourir.

En outre des moyens de protection donnés d'autre part, un autre moyen consiste à placer, contournant totalement la tige, à une distance d'au moins 2 centimètres, un grillage en fil de fer, haut de 80 centimètres au moins, dont la base sera enterrée dans le sol. Des torsades de paille sulfatées, roulées autour des tiges, les préservent bien aussi pendant quelques années. Pour des arbres en espalier, contre-espalier, ou autres formes basses, l'on ne peut se garantir qu'en entourant le terrain en culture à l'aide d'un grillage.

Nous estimons également indispensable de donner dans notre court résumé quelques renseignements sur les ravages causés par deux insectes, ennemis redoutables du pommier, le *Puceron lanigère* et l'*Anthonome du pommier*.

Du Puceron lanigère (*Schizoneura lanigera*). — Cet insecte cause un tort considérable au pommier, à tel point que, s'il n'est pas arrêté dans sa multiplication prodigieusement rapide, les arbres sont appelés à mourir en peu de temps.

Ce puceron, de couleur rougeâtre, a le corps complètement entouré de poils cireux et blancs. Les femelles, rassemblées par groupes, sont préservées par des amas de filaments soyeux qui les abritent de l'eau et des intempéries.

Les mâles, peu nombreux, vivent isolés.

Pendant l'été, les pucerons, à l'aide de leur suçoir, attaquent surtout les jeunes bourgeons, de préférence à la base du pétiole, notamment dans les parties les plus ombragées, et sucent la sève. Ils s'attaquent aussi au vieux bois, mais surtout aux bourrelets de nouvelle sève qui recouvrent les plaies de taille.

De la sève, ainsi contrariée dans sa végétation, il se forme sur les bourgeons, et sur le bois, des nodosités, même des plaies appelées à devenir chancreuses.

Pour l'hiver, la plus grande partie de ces insectes descendent dans le sol et s'abritent dans les crevasses des écorces et sous les racines.

Destruction. — Il y aura lieu de détruire cet insecte dès son apparition. Autant ce travail sera facile au début, autant il sera difficile lorsque les sujets en seront complètement envahis, les pucerons étant recouverts d'une sorte d'enduit protecteur.

Il existe une foule de remèdes, mais ils ne donnent généralement que des résultats incomplets. Les insecticides dissous dans l'eau ne pouvant pénétrer jusqu'aux pucerons sont presque sans action. Il faut employer de préférence des liquides pénétrants et toxiques, tels que le pétrole et l'alcool, mais l'application ne pouvant se faire qu'à l'aide d'une brosse dure ou d'un pinceau, elle est minutieuse et fort longue, et si quelques colonies s'échappent, l'arbre sera de nouveau rapidement envahi.

Voici les formules dont nous nous servons et qui nous donnent de bons résultats :

L'été en touchant au pinceau les colonies d'insectes ;

L'hiver en badigeonnage sur tout le corps de l'arbre ;

Eau de pluie	2 litres
Jus de tabac ordinaire, titrant 10 gr. de nicotine par litre	1.500 gr.
Savon noir	100 gr.
Pétrole	200 gr.

A défaut de jus de tabac, on mettra 300 grammes de savon noir au lieu de 100 grammes.

Préparation : 1° Délayer le savon noir dans un peu d'eau tiède ;

2° Ajouter le jus de tabac et le reste de l'eau ;

3° Verser le pétrole très lentement en agitant fortement.

Autre formule à employer comme ci-dessus :

Eau de pluie	1 litre
Alcool dénaturé	1 litre
Jus de tabac ordinaire, titrant 10 gr. de nicotine par litre	500 gr.
Savon noir	100 gr.

Nota. — L'été, il y aura avantage à se débarrasser des quelques insectes qui auront échappé au pinceau en faisant suivre d'une pulvérisation avec :

Eau	20 litres
Jus de tabac (le même que ci-dessus)	1 litre
Savon noir	100 gr.

En résumé, quand les pommiers sont bien attaqués par cet insecte, ce n'est que par une lutte constante et parfois difficile que l'on peut arrêter son accroissement.

Anthonome du pommier (*Anthonomum pomorum*). — Petit charançon de 3 millimètres de longueur, de couleur grisâtre. Les insectes parfaits passent l'hiver sous les écorces soulevées, les mousses et les feuilles amoncelées à la base des troncs. Au printemps, les femelles déposent dans les boutons à fleurs, un peu avant leur épanouissement, un œuf qui donne éclosion à une larve blanche : celle-ci se met aussitôt à ronger les étamines et le pistil. Les fleurs ainsi attaquées ne peuvent s'épanouir, les pétales restent rapprochés, même comme soudés à leur partie supérieure, formant un abri à la larve, qui se transforme en insecte parfait en mai-juin. Les boutons ainsi atteints brunissent et prennent l'aspect d'un clou de girofle.

Moyens de destruction. — 1° Pendant l'hiver : Gratter les écorces du tronc et des grosses branches, ramasser et brûler les débris et faire suivre d'un badigeonnage, à l'aide d'un fort lait de chaux, de toutes les parties grattées. On pourra projeter (avec une pompe aspirante et refoulante munie d'un pulvérisateur) le même liquide afin d'atteindre les petites branches.

2° Dans les premiers jours de mars, ramasser avec soin les détritus (feuilles sèches, ajoncs, etc.) accumulés au pied des pommiers (ces détritus servant de refuge aux anthonomes), et les brûler. On pourra avantageusement, au mois de mai, placer de nouveaux détritus autour du tronc des arbres, où ils formeront de nouveaux fagots d'appâts que l'on détruira ensuite.

3° On devra surveiller avec soin l'apparition de l'anthonome sur les pommiers et on procédera au secouage des arbres, le matin (1), au-dessus d'une toile étendue ; on brûlera ensuite les insectes.

Il y aura lieu de secouer d'abord les variétés hâtives, et plus tard les variétés tardives. Il serait bon que tous les cultivateurs d'une même région fassent le secouage des arbres le même jour.

Si cette opération n'a pu être faite en temps opportun, les boutons roussis sur les arbres seront un indice des larves qui les ont rongés ; alors, on frappera légèrement les branches pour recueillir sur une toile, en même temps que les boutons flétris, les insectes qui en sortent, et on les brûlera.

De la récolte et conservation des pommes

En ce qui concerne ces divers travaux, nous n'aurons qu'à nous reporter à ce qui a été écrit à cet effet (*pages* 297 et suivantes). Cependant, pour la pomme, contrairement à ce qui est dit pour la poire, l'on ne doit jamais faire la moindre pression du doigt pour se rendre compte de son état de maturité, car, sur un fruit tâté, il en reste des meurtrissures qui peuvent amener sa décomposition complète.

Dans la plupart des variétés de pommes, lorsque la couleur verte de la peau disparaît pour prendre une teinte d'un jaune plus clair, plus transparent, en un mot plus accentué, c'est un indice de maturité ; d'autre part, à ce moment, il se dégage du fruit une odeur plus ou moins pénétrante. Les fruits d'hiver, pour la plupart, restent longtemps

(1) Par un temps calme et couvert de préférence.

à l'état de maturité ; après cette période, ils subissent une transformation assez rapide, manquent de sucre, de jus, deviennent pâteux, et finissent par passer complètement.

Des meilleures variétés de pommes (Fruits de table) pour haute tige au verger

Dans un traité complet et détaillé, il y aurait nécessité de classer les variétés par régions ; car il arrive assez souvent qu'une même variété, cultivée dans des régions différentes, sera de qualité variable selon le climat et la nature du terrain.

Comme exemples de fruits de régions, nous citerons :

La pomme *Pigeon rouge*, si populaire en Normandie ;

De Lestre, dans le Limousin ;

Duret ou *Cateau* et la *Duret salée* pour la vallée de Liancourt (Oise).

La pomme *Reinette dorée* pour la Sarthe.

La *Clermontoise*, la *Reinette Jules Labitte*, cultivées dans les environs de Clermont (Oise).

La pomme *Jean Huré* pour la vallée de Montmorency.

D'autres variétés peuvent être avantageusement cultivées dans bon nombre de régions.

La pomme *de Jaune*, ou *Reinette du Mans*, est très répandue dans la région de la Sarthe, en Touraine et en Seine-et-Marne.

Le *Gros Locard* réussit bien dans l'Aube, l'Yonne, la Sarthe et la Seine-et-Marne.

La *Reinette Baumann* est une variété de montagne, très résistante au froid.

La pomme *Transparente de Croncels*, variété rustique propre à toutes les formes, vient aussi bien au jardin fruitier qu'au verger.

Reinette de Caux, *Reine des Reinettes* s'accommodent d'un très grand nombre de régions.

La pomme *Reinette blanche du Canada*, variété précieuse pour le jardin fruitier, vient très bien en haute tige : on en rencontre de nombreux vergers dans le Gard, dans les vallées de la Limagne, dans la région du Puy-de-Dôme, etc.

Certaines variétés, dites pommes à deux fins : *De Vérité*, *Gendreville*, *Faros*, *Barré*, *Datte*, *Rousseau*, *De Châtaignier*, *St-Médard*, etc., très cultivées dans la Brie, sont utilisées soit pour la table (crues ou en compotes), soit pour la fabrication du cidre, en mélange avec des pommes amères.

Au jardin fruitier, au verger — et surtout au verger — une multitude de variétés de pommes, plus ou moins connues, sont cultivées. Ici, nous donnerons seulement une énumération restreinte des variétés de pommes à couteau qui nous paraissent les meilleures pour le marché, et les plus susceptibles de donner satisfaction dans le plus grand nombre de contrées.

Dans cette liste, les fruits à cidre sont absolument exceptés.

Comme certaines des variétés peuvent être cultivées différemment, nos lecteurs ne seront pas surpris de les retrouver d'autre part, dans les fruits de jardin pour petites formes.

VARIÉTÉS DE POMMES (Fruits de table)

pour haute tige au verger (20 variétés)

VARIÉTÉS	ÉPOQUE DE MATURITÉ
Rambour d'été	Août-Septembre.
Reine des Reinettes	Octobre-Décembre.
Belle fille	Novembre-Février.
Court pendu gris	Novembre-Mars.
Rambour d'hiver	Novembre-Mars.
Fenouillet gros	Décembre-Mars.
Gros Locard	Décembre-Mars.
Reinette dorée	Décembre-Mars.
Reinette blanche du Canada	Décembre-Mars.
Reinette du Canada grise	Décembre-Mars.
Reinette grise royale	Fin d'hiver.
De Châtaignier	Décembre-Avril.
Reinette franche	Décembre-Avril.
Reinette grise de Saintonge (ou de Haute-Bonté)	Janvier-Avril.
Reinette grise de Vitry (ou Reinette grise d'hiver)	Janvier-Avril.
[illegible]	Mars-Avril.
Reinette de Caux	Décembre-Mai.
De Vérité	Décembre-Mai.
Gendreville	Janvier-Mai.
De Jaune ou Reinette du Mans	Janvier-Mai.

Des meilleures variétés de pommes (fruits de table) pour basse tige au jardin fruitier

Parmi les amateurs d'arboriculture qui voudront bien consulter la liste des variétés de pommes que nous donnons ci-dessous, certains la trouveront peut-être insuffisante. C'est volontairement que nous nous bornons à un choix restreint de variétés, choisies pour la plus grande partie parmi celles que recommande la Section Pomologique de la Société Nationale d'Horticulture de France; bon nombre de nos auditeurs ne possèdent, en effet, qu'un jardin de petite superficie, dans lequel ils désirent cultiver à la fois : fruits à pépins, fruits à noyaux, vigne, etc.; il est donc nécessaire de se limiter ici à une énumération des variétés les plus intéressantes à cultiver au jardin, et sous des formes aussi productives que variées.

Aux amateurs qui auront le désir d'étendre leurs connaissances en arboriculture et d'obtenir une collection à la fois intéressante, étendue et productive, nous conseillerons de se mettre directement en rapport avec les horticulteurs-pépiniéristes : ils trouveront en ceux-ci des hommes compétents, qui les guideront, les renseigneront, et même les aideront à installer leurs plantations.

CHOIX DE 30 VARIÉTÉS DE POMMES
à cultiver au jardin fruitier

VARIÉTÉS	QUALITÉ	ÉPOQUE DE MATURITÉ
Sugar Loaf Pippin	1re qualité	Fin Juillet-Août.
Rambour d'été (1) Haute Tige	2e qualité	Août-Septembre.
Grand Alexandre	1re qualité	Septembre-Octobre.
Peasgood nonsuch	1re qualité	Octobre-Novembre.
Royale d'Angleterre	1re qualité	Octobre-Décembre.
[illegible]e des Reinettes (Espalier) H. T.	1re qualité	Octobre-Décembre.
Jeanne Hardy	1re qualité	Octobre-Décembre.
Cox's Orange Pippin	1re qualité	Octobre-Janvier.
Calville Duquesne	1re qualité	Novembre-Janvier.
Belle de Boskoop	1re qualité	Décembre-Février.
Doux d'argent (*Ostogate*)	1re qualité	Décembre-Février.
[illegible]te de Granville	1re qualité	Hiver.
[illegible]te de Versailles	1re qualité	Hiver.
Rambour d'hiver H. T.	1re qualité	Novembre-Mars.
Fenouillet gros H. T.	1re qualité	Décembre-Mars.
Reinette Baumann	1re qualité	Décembre-Mars.
Reinette dorée H. T.	1re qualité	Décembre-Mars.
Belle fleur Jaune (Linnœus Pippin) espalier	1re qualité	Décembre-Mars.
Reinette blanche du Canada H. T. espalier	Excellent	Décembre-Mars.
Reinette du Canada grise H. T.	1re qualité	Décembre-Mars.
Winter Banana	Bon	Janvier-Mars.

VARIÉTÉS	QUALITÉ	ÉPOQUE DE MATURITÉ
Pearmain d'Adam	1re qualité	Février-Mars.
Belle de Pontoise	1re qualité	Février-Mars.
Court pendu plat	Bon	Fin d'hiver.
Reinette grise royale H. T.	1re qualité	Fin d'hiver.
Api rose. Espalier, Est et Midi	Bon	Hiver-Printemps.
Calville blanc. Espalier, Est et Midi	Excellent	Hiver-Printemps.
Reinette franche H. T.	1re qualité	Décembre-Avril.
Reinette grise de Saintonge (ou de Haute Bonté) H. T.	1re qualité	Janvier-Avril.
Reinette de Caux H. T.	1re qualité	Décembre-Mai.

(1) Peuvent être cultivées en Haute Tige au verger.

Un grand nombre de variétés, très appréciées dans de certaines régions, peuvent égaler celles énumérées ci-dessus, mais nous ne pouvons toutes les citer.

De quelques variétés de pommes dites de luxe et de commerce

Dans le classement que nous avons fait d'autre part des variétés de pommes (fruits de table) à cultiver en haute tige au verger et au jardin fruitier, la généralité est des plus recommandables pour l'approvisionnement des marchés et pour le commerce : mais cependant, dans ce nombre, quelques-unes, considérées comme fruits de luxe, font l'objet d'un commerce de la plus haute importance.

Dans deux articles que nous avons publiés dans le journal *Le Jardin* (voir les nos du *20 décembre 1902* et du *5 janvier 1903*), nous avons décrit assez longuement l'utilité de développer d'une façon plus intense l'industrie fruitière, et nous y avons donné pour chaque genre de fruits une très courte énumération des meilleurs fruits de table pour le commerce, en les classant de premier et de second mérite.

Malgré le temps écoulé, les variétés recommandées à cette époque priment encore aujourd'hui, et nous ne pouvons mieux faire, en ce qui concerne le chapitre du pommier, que de les rappeler, en y ajoutant quelques variétés certainement intéressantes.

Fruits de 1er mérite

Grand Alexandre........ (de luxe et de commerce) ;
Calville blanc............ (de luxe et de commerce) ;
Api rose................. (de luxe et de commerce) ;
Reinette de Caux......... (de grand commerce).

Fruits de 2e mérite

Ménagère (Monstrueuse de Nikita) (de luxe et de commerce) ;
Peasgood nonsuch.............. (de luxe et de commerce) ;
Reinette blanche du Canada.... (de luxe et de commerce) ;
Belle de Pontoise............... (de luxe et de commerce) ;
Reinette grise du Canada....... (de grand commerce) ;
Calville Duquesne............... (très appréciable).

TABLE DES MATIÈRES

PREMIÈRE PARTIE

LE POIRIER

DEUXIÈME PARTIE

LE POMMIER

Sté Gle d'imp. et d'Ed., rue Cassette, 17, Paris. — S.